输变电工程建设管理

典型案例解析

国网山东省电力公司建设公司　编

中国电力出版社
CHINA ELECTRIC POWER PRESS

内 容 提 要

本书立足国网山东建设公司输变电工程建设管理的实际情况，以现场系统数据为支撑，详细分析讨论输变电项目建设管理案例。本书共六章，分别从输变电工程建设的项目前期管理、进度管理、安全管理、质量管理、造价管理、技术管理、档案管理、绿色建造等方面选取典型案例进行解析。

本书适用于从事电力系统输变电建设管理人员和专业技术人员参考使用。

图书在版编目（CIP）数据

输变电工程建设管理典型案例解析 / 国网山东省电力公司建设公司编. —北京：中国电力出版社，2023.9

ISBN 978-7-5198-7734-7

Ⅰ. ①输… Ⅱ. ①国… Ⅲ. ①输电–电力工程–工程管理–案例②变电所–电力工程–工程管理–案例 Ⅳ. ①TM7②TM63

中国国家版本馆 CIP 数据核字（2023）第 064234 号

出版发行：中国电力出版社
地　　址：北京市东城区北京站西街 19 号（邮政编码 100005）
网　　址：http://www.cepp.sgcc.com.cn
责任编辑：雍志娟
责任校对：黄　蓓　王海南
装帧设计：郝晓燕
责任印制：石　雷

印　　刷：三河市万龙印装有限公司
版　　次：2023 年 9 月第一版
印　　次：2023 年 9 月北京第一次印刷
开　　本：787 毫米×1092 毫米　16 开本
印　　张：19.5
字　　数：408 千字
印　　数：0001—1000 册
定　　价：128.00 元

编　委　会

编　写　组

成　员　史纪进　何勇军　娄凤强　刘忠声　于千千
王永发　张　斌　高兴强　吴华楠　陈　莉
李　睿　周颖健　滕　飞　丛　恒　李凯凯
韩　磊　刘永晓　崔静娴　李　然　刘冬生
汤晓先　张　震　侯　炜　张　兴　路博文
屈洪磊　谢　鹏　陈永辉　孙文义　高　凯
闫正余　孙玉娇　沙海轩　孙尚屹　王　芸
肖雪峰　于润华　张少朕　李永馨　张宇翔
胡清芬　王玉鹏　赵月辉　伦崔巍　刘玉海
轩正杰　刘　阳　刘利鹏　蔺晓琨

前　言

随着国家经济的发展，国家输变电工程项目也在不断增加，因此项目管理工作要求越发严格。在输变电工程中，项目烦琐并涉及各方面管理内容，也在一定程度上增加了电力行业管理的难度，且在建设进程中存在管理难度大、施工环境恶劣等问题，这些问题处理不当就会产生一系列未知的问题，尤其是发生安全事故等，这会给项目工程管理带来极大的经济损失。因此需要加强输变电工程项目的管理工作，增强风险意识和责任意识，进一步加强完善管理机制，最终保证输变电工程项目顺利进行。

工程建设项目具有其特殊性，每项工程建设管理过程中均能遇到各种各样的问题，且无试错空间，为保证工程顺利竣工并投产，急需培养一批经验丰富的建设管理人员，做好管理经验的传承工作。

国网山东省电力公司建设公司作为国网山东省电力公司电网建设专业机构，受国家电网有限公司和省公司委托负责省内特高压、500kV输变电工程的全过程建设管理工作，通过市场竞争承担工程建设监理工作。为进一步帮助公司员工特别是新入职或转岗员工快速熟悉工程建设管理相关规律和方案，计划编制建设专业培训案例集，及时总结工程建设管理过程中的宝贵实践经验，形成一批先进管理模式和典型案例，提升工程建设管理人员对大型、复杂工程建设项目的分析、研究、论证、决策等专业技术能力水平，实现工程建设管理人员业务素质和工作能力的持续提升，助力员工队伍成长与成才。

编　者

2023年8月

目　录

前言

第一章　项目管理典型案例……1

第一节　基于高质量电网建设下的“三型三化三全三标”项目部管理体系构建……1
第二节　构建任务管理及量化评价体系……4
第三节　“六全”项目标准化管理……7
第四节　输变电项目档案标准化管理……10
第五节　精益管理打造超高压扩建样板工程……13
第六节　业主项目部标准化建设及运作……17
第七节　输变电工程现代智慧标杆工地建设……20
第八节　提升青年“三力”　推动团青工作融合落地……23
第九节　基于“三个一”进度管理理念的新建……26
第十节　探索“一轴一报一张表”进度管控模式……37
第十一节　“硬措施”保障工程建设无障碍高效推进……40
第十二节　档案全过程管理实行“五结合”……43
第十三节　“周密计划，统筹落实”保障工程进度有条不紊……46
第十四节　民事协调“五步工作法”保证施工进度……49

第二章　安全管理典型案例……52

第一节　创建《安规》执行示范站　有效落实《安规》要求……52
第二节　聚焦新“三种人”的基建安全管理……58
第三节　输变电工程全过程风险管控研究实践……62
第四节　加强安全生产风险管控平台及系统应用……69
第五节　架空输电线路同跨高铁、电气化铁路及国道施工安全管控技术要点……72

第六节　构建专业监理体系，提升工程管控穿透力 …… 75
第七节　管住作业单元，全面实行驻队监理制度 …… 79
第八节　抓住项目关键人员，确保基建安全生产 …… 82
第九节　基于“六化”管理的电网建设安全文明施工 …… 88
第十节　“六到位一规范”为变电站扩建工程保驾护航 …… 94
第十一节　输变电工程建设安全管理“五好”示范工地创建实践 …… 100
第十二节　畅通安全工作沟通机制加强安全管理 …… 110
第十三节　建立“单基放行”开复工检查常态机制 …… 115
第十四节　“望闻问切”管控模式保安全 …… 119
第十五节　着力提升“五力”　确保安全零事故 …… 122
第十六节　建立健全“四个管住”机制　全力保障现场作业人身安全 …… 127
第十七节　创新安全管理“五个一”　加强安全文明施工 …… 129
第十八节　建立临时党支部　确保工程“零事故” …… 132
第十九节　“三算四验五禁止”　推动工程安全建设 …… 134

第三章　质量管理典型案例 …… 138

第一节　多措并举提升竣工验收消缺效率 …… 138
第二节　加强物资监造、验收、检测与监督 …… 141
第三节　基坑验收有诀窍，提高质量保安全 …… 145
第四节　强化创新成果应用，助推关键设备“无尘化”安装 …… 152
第五节　创新质量管控手段，提升变电站模块化建设水平 …… 158
第六节　基于实测实量的输变电工程建设全过程质量管理 …… 163
第七节　强化“隐蔽工程阳光化”　确保工程施工质量 …… 168
第八节　严把“五关”　确保工程质量零缺陷 …… 172
第九节　“严密筛选，精细排查”　保障设备隐患彻底清零 …… 175
第十节　“五必检六必验”　确保工程质量 …… 178
第十一节　“样板引路，试点先行”　严把质量关 …… 181

第四章　造价管理典型案例 …… 184

第一节　“五强化”管控确保工程结算量准价实费清 …… 184
第二节　现场造价标准化管理打造高品质电网工程 …… 187
第三节　电网企业以规范化为导向的输变电工程结算管理的构建与实施 …… 192
第四节　造价管理工作中的突出问题及解决措施 …… 196
第五节　“多措并举”促进工程造价管理提质增效 …… 199

第五章　技术管理典型案例…………………………………………………204

第一节　创新地脚螺栓管控措施　提升管控实效……………………………204
第二节　基于“全景可视化”的线路工程管理模式……………………………210
第三节　“站外短接”破解改扩建工程基建和电网安全难题……………………214
第四节　500kV 改扩建工程 220kV 双母线停电情况分析……………………219
第五节　举办知识竞赛，营造技术比学赶超……………………………………225
第六节　三维设计成果的规划建设全过程深化应用……………………………228
第七节　“四确认，四举措”确保进度零滞后……………………………………231
第八节　线路 π 接方式下停送电搭接方案研究…………………………………234
第九节　特高压线路工程全过程机械化施工……………………………………240
第十节　特高压变电站机械动态管控一体化平台构建与实施…………………244
第十一节　外架钢板网及盘扣式脚手架在聊城南 500kV 变电站新建工程的应用……247
第十二节　创新提升“技术手段”　确保工程万无一失……………………………250

第六章　绿色建造典型案例…………………………………………………254

第一节　全面推行“6S”管理　打造绿色工程……………………………………254
第二节　“一基一档一方案”线路工程管理模式…………………………………269
第三节　全面优化施工现场设备　提升绿色施工评价合格率…………………273
第四节　电网建设工程绿色施工监理全过程标准化管理体系实施……………277
第五节　多维度构建新型绿色建造体系…………………………………………282
第六节　“4＋N＋X”党建融合生态建设创新实践…………………………………286
第七节　特高压工程项目环保全过程管理………………………………………289
第八节　工程建立环境保护与水土保持常态机制………………………………293
第九节　创新技术手段打造绿色精品工程………………………………………297

参考文献…………………………………………………………………………301

第一章　项目管理典型案例

第一节　基于高质量电网建设下的“三型三化三全三标”项目部管理体系构建

国网山东建设公司典型经验案例

【摘　要】坚决贯彻落实国家电网有限公司“一个统领、四个最好”的战略部署，全面提升项目部管控能力，统筹“安全第一、质量至上、效率为要、成本是基”四个维度，构建“三型三化”项目部管理组织，提升“三全三标”项目部管控能力，从团队建设、管理理念、管控机制、工作体系四大方面，落实全过程依法合规建设，构建项目部管理体系，确保实现“安全零事故、质量零缺陷、进度零滞后、结算零差错”建设目标。

【关键词】输变电工程；三型三化三全三标；党建+基建

一、背景描述

项目部作为电网工程建设最前线的“指挥部”，责任压实主体在项目部，依法合规落实在项目部，安全质量把控在项目部，任务攻坚成就在项目部，打造高质量项目部是建设高质量电网建设的基础和核心。面对新形势、新目标和新要求，当前现场工程项目部建设存在以下主要问题：一是“党建+基建”融合不够深；二是主导管控能力不够强；三是业务技能水平不够高；四是工作制度标准不够精细化。

二、主要做法

（一）打造“三型”管理团队

从领航型、卓越型、主导型三个方面对项目部团队建设提出要求。其中，领航型指明了项目部建设方向，卓越型明确了项目部建设目标，主导型确定了项目部建设定位，从而进一步对团队管理工作提出了更高的建设要求。坚持党建领航、服务领航、技术领航的工作指导思想，全力打造人员卓越、思想卓越、能力卓越的核心管理团队。

（二）推行“三化”管理理念

从精益化、专业化、智能化三个方面提出了项目部工作方法及内涵，精益化明确了项目部工作开展的深度要求，专业化确定了项目部工作开展原则，智能化提出了项目部工作的创新性，从而提高项目部的担当力。

（三）建立“三全”机制

从全专业高效协同、全过程依法合规、全方位创新创效三个方面明确提高项目部管控能力的重点内容，全专业高效协同是指打破专业壁垒，提高工作效率。

（四）健全“三标”体系，提高项目部执行力

健全“三标”体系从健全工作标准体系、责任标准体系、考核标准体系三个维度提出了提高项目部执行力的管控措施。

1. 健全工作标准体系

使项目部摆脱工作繁忙且理不清头绪的现状，紧紧围绕工程重点制订工作计划，从而提高工作效率。

2. 健全责任标准体系

执行力源于责任心，而责任心来自岗位责任，公司结合工程建设实际，聚焦管理穿透，健全责任标准体系，推动现场各级人员对照标准履职尽责。

一是健全管理协调责任体系。编制“一职四书”（前期计划任务书、工程建设任务书、物资保障任务书、生产准备任务书），实现“四个无缝衔接”，即项目前期与工程前期“无缝衔接”、项目部与属地单位“无缝衔接”、工程建设与生产运行“无缝衔接”、工程建设与立功竞赛“无缝衔接”。

二是健全安全管控责任体系。深化应用“两体系一平台”，做实安全保障体系，全面加强现场作业安全培训，规范作业行为，抓实“站班会”管理，确保作业人员对方案技术交底听懂弄通，严格执行作业票；做强安全监督体系，足量配置基建现场视频监控终端，确保风险现场监控全覆盖；加强“安全管控平台”应用，依托远程视频终端，实现基建工程现场过程监督与实时在线监测。

三是健全质量管控责任体系。加强设计龙头管控，坚持“四统一”清单设计，严格设计交底和图纸会检，实现工程设计与施工、运行深度衔接，做到精准设计、优化设计。

3. 健全考核标准体系

“有要求没检查，结果等于 0”，坚持考核指标突出核心。国网山东建设公司以国家电网有限公司下达的关键业绩考核指标和年度重点工作为考核内容，重点突出核心业务，不断提升业务支撑水平。

一是坚持目标导向，科学分解管理目标。紧盯“一体四翼、世界一流”战略目标，

以落实“安全优质经济绿色高效”电网发展理念，确保工程一次投运成功、长期安全运行为目标。

二是坚持问题导向，确保工程高效推进。树立发现问题是本领、解决问题是能力的理念。

三是坚持结果导向，奖惩实现双向考核。以高质量推动战略目标实现为着力点和支撑点，强化对考评结果的综合分析比对，将考评结果与项目部奖惩挂钩，提升项目部管理水平。

三、结果评价

基于高质量电网建设下的“三型三化三全三标”项目部管理体系，从领航型、卓越型、主导型三个方面对项目部团队建设提出要求，从精益化、专业化、智能化三个方面提出了项目部工作方法及内涵，从全专业高效协同、全过程依法合规、全方位创新创效三个方面明确了提高项目部管控能力的重点内容，从健全工作标准体系、责任标准体系、考核标准体系三个维度提出了提高项目部执行力的管控措施，在山东特高压工程管理实践中取得了良好的效果，具有推广价值。

（一）安全方面

2019 年以来，山东特高压工程现场三级以上风险达 3000 项，日均参建人员为 2800 人，安全风险高、压力大，工程建设达到预期安全目标，未发生任何安全事件，特高压工程建设持续保持安全稳定良好局面，人身安全、设备安全、电网安全，实现“零事故”。同时，业主“层层衰减”、监理“形同虚设”、施工“以包代管”等问题得到了根本解决，取得了良好的安全管理效益。

（二）质量方面

工程验收缺陷数量明显降低。山东特高压工程各类设备核心部件实现“零缺陷”供货，主设备实现“零隐患”安装，主变压器、GIS 等主要设备均一次性通过耐压试验，已送电工程全部实现一次送电成功，工程验收缺陷数量同比下降 37%，创造了特高压工程较低验收缺陷数量新纪录。工程建设质量得到充分认可。济南泉城 1000kV 特高压变电站获鲁班奖，榆横—潍坊 1000kV 特高压交流输变电工程、扎鲁特—青州±800kV 特高压直流输电工程获评“2019 年度中国电力优质工程”。

（三）效率方面

通过构建“三型三化三全三标”体系，科学统筹系统谋划，组织协调各专业和内外资源，业主单位早动手，提前开展项目策划，加快前期进度，向管理要效率，向业主要工期，潍坊—临沂工程 246 基塔、128km 特高压线路，提前里程碑计划 11 个月建成投产，创造了特高压建设新纪录，展现了山东电力敢打硬仗、能打胜仗的铁军精神；上海庙—山东直流工程顺利投产，有效增强了“外电入鲁”输送能力；临沂调相机工程成功并网，创下国网系统建设规模最大、施工难度最大、逻辑控制最复杂的纪录，为电网加装调相机积攒了宝贵经验；2019 年山东境内特高压工程进度均满足工程一级网络计划，为工程按期投运奠定了坚实基础。

（四）成本方面

在“三型三化三全三标”体系下，技经专责实现常驻现场办公，真正将技经管理延伸至工程一线，确保了技术变更、费用调整同步提出、同步审核、同步签证。同时，通过结合工程进度、转序节点，推行工程过程分部结算，及时确认、结算现场已完工程量，实现了工程投资与工程进度相匹配，进一步“压缩层级、减少环节、优化流程”，降低了时间成本和管理成本，促进各专业之间、各层级之间工作紧密衔接、高效协作。

（五）依法合规方面

通过开展专题培训和集中学习，实现了业主、监理、施工三个项目部将依法合规要求贯穿工程建设各环节的意识深入人心，形成了全面坚持法治思维、强化风险意识，崇尚法治、敬畏法规、严守规章的良好氛围，营造了“三全五依”法治企业良好环境。全面梳理形成了电网建设工程投运前应取得的合规性手续清单及工程竣工前需取得的相关证件，环水保管控实现与主体工程“同时设计、同时施工、同时验收”，国家电网有限公司工程初步设计“七不审”、工程开工“十不开”、工程投产“六不投”相关要求得到了全面落实，做到了工程全过程依法合格管控，为依法实施奠定了基础。

第二节　构建任务管理及量化评价体系

沭河输变电工程典型经验案例

【摘　要】临沂沭河（莒南）500kV 输变电工程坚持以工程总体规划为引领，充分发挥建设单位（业主项目部）现场管理“核心枢纽”作用。一是构建工作任务清单管理体系。日常业务管理上，借鉴“6S”管理理念中整理、整顿思想，开工前，业主项目部组织制定标准化开工任务清单、物资采购及到货清单、图纸到场计划清单、固有风险清单、“三跨”清单等，以清单形式将贯穿工程实施全过程的主要工作任务和关键工作计划予以明确，编写印发至全体参建单位，将整理整顿思想、清单化管理理念融入业主、监理、施工项目部日常工作，贯穿工程建设管理全过程。二是构建参建单位现场管理量化评价体系。在参建单位管理工作上，为加强参建单位日常管理，业主项目部依据相关制度文件及合同条款要求，策划将安全、质量、进度、“6S”管理等项目管理重点工作进行细化分解，将参建项目部主要管理人员到岗到位情况，日常管理工作开展情况明确到具体指标，纳入评价体系当中，以月度为单位对参建项目部进行量化评价，每月对量化得分情况进行晾晒，对连续排名靠后的参建单位进行通报、约谈。

【关键词】输变电工程；综合管理举措

一、背景描述

临沂沭河（莒南）500kV 输变电工程是山东省近 8 年来一次性投运规模最大的 500kV 输变电工程，是山东省政府 2020 年重点工程，还是国家“西电东送”的重要消纳通道。它包含着沭河变电站新建工程、沭河—兰陵线路工程、智圣—沭河线路工程、沭河—巨峰线路工程 4 个 500kV 单体工程，共计新增变电容量 2000MVA，新建 500kV 线路 6 回、长度共计 185.79×2km，新建铁塔 449 基。而且工程扩建部分涉及±800kV 沂南特高压换流站，500kV 兰陵变电站、巨峰变电站，工程体量大，交叉作业多，建设管理工作时间紧迫、任务繁重，需要管理人员及时掌控建设工程关键工作，落实各参建方职责分工，统筹推进工程建设。

二、存在问题

一是工程建设环节多、工序复杂，各项专业工作流程需理顺。

二是参建单位多，职责界面存在交叉，需进一步明晰。

三是合同内容宽泛，针对性不强，现场管理缺少利于执行的总体管理措施。

三、问题分析

一是工程涉及 4 个 500kV 单体工程，工程体量大、涉及因素广，项目前期与工程前期的有序衔接、工程前期与标准化开工的有序衔接、土建施工与设备到货电气安装的有序衔接、电气安装与设备调试及工程验收的衔接、施工计划与停电计划的衔接等问题是工程建设期间最常遇到的问题，其中任何一项衔接出了问题，都可能对整个工程建设产生不良影响。

二是工程参建单位涉及范围广，涵盖了设计、施工、监理、物资、属地、试验等多家单位，虽然工程实施的主体是施工单位，但其他各参建单位都有各自的建设职责。履行职责时合同约定必不可少，但参建单位数量巨多就会产生大量的合同条款，从而使大量的职责分散稀释，而这些职责之间又会存在权利义务不清晰、不明确的情况，亦存在个别职责交叉、漏项的情况，这些问题有必要结合合同约定进行进一步的明确。

三是尽管主体施工单位合同条款内容量大、涉及范围广，具有较强的通用性，在众多工程单体应用中具有较强的普适性，但面对某一项具体工程、具体节点时，可能因为工作的专业性、深入性、复杂性，通用性的合同条款不能解决更加细致化的工程实际问题，导致其针对性有所欠缺。工作人员在实际解决问题过程中无法完全根据合同条款中的内容做出系统性的指令，某些具体工作便成了合同条款中的“灰色地带”，从而导致主体施工单位合同条款与日常参建单位的管理衔接得不够密切。

四、改进措施和方法

（一）构建工作任务清单管理体系

日常业务管理中，借鉴“6S”管理理念中整理、整顿思想，坚持“整理思路、整顿思想，条块结合、以条为主，统筹推进、配套联动，清晰明了、便利实用”的原则，业主项目部积极推进“关键任务节点一清单”，确保工程全过程有“单”可循、有“单”可依。

开工前，针对工程实施全过程的主要工作任务和关键工作计划，业主项目部为各参建单位组织制定标准化开工任务清单、物资采购及到货清单、图纸到场计划清单、固有风险清单、“三跨”清单等，以清单的形式将贯穿工程实施全过程的要点、难点予以明确，通过先培训后执行的方式，让大家学明白、学清楚后，再通过纸质形式印发至全体参建单位，充分发挥业主项目部在工程实施全过程中的履职督促作用，保证各节点工程清单得到具体化有效化的落实，进而将整理整顿思想、清单化管理理念融入业主、监理、施工项目部日常工作，贯穿工程建设管理全过程，推动各参建单位履职尽责、提高效能。

（二）构建参建单位现场管理量化评价体系

参建单位现场管理量化评价工作是深化质量管理、促进一体化管理体系向绩效评比形式转变的一项重要工作。业主项目部做好评价体系的部署，再鼓劲、再加压、再冲刺，以更好的方式、更高的效率、更优的作风，强化对参建单位的日常管理，营造参建单位比学赶超的良好氛围，从而全面加强工程建设全过程管理，推动工程高质量建设再上新台阶，安全优质高效完成工程建设。

1. 细化方案

在现场管理量化评价工作推进过程中，业主项目部依据国家电网有限公司基建管理相关文件制度规定及相关合同条款内容，对安全、质量、进度、“6S”管理等项目管理重点工作进行细化分解，通过多方面的层层把关，保证其兼容性和实用性。

2. 双向检查

通过日常检查和内审两种方式推进量化分级评价，分配好两种方式的权重，保证业主项目部监督作用的同时，强化各参建单位的内部整顿作用，以双向检查的形式，确保检查的全面性和深入性。

3. 强化奖惩

将参建项目部主要管理人员到岗到位情况、日常管理工作开展情况明确到具体指标，纳入评价体系，以月度为单位对参建项目部进行量化评价，量化得分情况每月晾晒，对连续排名靠后的参建单位进行通报、约谈，以比学赶超的形式，提升工作的高效性和积极性。

五、结果评析

（一）评价结果

通过构建工作任务清单管理体系和参建单位现场管理量化评价体系，各项关键业务工作内容进一步明晰，工作制度标准进一步优化完善，各项工作衔接得到进一步的优化，该体系在山东电网特高压工程管理实践中取得了良好的效果，具有推广价值。在工作任务清单管理体系和参建单位现场管理量化评价体系的共同作用下，沭河输变电工程各项安全工作优质高效推进，并荣获国网山东省电力公司绿色建造示范工程称号，同时被推荐参评2023年国家优质工程评选。

（二）活动亮点和经验

通过构建工作任务清单管理体系和参建单位现场管理量化评价体系，从专业工程管理和参建单位管理两个维度，为输变电工程建设管理打造了一种标准化、模块化的管理模式。在此模式基础上，其他工程可根据自己的工作特点，具体制定自己工程的管理体系，值得推广。

随着管理要求不断细化，工作任务清单管理体系和参建单位现场管理量化评价体系可随着社会发展、施工技术进度、管理措施提升逐步细化优化，不断完善，以更好地指导后续工程建设。

第三节　“六全”项目标准化管理

工程建设一部典型经验案例

【摘　要】深度推动组织标准化、资源配置标准化、过程管理标准化、外部协调标准化，切实增强项目部组织凝聚力，促进各参建单位目标一致性、行为一致性，提高工程建设效率。

【关键词】电网建设；标准化；全过程

一、背景描述

特高压工程整体呈现出系统复杂、投资额大以及风险较高等特点。在建设过程中还需要结合工程设定的安全目标、经济目标、技术目标等工作目标，和研究论证、技术攻关、规划设计等标准化管理环节，以及工程设计、绿色建造、优质工程等具体建设内容，多方统筹和协调如科研单位、设计单位、监理单位等众多相关工作主体，这对于工程管理的资源统筹和协同工作无疑提出了非常高的要求。

二、存在问题

一是四个维度管理存在短板。

二是依法合规开工存在困难。

三是环水保措施落实有待提高。

三、问题分析

特高压工程的建设具有高度复杂性，常规工程管理模式难以适用，要求建设单位必须在管理思想、管理模式、管理方法、管理工具等方面全面创新。

四、改进措施和方法

安全、质量、进度、造价是特高压工程建设必须同时满足的建设目标，建设过程需要实现四者统一，形成相互支撑、相互促进的建设体系。同时，还要主动满足环水保监管要求，严格落实环水保措施；严格开工条件审批，实现依法合规建设。

（一）坚守红线底线，全过程抓安全

全力做好安全保障工作，需要从管理模式、组织机构、劳动用工、薪酬分配、管控机制、市场机制、考核机制、技术装备、技术措施、管控手段等方面，统筹研究管控手段，落实建设标准和要求，夯实安全生产基础，提升本质安全水平。

要抓住项目管理关键人，积极参加省公司统一建库、持证上岗、招标核实、现场监督、量化考核等管控措施，对安全进行全过程管控；抓住现场作业关键点，划出关键作业施工安全管理的底线、红线，作为强制性措施，落实“签字放行”要求。

（二）立足百年大计，全过程抓质量

一是要全过程提升设计质量。深入介入前期工作，抓早、抓深、抓细设计，为工程的合规建设、顺利实施打好基础。提升设计标准，补强补齐设计短板，对照“两书一单”和“四个手册”，针对建设过程中经常遇到的“痛点”“难点”和生产运维环节反馈的“常见病”“易损件”加强差异化设计，为安全稳定运行奠定基础。

二是要全过程监督设备质量。明确关键材料部件技术指标，严把监造、抽检、出厂试验、交接试验关，以过程管控推动设备质量“零缺陷”。着力解决主设备质量造成的“卡脖子”问题，牢牢掌握设备质量控制主动权。

三是要全过程管控施工质量。推行先进适用的工艺装备，深化标准工艺应用，推行工厂化加工、机械化施工、装配式建设，以成熟的施工工艺、先进的技术装备、实用的专用工具，有效保证施工质量、降低劳动强度、提高工作效率。加强物资进场开箱验收，设备安装、工序交接及隐蔽工程等关键、薄弱环节，通过视频录制、共同见证、实测实量等方式开展质量检查，抓实施工单位三级验收，强化监理、业主中间质量抽查验收责任，落实工程质量终身责任制，推动过程创优、一次成优。

（三）锚定按期投产，全过程抓进度

建立计划执行偏差分析及资源短缺预警机制。确保施工进度偏差早预测、早发现、早解决，每月工程计划执行情况通报中增加对计划执行偏差情况的分析及资源存量预警，并且将实际工程进度与计划进度进行对比，建立自动预警机制。通过判断进度曲线的发展趋势，结合现场实际，预判计划执行薄弱环节，提出下阶段工作重点及应对措施建议。

统筹资源匹配施工进度。将各类资源有机地融入计划管理的全过程，项目施工进度计划是编制者依据基建程序中施工阶段之前的各阶段工作成果，考虑工程、工艺特点和施工特点，以合同工期为目标，结合自身实际情况规定的总进度目标和效益目标，从而形成的一整套计划组合。

科学编排工序衔接。为保障现场作业面全面开花，各参建单位必须根据整体里程碑计划执行各自施工进度计划，同时还要按照审定方案配备必要的资源来支撑计划的实施。在施工过程中应注意根据现场实际情况及时调整各施工工序之间的衔接，在工期安排中应充分考虑现场各实际因素的变化，合理安排，尽可能地留有余地。

（四）践行精打细算，全过程抓造价

落实工程计价标准，科学评价工程建设技术方案经济合理性，合理确定工程造价，有效控制建设成本，准确分析费用构成和变化趋势的全过程管理。从项目前期阶段即开始贯彻全生命周期成本管理理念，以精益控制工程造价为核心，推进技术与经济融合，将投资控制贯穿建设管理的全过程，强化主动、事前控制和风险防范，全面应用工程量清单计价规范招标。

深化分步结算，实现工程投资控制目标，进一步提升工程造价管控水平和投资效益。对重大单项工程结算关口前移，解决工程后期开展结算工作量大、收资难、变更签证缺乏时效性、争议问题久拖不决等问题，有利于工完量清、量清价清，并可及时掌握工程成本的动态变化。

常态化、标准化开展造价分析和总结。组织参建单位、审价单位等，同步编制造价对比分析；在工程竣工后，编制技经总结纳入工程总结；在工程投运次年，编制专项工程造价分析报告；在工程投运一年后，开展专项工程后评价报告；定期配合国家电网有限公司、省公司开展典型电网工程投资成效分析、投产工程造价信息统计分析等。

（五）设计统领、技术支撑，全面落实环水保措施

建立环评水保专题评估与可研设计、初步设计、施工图设计的融合机制，环评水保工作与可研设计同步启动，统一环水保相关原则、目标，针对设计方案中是否存在环水保颠覆性因素、环水保措施是否依法合规提出复核意见，设计单位依据复核意见完善设计方案。

主体施工与环水保施工深度融合，将环水保施工管理纳入主体工程施工管理体系，重视环水保设计交底和环水保培训工作，提升施工人员的环水保理念；深化细化环水保施工组织设计，在主体工程进度管理中明确各项环水保措施落实的时间节点；同时充分

发挥环境监理、水保监理单位的第三方监督作用。

在环水保现场管控工作中积极推行数字化技术，采用“卫星遥感普查+无人机详查+倾斜摄影+人工抽查”等方式，全面提升工程全过程环水保管理效率和质量。利用遥感影像进行解释，全面宏观掌握开工前本底情况，及时识别出施工过程中的各类环水保信息，结合环境影响报告书和水土保持方案等设计资料，重点分析线路变更、环境敏感区位置关系、塔基扰动范围、溜坡溜渣情况，牵张场、跨越场、施工道路等临时占地施工扰动及恢复，以及电网通道拆迁迹地恢复等情况，及时全面掌握工程施工过程中环境破坏、水土流失及防治情况。基于卫星遥感普查，在大范围区域，快速、高效地发现地面情况，并初步定位存在环水保隐患的区域，为无人机详查提供重点核查方向。

针对经由卫星遥感普查与无人机详查确定的水土保持重点监管及核查区域，派遣专业环水保人员对施工现场进行现场核验，对卫星遥感普查与无人机详查发现的水土流失及隐患进行进一步确认，并就有关问题提出有针对性且切实可行的整改建议。

第四节　输变电项目档案标准化管理

光州扩工程档案管理典型经验案例

【摘　要】电网建设项目档案是电网工程建设活动中所形成的最原始的、最有保存价值的文件资料，是工程建设的真实记录和工作缩影。工程档案管理的好坏，直接关系到工程的质量。尤其特（超）高压工程，持续时间更长、资料覆盖范围更广、协调工作量更大，档案管理压力更重。

光州扩工程采用“档案标准化管理示范柜”的形式开展培训，将以往枯燥无味的文字教程转变为“实物实操”，盒内盒外均实现“可视化培训”，推动各专业人员由“被动参与”转变为“主动参与”。在施工现场，积极倡导新“预立卷”“谁形成，谁负责，谁移交”的管理理念，文件数字化与纸质版两手抓，为打破由于疫情所导致的无法进行现场检查的困境提供有力支持，最大限度发挥资料和档案的价值与功能，有效服务于特（超）高压工程建设的全过程及竣工后的各个环节，切实为企业积累大量宝贵的知识财富。

【关键词】电网建设；项目档案；预立卷

一、背景描述

电网建设项目档案是指从项目前期到竣工总结评价全过程汇总形成的具有保存价值的文件，它既是工程建设者劳动成果和历史功绩的真实记录，也是决胜全面建成小康社会、建设社会主义现代化强国的信息保障。“十四五”时期，档案的价值日益凸显，档案管理工作对党和国家各项事业的基础性、支撑性作用更加突出，档案事业发展处于重要战略机遇期。国网山东建设公司为落实国家档案局关于提升档案服务经济建设能力的工作要求，积极服务山东省新旧动能转换重大工程，推动档案事业高质量发展，开展以“示范引领、全面提升”为目标的项目档案管理体系的构建与实践。

二、存在问题

一是缺乏固定的档案管理组织架构。

二是档案形成源头多，管理条块分割。

三是各项目部缺乏专业档案管理人员。

四是档案管理基础设备薄弱。

三、问题分析

随着管理要求的不断提高，在档案归档的及时性、规范性和完整性方面，存在诸多不足。

四、改进措施和方法

一是构建坚强的档案管理组织。事在“人”为，没有档案组织构架的档案管理则“无米难为炊”，项目部按照扁平化管理模式，明确了组织构架及相关职责，分层级、按职责构建工作组织机构，成立以业主项目经理为组长，设总、总监、施工项目经理为副组长的领导小组，实行统一管理，总体协调，总体指挥；成立以各项目部档案管理专责为成员的实施小组，接受公司档案管理部门和上级主管部门的监督，同时对现场档案管理工作进行全程管控，给予现场档案工作技术支持。

二是优化联动管理机制。协同档案形成部门建立联动工作机制，突出“权责一致、职责互补、协同高效”的理念，理顺职能职责、业务界面、工作流程，做好人员融合、思想融合、业务融合，以协同优势增强管理优势。同时，档案工作实施小组定期组织召开协调会，互通职责范围内文件的形成及现场建设进度情况；业主项目部参加前期文件标准化移交，打通工程建设与项目前期、工程前期资料收集的壁垒，形成各部门、专业室、现场业主项目部沟通顺畅的联动管理机制。

三是组建档案管理专家团队，高质高效完成公司档案工作有关部署。光州扩业主项目部为贯彻落实 DAT 28—2018《建设项目档案管理规范》及国家电网有限公司相关档案管理办法，按照省公司、建设公司项目档案管理工作要求，进一步加强现场项目档案管理，提升项目档案管理水平，确保高质高效地通过各级验收和达标投产工作，邀请公司项目档案管理专家组指导、督促，检查项目建设工程档案管理工作，共同推进项目档案全过程管理。

四是落实《建设项目档案管理规范》深化研究。光州扩业主项目部积极组织落实《建设项目档案管理规范》，从规范中汲取工作方式方法。学习《建设项目档案管理规范》关于项目档案工作组织、制度规范体系建设、项目文件管理的新要求，做好项目档案全过程管理；开展建设项目电子文件管理现状调研，研究项目电子档案管理新方向，做好不同门类电子文件及其元数据的归档保管。加强档案合同管理、费用管理，健全项目档案组织机构，超前介入档案业务培训，档案管理全面融入建设管理，加强指导和检查，实现文件材料清单式收集，强化档案验收把关机制。

五是出台《光州 500kV 变电站 4 号主变压器扩建工程档案管理办法》（以下简称“《办法》”）依“法”治档。光州扩业主项目部根据工程建设特点及建设任务，明确档案管理目标、执行的标准制度、档案管理组织机构和职责及管理机制，统一档案质量要求及管控措施等内容，制定《办法》，规范档案管理行为，提升档案管理效力。

六是新“预立卷”破疫情影响。在项目建设过程中，大范围实行“现场预立卷”制度，具体是指业主项目部及各参建单位在收集汇总文件后，即刻进行预分类、预排列、预编号、预编目，但不装订的过程。但是，受新冠肺炎疫情的影响，现场业主项目部无法接受公司档案主管部门的现场督促及指导。为解决这一问题，光州扩延伸“现场预立卷”制度，纸质档案、电子档案两手抓，提前对“预立卷”的资料进行数字化处理，分类存于网盘中，做到形成的资料“周清月清”。既保护过程文件能完整保存，也便于后期档案整理时快速检索调整，有效地避免了竣工后的“回忆录式”档案整理、组卷、归档工作。同时，公司也能以新“预立卷”为抓手，对参建单位项目档案管理工作进行监督、检查和指导。

七是转序竣工同步验收档案。开展各类型项目验收活动的同时对项目文件预立卷的完整性、系统性、准确性、规范性、安全性等指标进行同步验收。在项目阶段性专项验收中，检查本阶段项目文件预立卷质量，档案不合格不同意工程转序施工；在单位工程竣工验收中，检查单位工程项目文件预立卷质量，档案不合格不予支付单位工程进度款；在工程整体竣工预验收中，检查项目文件整体归档情况，档案不合格不允许工程提交竣工验收申请。根据实际情况邀请公司档案管理机构根据需要参加项目各阶段验收工作。

五、结果评析

一是示范引领，高质量推进省公司“求实效、做表率”攻坚行动。光州扩业主项目部以建设“光州 500kV 变电站 4 号主变压器扩建工程”项目档案标准化管理示范点为目标，从建设期档案人员即开始文件整理“预立卷”工作，将之前 2 个月才能完成的工作，提升到了现在普遍的一个月内完成归档的程度（提速 50%），大大减少归档所需时间；推广“人人都是档案员”的工作做法，大大减少了专职档案人员数量（如今 3 名专职档案人员足以应对，减少人员投入 40%～50%），极大地降低了档案管理工作的资源投入，减少了人员投入，高质量地推进了省公司“求实效、做表率”攻坚行动。

二是带动电网各类建设项目档案管理水平持续提升。光州扩项目档案标准化管理转变了过去工程竣工后被动收集文件材料的老习惯，树立了“抓好两头、管控中间”的电网建设项目档案管理新思路。前端控制方面，全面组织项目档案业务培训加强有关规章制度的宣贯教育，将档案归档和质量要求列入工程招标文件和合同条款，将档案费用列入工程和公司预算。中间控制方面，全面压实项目文件管理主体管理责任，适时开展档案业务现场指导和检查。末端控制方面，高标准、全覆盖、常态化组织超高压建设项目档案验收，积极组织中、高压建设项目档案试点验收，将档案验收结果纳入有关单位业绩考核和参建单位履约评价，将档案归档质量与工程尾款结算支付挂钩。在电网建设项目档案管理基础不断筑牢、管理水平不断提升的基础上，将档案管理机制推广应用到了其他在建工程项目中，把握“高质量发展”的总体要求，建高地，强支撑，顺势而为。在实践中稳中求进，把试点变成亮点、把先行变成先成、把试验变成示范，创出特色、争取认可、扩大影响，全方位提高电网建设档案管理水平，全面推进电网高质量建设。

第五节　精益管理打造超高压扩建样板工程

闻韶 500kV 变电站 3 号主变压器扩建工程典型经验案例

【摘　要】业主项目部在闻韶 500kV 变电站 3 号主变压器扩建工程建设过程中，统筹安全管理、质量管理、技术管理、造价管理四个维度，落实绿色建造、新技术应用的相关要求，注重统筹协调及总结提升，确保工程按期投运。
【关键词】输变电工程；扩建工程；精益管理

一、背景描述

闻韶 500kV 变电站位于山东省济南市新旧动能转换先行区孙耿镇。本期扩建 1000MVA 主变压器 1 台（三相共体）、500kV 断路器 1 台（GIS）、220kV 断路器 1 台（GIS），均无出线，主变压器 35kV 侧装设 3 组 60Mvar 并联电容器。工程于 2020 年 6 月 19 日开工建设，2021 年 5 月 31 日启动送电。“闻鸡起舞担初心使命、韶华不负铸精品工程”。业主项目部始终坚持党建统领，坚决落实公司各项工作部署，发扬“三牛精神”，勇做鲁电先锋，坚定安全、质量、技术、造价“四个维度”，走在前列、永创最好，实现工程“零问题”“零遗留缺陷”投运。

二、存在问题

主变压器站内运输难度大。三相共体主变压器体积巨大、极其重，属于超高、超宽、超长、重量大的物件，而扩建站场地又特别小，主变压器进场运输、上台特别困难；主变压器及运输车辆下部几乎与进站道路同宽，距道路两侧安全围栏不足 10cm，而主变压器上部升高座又向外突出，超出安全围栏，距 500kV CVT 均压环的距离很近。主变压器站内运输时应特别注意与站内带电设备的安全距离。

三、问题分析

安规规定：7.1.2.2 运输超高、超宽、超长或重量大的物件时，应制定运输方案和安全技术措施。8.1.4 进入改、扩建工程运行区域的交通通道应设置安全标志，站内运输其安全距离应满足车辆（包括装载物）外廓至无围栏带电部分之间的安全距离的规定，500kV 安全距离大于 4.55m。

预控环节：设联会后、主变压器进场前 2 个月。

建议对策：一是主变压器进场前 2 个月，要求主变压器厂家（运输单位）制定专项运输方案和安全技术措施，反复模拟进出站方案，并向监理项目部、业主项目部报审；二是当站内场地受限时，可采用 PPU 特种车辆运输，确保运输车辆顺利进出站；三是组织物资公司、主变压器厂家（运输单位）、监理单位、检修公司现场踏勘，确定进站、上台方案；四是必须通过多种方式实测实量，反复校核安全距离，确保主变压器外廓与 500kV 带电设备安全距离大于 4.55m；五是提前策划，确保主变压器进场不影响其他工作正常开展。

四、改进措施和方法

（一）项目管理

开工前，业主项目部组织物资、属地、监理、设计、施工等单位对工程进行提前策划。工作中，业主项目部牢固树立“家长思维”，落实“日汇报日协调”机制，建立“项目管理一部闻韶扩日报群”，每日向项目管理一部汇报工作，及时协调解决问题，打通难点、堵点。业主项目部定期开展周例会、月度工地例会，统筹协调工程进度、安全、质量、技术、技经、物资等工作。

（二）安全管理

坚持“以人为本、人人有责”，做好“四三二一”：四个管住（严管计划、队伍、人员、现场）、三个抓实（严抓“一方案一措施一张票”现场落实）、两个强化（加强应急处置能力、加强安全教育培训）、一尽责（各级管理人员的履职尽责）。

（1）以合同为抓手，明确安全管理制度，强化责任落实。明晰并落实安全责任是做好安全工作的基础。

（2）健全现场安全保证体系。严格落实“两个一”要求，加强业主对现场的监督检查；制订高风险作业关键人员到岗到位计划，确保安全检查“人人有责”、到岗履职尽责。

（3）应急管理“预则立”。精心编制建设管理纲要、定期修订应急处置方案及防疫专项方案，做到“预防为主”。

（4）施工风险“先降后控”。扩建工程近电作业多、风险高，应高度重视现场风险勘察及复勘，检查是否落实“四算八验十禁止”安全强制措施、是否采取针对性的安全管控措施。

（三）质量管理

坚持“百年大计、质量第一”的方针，以打造精品工程为目标，以检查标准工艺落实、强制执行、通病防治为抓手，全面应用验收统一表式，强化档案全过程管理，抓好设计源头管控、设备质量管控、主设备安装质量管控等三个关键环节，抓实月度质量检查、转序验收、质量监督检查、竣工预验收等四类检查验收，实现“零缺陷、零遗留问题”投运。

1. 全面应用验收统一表式

2020 年 10 月 1 日开始执行 509 号文，工程共涉及 9 个单位工程、31 个分部工程、107 个分项工程，全面应用统一验收表式，落实“五必检六必验”施工质量强制措施，持续强化施工质量过程管控。

2. 强化档案全过程管理

（1）加强档案管理与各类检查结合。

（2）加强档案管理与统一表式应用结合。

（3）加强照片拍摄与视频记录结合。

（4）加强送电前状态检查与加强档案预归档结合。

3. 抓好三个关键环节

一是抓好设计源头管控。在设计阶段，逐设备逐条落实“十八项反措”“变电五通”“一库一单”。二是抓好设备质量管控，参加关键环节厂内见证。三是抓好主设备安装质量管控，安装前组织施工、供应商签订《分工界面责任书》，检查充气式防尘棚到位情况，设备安装标准化开工做到“八不开”，保证主设备的安装质量。

4. 抓实四类检查验收

实测实量严格开展月度检查、转序验收、质量监督检查、竣工预验收；及时收集更新“两书”“实名制备案”，杜绝“代签”“漏签”；强化前期、过程质量资料管理，规范质量行为；“查起始、控过程、抓结尾”管控实体质量，质量管理有始有终。

（四）技术管理

1. 加强设计源头管控

及时组织设联会及设计交底，在设联会阶段，广泛听取各单位的建议，落实“一库一单”、十八项反措、“五通”等要求，确保在设计阶段解决问题；在设计交底时，对标准工艺、质量通病防治、强制性条款等进行详细交底。

2. 加强方案审查

组织对所有专项施工方案进行审查，重点检查停电施工方案、主变压器站内运输及上台方案、主变压器安装方案、GIS 无尘化安装方案、特殊试验方案等，确保工程安全优质高效推进。

3. 做好三种技术监督

按施工进度及时开展土建监督，及时申请金属监督，物资到货前供应商须完成电气监督；按照全过程技术监督“项目制”管理工作要求，及时完成设备验收（现场验收）、设备安装、设备调试、竣工验收共 4 个阶段的技术监督工作，形成技术监督报告并录入技术监督系统；在竣工验收阶段，顺利通过设备部组织的投运前技术监督。

（五）造价管理

精益管理，把好技经关。在大部分物资定标后，第一时间组织设计分析工程造价变化，预测工程是否超概。在建设过程中严格控制变更签证，对主变压器防火墙加长加高、事故油池支护、500kV 电缆沟与机器人小道冲突等变更、签证严格把关，多次开会论证，优选方案，降低变更签证费用，杜绝不必要的变更签证。开工伊始，项目管理一部组织现场技经交底会，技经室三位专责到站宣贯工程量清单、变更签证、合同条款、工程进度款支付流程等工作要求。

（六）绿色施工

1. 加强全过程监督检查

建设过程中，实施动态管理，对施工策划、施工准备、材料采购、现场施工、工程验收等各阶段进行管理和监督，并将绿色设计和绿色施工纳入安全质量检查，发现问题后及时处理。

2. 加强全过程教育培训

在组织安全教育培训时，针对本工程的实际，将环境保护的措施和要求，以及环境保护的法律、法规知识作为教育培训的重要内容，进行培训教育。

3. 严格落实绿色施工措施

工程现场设置足够数量的废料、垃圾桶和移动水冲式厕所，并设置废弃防疫用品专用垃圾桶，专人管理，保持现场施工环境的卫生。

（七）新技术应用

1. 加强标准工艺落实

工程开工之前，业主项目部根据工程特点，按照国家电网有限公司标准工艺管理要求，提出需执行标准工艺的内容，并定期检查标准工艺现场执行情况。

2. 积极采用新技术

（1）采用接地分析软件，优化接地系统的设计。将国内领先的变电站最大入地电流计算软件 SMGCC 与国际领先接地软件 CDEGS 相结合，减少接地材料的使用，降低了工程全寿命周期成本。

（2）构架计算首次采用 STAAD.Pro、ANSYS、SAP2000 等三维仿真空间计算软件交叉计算验证，确保结构安全，用料最省。

五、结果评析

工作过程中，注重理论与实践相结合，不断学习、总结、提高，形成《业主项目部标准化上墙图板》《扩建站开工明白纸》《扩建站工程消防手续办理情况的汇报》《闻韶扩建工程“6S”管理提升策划》《闻韶扩建工程“四算八验十禁止”》《e安全履职打卡明白纸》等工作成果。兼顾项目管理、安全管理、质量管理、技术管理、造价管理、绿色建造等多个环节的重点工作内容，以科技创新为工程提质增效，以科学统筹为项目保驾护航，总结提炼先进经验做法，保质保量推进项目按期投产运行。

第六节　业主项目部标准化建设及运作

闻韶主变压器扩建工程典型经验案例

【摘　要】国家电网有限公司及省公司对电网基建项目的管理要求也越来越高、越来越细。提升业主项目部管理能力，实现管理质量与管理效率的双丰收，推动电网建设项目总体水平提升的任务越发迫切。闻韶主变压器扩建工程（以下简称“闻韶扩”）业主项目部通过分析查找项目部管理的重点工作，梳理业主项目部管理工作中存在的问题，制定提升措施，严格按照“全过程管控、突出重点”的原则开展过程管理，保障重点工作建设效果，规范项目管理过程，全面提升对项目建设安全、质量、进度、造价、技术等实施现场管理的水平和能力，凸显业主项目部管理在电网建设中的重要意义，为经济社会的发展提供充足的电力保障。

【关键词】输变电工程；标准化运作

一、背景描述

闻韶500kV变电站位于山东省济南市济阳区孙耿镇。本期扩建工程在原有围墙内预留场地进行，不需新征用地，站址区无拆迁设施。

业主项目部是由建设单位派驻现场，履行项目管理职责的工程项目管理执行单元，通过计划、组织、协调、监督、评价等管理手段，推动工程建设按照预定计划实施，实现工程各项建设目标。业主项目部对项目建设进度、安全、质量、造价、技术等实施现场管理，对工程建设关键环节进行有效管控，并对项目管理的绩效负责。业主项目部同时负责工程设计、监理、施工、调试等参建单位的合同履约管理，通过对合同执行情况的监督考核，督促参建单位严格履行合同义务，完成合同规定的工作内容。

二、存在问题

（1）电网建设规模与管理人员相对不足的矛盾依然存在。
（2）施工队伍质量管理工作水平与要求存在差距。
（3）监理单位对工程控制有待加强。
（4）设计管理技术水平不足。
（5）设备制造质量存在不足。
（6）中间验收和竣工验收存在不规范、不到位情况。

三、创新亮点

（一）统一标准，制度先行，做到建设管理流程顺畅

业主项目部编制了《闻韶扩业主项目部月度例会制度》《闻韶扩业主项目部安全文明施工责任制度》《闻韶扩业主项目部建设质量管理办法》《闻韶扩业主项目部造价标准化管理办法》《闻韶扩业主项目部档案管理办法》等管理制度，涵盖了项目部建设协调安全管理、质量管理、造价管理、技术管理五个方面。各参建单位根据业主项目部的总体策划、分步控制、综合评价等管理制度细化其内部管理流程和控制措施，使整个工程的管控水平得到整体提升。

（二）明确定位，协同推进，强化业主项目部内部管理

业主项目部按照《国家电网有限公司业主项目部标准化管理手册》要求，找准项目部在建设管理体系执行层的管理定位，每月由业主项目经理组织召开项目部月度协调会，对建设管理运转情况进行分析总结，及时解决项目实施过程中出现的问题和矛盾。项目部成员在工程管理的不同阶段按照职责分工和管理制度的要求，及时对现场的安全、质量、进度、造价、技术等方面进行有效管控。

四、结果评析

（一）以工程策划为重点，推进建设协调管理体系标准化

闻韶扩业主项目部编制《闻韶扩工程建设管理纲要》《闻韶扩工程项目创优规划》《闻韶扩工程安全文明施工总体策划》等前期策划文件。要求施工及监理单位根据策划文件编制实施细则和二次策划。业主项目部及时组织实施细则及二次策划评审会，形成评审意见上报建设管理单位。在工程实施阶段，每月监督检查策划文件的执行情况，并在建设月报中予以体现。

（二）以工程可控在控能控为主线，推进基建安全管理体系标准化

一是项目部编制《闻韶扩输变电工程安全文明施工总体策划》，明确工程的安全目标，将总体策划中提出的每一项具体要求和标准进行分解。通过分解安全目标，落实责任到人，让每一个参加工程建设的人都意识到安全工作的重要性和自己所承担的责任，以点

带面，带动总体工程的安全管理，夯实安全基础。

二是严格执行《国家电网有限公司安全文明施工标准化手册》，业主项目部在工程建设中切实贯彻了国家电网有限公司和省公司安全文明施工标准：严格实行办公区、生活区、材料堆放区、施工区的四大功能区域模块化设置；要求所有进入施工现场的作业人员统一着装、穿戴整齐、佩戴胸卡；施工作业地点设立施工标识牌；合理布置施工电源；材料设备分区堆放；施工现场分区布置；施工做到工完、料尽、场地清，安全文明施工标准化、程序化、规范化水平显著提高，为工程顺利进行和优质工程创建打下了良好的基础。

三是建立健全反违章防控机制，建立风险预控体系。闻韶扩业主项目部编写了《闻韶扩输变电工程风险管理实施细则》和《闻韶扩工程危险点辨识及控制措施》。加强关键环节和关键节点的安全控制，防止发生人身伤害和人员责任事故。监理、施工单位根据施工作业范围对危险点、危险源进行分析，制定应急措施方案。

（三）以标准工艺落地为抓手，推进质量管理体系标准化

一是闻韶扩业主项目部精心策划质量管理工作和工艺创新工作，编制《500kV 闻韶扩工程建设创优规划》《500kV 闻韶扩工程建设标准强制性条文实施计划》等纲领性文件。组织设计、施工、监理单位多次讨论，统一各参建单位认识，将责任细化分解，并对防火墙、主变压器基础、GIS 基础、道路施工、构架及设备接地、电缆沟施工、电缆沟盖板等重点施工部位进行优化，确保质量管理及创优工作落到实处，确保工程各项管理工作规范有序开展。

二是闻韶扩业主项目部积极贯彻落实国家电网有限公司施工工艺标准要求，结合工程特点，制定《500kV 闻韶扩变电站土建工程施工工艺标准》。对混凝土道路、电缆沟、设备基础清水混凝土施工等重点施工工艺制作施工样板，并在施工过程中总结、推广施工技术要点，统一施工工艺标准，确保工程一次成优。

三是组织制定质量通病防治措施实施计划表，积极开展防质量通病活动。土建工程深化开展砌体防裂缝、墙面防鼓包等质量通病防治工作；电气安装工程开展电缆敷设、接地线、二次接线等质量通病防治的策划工作。

四是贯彻落实《国家电网有限公司工程建设质量管理规定》等有关文件，加强全过程质量控制。建立月度质量例会和检查制度，分析施工过程中发现的质量缺陷，及时改进施工作业程序和施工工艺。及时组织工程分部、分项验收评定，积极配合上级各项质量检查。

五是开展工程质量管理创新活动，对质量管理和工艺标准方面存在的薄弱环节提出改进措施，积极应用“新设备、新材料、新工艺、新技术”，提高工程总体质量水平。电气安装全过程设置质量工艺管控卡，全程跟踪、责任到人。

（四）以经济效益为中心，推进造价管理体系标准化

严格执行资金拨付审批程序，加强工程各类费用的控制，规范进度款支付管理流程。

设计变更由技术专责审定技术方案，造价专责审核设计变更费用变动预算，并判断设计变更费用变动预算金额是否已达到重大设计变更标准。

（五）以过程控制为手段，推进技术管理体系标准化

一是业主项目部收集基建技术标准，建立技术标准库，开展技术培训。

二是加强施工图会审和设计交底工作，严格执行设计变更和工程技术方案管理审核程序，将问题解决在施工图阶段，减少设计变更。

三是施工开始后，督促施工单位编制详细的施工管理策划文件，做好施工方案、作业指导书的编制工作，坚持计划和方案先行的原则，根据施工现场和设计图纸的特点，科学编制施工方案，通过质量专题会的形式总结每个分部工程的施工要点和施工方法，编制针对性强的施工方案，对于关键部位、重要工序编制专项作业指导书。

第七节　输变电工程现代智慧标杆工地建设

山东齐河 500kV 输变电工程典型经验案例

【摘　要】山东齐河 500kV 输变电工程建设过程中，为促进齐河 500kV 输变电工程建设管理由传统模式向现代化智慧工地转型升级，减轻工程现场工作负担，提升管理工作质效，为建设新型电力系统赋能。根据基建工程现场一线人员工作实际与建设管理要求，基于 5G、BIM、北斗等先进技术，充分利用数字化创新成果，结合国家电网有限公司感知层设备应用、现代智慧工地建设方案，从八方面开展现代智慧工地建设，顺利通过国家电网有限公司现场复查。

【关键词】输变电工程；现代智慧标杆工地

一、背景描述

山东齐河 500kV 输变电工程线路工程包括齐河—乐平 500kV 线路工程、齐河—德州 500kV 线路工程两个单项工程。于 2021 年 12 月 26 日开工，计划 2023 年 5 月 22 日投产。

《国网基建部关于开展现代智慧标杆工地和输变电标杆工程评选工作的通知》（基建综〔2022〕17 号）下发后，山东齐河 500kV 输变电工程在安全、质量、技术、造价、数字化、项目部建设、环水保、党建及队伍建设八个方面发力开展现代智慧标杆工地建设。

二、主要创新点

（一）同频共振，全时空安全管控

坚持“不出问题就是硬道理”，将安全作为全部工作的重中之重，标本兼治、综合施

策，现场安全管控“全时空全覆盖、全方位无死角”，从源头上防范化解重大安全风险。

一是安全责任落实有措施。总结无违章管理“六有”措施，与线下“驻队监理放行卡”“驻队监理应知应会手册”等措施结合使用，坚决杜绝严重违章，全面压降一般违章。

二是全过程风险管控有办法。搭建全景式作业监控中心，每日安排专人进行值班检查，把好工程安全第一关；应用自主研发的“输变电工程全方位智能化风险提示系统”，有效提升环境复杂、风险较多的施工现场感知能力；应用跨越架实时监测系统，实时监测跨越架架体的压力、倾斜角度、位移和拉线的受力变化情况，提升高风险跨越的安全水平；将地理信息系统（GIS）与三维建模相结合，针对重要跨越、环境敏感点构建仿真模型，进行碰撞试验及施工方案模拟分析，超前验证重大风险施工方案。

三是安全效能提升有手段。采用新型防坠钢索，有效解决了攀登绳卡顿、磨损、风偏较大的问题；应用自主研发的机动绞磨过载保护装置，避免紧线施工过牵引，实现本质安全；应用自主研发的自提升高空作业平台，垂直装载运送作业设备，解决了传统绞磨卷扬提升方式带来的现场安全隐患，减轻作业人员劳动强度，提高线路施工安全效能。

（二）智慧赋能，全链条质量提升

牢固树立“质量至上”原则，深化质量全链条管控机制，推进智能化管控水平提升，切实提高工程建设全过程质量，推动工程建设“一次成优、过程成优”。

一是抓好“策划关”。对每一基基础、铁塔和每一架线段进行环境调查及技术分析，制定单基（段）管控方案，实行“一基一册、一塔一册、一段一册”管控，在预控基础上实现对每基、每塔、每段的全过程精准管控。

二是抓好“入口关”。应用国内首创的输变电地脚螺栓检测系统，实现各类地脚螺栓成品全尺寸、全吨位检测，严格管住地脚螺栓入场质量。

三是抓好“过程关”。依据最新标准工艺要求编制标准工艺应用图册，运用首基试点和标准工艺示范区，实行样板引路；配备质检专用车，应用数字化检测工具，施工过程细致开展实测实量，确保数据真实有效。

四是把好“验收关”。将验收检测数据集成到地脚螺栓保护帽，实现质量“码上溯源”，逐基保存杆塔实测实量的数据原始记录表、钢筋笼验收、坑深孔径验收等隐蔽工程的影像资料，实现过程质量控制直观、高效；高空监理团队参与全过程验收，解决组塔、架线施工质量管理盲点，夯实质量管理基础。

（三）履职尽责，全流程管理升级

强化“主责、主业、主角”意识，主动担当作为，针对工作关键点和薄弱点重点突破，持续强化工程全过程管理。

一是“智慧”管理强履责。全面应用智慧基建建设履职助手，实现计划全管控、路径全导航、日志全记录、业主全履职。

二是驻点建设育文化。在楼梯设置安全踏步标语、安全千万歌幕布、五个同频共振图板，营造强烈安全文化氛围；设置企业文化、廉洁文化展示长廊，提高职工的企业认同感。

三是精心培育强队伍。加强作业层班组标准化建设，关心班组生产生活，保障一线工人衣食住行，培育核心作业层班组。

（四）生态优先，全路径绿色建设

践行全过程生态绿色低碳建设理念，落实环水保要求，应用绿色建造技术，有效降低资源消耗和环境影响，助力“双碳”目标落地实施，实现电网建设综合效益最大化，有力支撑黄河流域生态保护战略落地。

一是设计源头节能低碳。综合考虑工程地形为平地、大部分塔位地下水位较高的实际情况及铁塔受力特点，采用直柱板式、斜柱板式、灌注桩（含承台桩）三种基础形式，显著减少了基础材料用量。

二是建设过程绿色生态。严格落实环保、水保批复要求，编制工程“绿色施工”专项策划；施工现场铺设密目网，减少扬尘，机械设备定期保养，防止设备故障造成环境污染；优化“灌注桩”基础使用分布，施工过程严管“污水、弃土、生火”三环节，工程监理配合专业监测单位实现环水保“双护航”。

三是全通道减少扰动。应用无人机开展线路通道复核和测量工作，及时跟踪通道变化情况，严格控制通道清理范围，提高通道清理工作质效。

（五）党建引领，全专业凝聚合力

坚持旗帜鲜明讲政治，立足工程建设实际，深入开展“党建+”基建工作特色实践，以一流党建引领一流电网建设，以实际行动迎接党的二十大胜利召开。

一是推动党建基建融合。扎实开展“党支部书记在现场”“党员‘三带’反违章”“党员一线保安全”“安全专项劳动竞赛”活动，发挥党员示范引领作用，带动工程现场“零违章”；贯彻执行国家电网有限公司“党建+基建”工程实施方案部署，以解决工程难题及重点环节融入为目的，切实把党的政治优势、组织优势转化为电网高质量建设的强大动力。

二是落地党风廉政建设。设置“书香角”“清风角”，评选“先锋角”，以“廉政三角”标准化建设，助推现场干事、干净；设立“党员监督岗”，推动纪检监督工作关口前移、重心下沉，确保工程建设依法合规，保障业主项目部规范运作。

三是擦亮党建特色品牌。提炼形成“‘齐’心‘河’力”特色党建文化品牌，融合当地“红齐”党建品牌等地域优秀实践，聚焦黄河流域生态保护和高质量发展，开展红色实景教育，形成以党建品牌引领电网建设的融合氛围。

三、创新成效

（一）创新驱动 智慧升级

聚焦“赋能、减负、创新、提效”，全面构建建设状态全面感知、信息数据互联共享、业务全程在线管控、诊断预测高效智能、安全管控强力有效的智慧建设模式。

（二）科技引领　安全优质

全面落实“精益求精抓安全、精雕细刻提质量”工作要求，深入开展“抓责任、精管理、固基础”安全主题活动、工程建设质量提升专项行动，安全优质高效地推进工程建设。

（三）聚焦标准　精益管理

将精益管理贯穿工程建设全流程，思想上树立精益理念，资源上注重精准投入，管理上实现精益提升，全面提升电网建设标准化管理水平，打造精益管理示范样板。

（四）依山傍海　环境融合

以“三融合”（文化融合、建筑融合、环境融合）为引领，依托山东依山傍海的地域特点，碧海蓝天、山清水秀的生态特色，推广城市、景区融合型输变电工程实施方案，推动输变电工程由“工业建筑物”向“城市风景线”转变。

（五）党建统领　亮旗赋能

全面贯彻国家电网有限公司“党建＋基建”实施方案要求，以解决基建难题、完成重点任务、加快新高地建设为着力点，扎实推进“党建＋基建”融合攻坚，切实把党的政治优势、组织优势转化为电网高质量建设的强大动力。

第八节　提升青年“三力”　推动团青工作融合落地

工程建设一部团青工作典型经验案例

【摘　要】青年员工是社会发展的中坚力量，是企业运转的保证因素，如何发挥青年员工内生动力，推动企业高质量发展是国有企业团青工作的开展方向，也是现阶段队伍建设工作中的突出问题。国网山东建设公司第一团支部结合自身工作特点，将团青工作与生产实际相结合，从思想引领、培养锻炼、创新形式等角度入手，结合基层团组织、兼职团干部工作特点，探讨团青工作在输变电工程现场落地的实践经验。

【关键词】建设专业；团青工作；“三力”提升

一、背景描述

习近平总书记在庆祝中国共产主义青年团成立一百周年大会的讲话中指出“共青团是党的助手和后备军，是党的青年工作的重要力量”，强调要广泛组织动员广大青年在深化改革开放、促进经济社会发展中充分发挥生力军作用。

近年来，随着我国综合实力的飞速发展，青年的思想观念、思维方式、价值理念等较以往发生了明显的变化，如何把握青年员工的思想动态，找准企业基层团青工作的方向，充分发挥青年员工的光和热，是目前企业共青团工作的关键。

作为电网建设单位基层团组织，如何提升青年员工的内生动力，充分促进青年员工在建设工程一线发挥生力军作用，为输变电工程安全稳定建设工作注入青春活力，是当前需要思考的问题。

二、创新亮点

从思想引领、培养锻炼、创新形式三个角度切入，探究贴合输变电工程一线青年员工特点的工作模式，促进青年员工向心力、竞争力、行动力“三力”提升，推动团青工作在公司生产经营工作中的融合落地。

一是加强思想引领，凝聚青年“向心力”。把握青年员工思想动态，充分发挥共青团工作思想引领的作用，引导青年员工树立正确的价值观、人生观。同时抓好团干部队伍管理工作，充分发挥基层团干部的纽带作用，创造性、有针对性地开展青年员工思想教育工作。根据团员青年数量少这一特点，制定针对青年员工个人的工作方案，有的放矢地开展青年员工思想建设工作，缓解基层兼职团干部的工作压力。

二是注重培养锻炼，提高青年“竞争力”。依托“自主学习—集中培养—多平台展示”这一主线，为青年员工提供个人成长途径，促进青年员工在工作同时不断提升进步。丰富青年员工展示平台，驱动青年员工充分发挥内生动力，发掘青年员工个人潜能，形成“有竞争、有提升”的良性循环。

三是丰富创新形式，激发青年“行动力”。通过不断丰富学习教育形式，突出电网建设一线工作的特色亮点，提高青年员工的学习兴趣，激发青年员工干事创业的内生动力。利用新媒体阵地，营造青年员工喜闻乐见的舆论氛围，有针对性地开展企业文化宣传。提供各类创新实践平台，培养青年员工创新意识，充分发挥青年员工主动创新创效的能力。

三、主要做法

1. 坚定理想信念

团青工作应充分认识引领青年员工树立正确的核心价值观的重要性。组织青年学习领会马列主义、毛泽东思想、邓小平理论、“三个代表”重要思想、科学发展观和习近平新时代中国特色社会主义思想；指导青年运用马克思主义哲学的科学世界观、方法论思考和解决问题。采取个人自学和集中学习相结合的方式，结合红色教育基地实景学习，帮助广大青年员工校正思想偏差、端正价值追求，解决好信仰信念这个“指南针”问题。

2. 坚持“党建带团建”

从组织层面坚持“党建带团建”，主要有以下几种方式：

一是扩大组织覆盖面。在公司各部门成立团支部，在基层一线建立团小组，严格按照选举程序产生团干部，将 28 岁以下的青年员工全部纳入团组织管理。

二是融入党建制度体系。把团的建设纳入党的建设总体规划，加强团的组织建设，形成相互促进的基层党建带团建目标管理机制。

三是提升队伍先进性。推进团员青年队伍建设与党员队伍建设相衔接，形成常态化评优考核机制，增强团组织的“输血”功能，使优秀团员青年成为党组织发展青年党员的主要来源。

3.“宣传+引导”双管齐下

利用“宣传+引导”两种手段，引导青年员工建立合理的人生规划，树立正确的发展目标，引导青年员工将个人理想的实现与建设国网系统领先的建设公司目标的实现有机结合起来。

基层团组织应结合自身工作要求，在团的“三会两制一课”等常规工作中融入企业文化的宣传教育，传达公司最新的工作目标和相关安排，发挥基层团组织在一线青年员工中的思想引领作用；及时跟进青年员工的思想动态，抓住青年员工的思想变化，主动沟通引导。注重培养锻炼，提高青年“竞争力”，在抓好新时代青年思想政治教育的前提下，找准服务企业中心工作的有效切入点和落脚点，注重培养锻炼，提高青年的“竞争力”。

4. 创新学习形式，夯实技能基础

建立一线青年员工“专业互助群”，充分发挥青年员工间沟通“无障碍”的优势，实行“师兄”带“师弟”，配合公司“新兵连”培育机制，开展多层次培训，提高青年员工业务素质；同时，围绕输变电工程中心工作，紧贴生产经营实际，定期开展覆盖各专业的“劳动竞赛”，以赛促学，帮助青年员工找准差距，营造好学争优的氛围。

5. 做好针对性培训，人人能写会说

针对新进青年员工普遍存在的“学生式”书面表达问题，组织“写作班”进行公文、QC、管理创新等专题写作培训，让青年员工的理论优势真正变成写作优势；举办“青年讲坛”，鼓励青年员工走上讲台，讲学习心得、讲专业知识、讲实践操作，通过在青年中讲课，不断积累当众讲话的自信心，提升青年员工语言表达能力，扩大青年员工的影响力。

6. 加强组织引导，个个能打“硬仗”

依托临时党支部，在公司工程建设一线，重点工作、重大任务前线，成立临时团组织，引领青年员工做好党的助手；同时，组织攻坚克难“青年突击队”，发动青年员工在急难险重任务中冲在前、做表率、勇争先，充分发挥青年员工的生力军作用。通过丰富创新形式，提供创新平台，激发青年的“行动力”。

7. 丰富创新载体，促进青年员工能力提升

在推进共青团工作过程中，突出特色亮点，创新学习载体，不断丰富学习教育形式，从大课辅导、课题研讨等传统学习方式，向素质研学、视频助学、实景教学等方式转变，提高青年的学习兴趣，激发青年干事创业的动力。

8. 应用数字手段，保证团青工作时效性

传统的团青工作形式逐渐受到工作地点、工作时间等条件的制约，一定程度上影响了共青团活动的有序开展。而充分利用好“智慧团建”等网络平台，是提升企业团青工作数字化与时效性的重要手段。把线下团建与线上活动结合起来，把基础团青工作向云端延伸，把握当今青年人之间流行的社交平台，在“微博”“抖音”等新媒体阵地，建立官方账号，营造积极向上的舆论氛围，积极、主动、有效地开展中心思想、企业文化精神宣传。

9. 加强各专业工作融合，确保团青工作落地

不断增强团组织的凝聚力，积极组织青年员工参加各类实践活动、志愿活动，围绕青年员工，在优化营商环境、生产经营建设等多个方面，开展比安全、比质量、比效能、比业绩等大比拼活动，充分激发青年员工的争先意识和工作主动性，将团青工作与建设专业工作落地融合。

四、结果评析

本文从思想引领、培养锻炼、创新形式三个方面，介绍了提升青年员工“向心力、竞争力、行动力”的方法路径，探索共青团与公司建设专业工作融合落地的方式。以咬定青山不放松的精神，加强政治引领，坚定理想信念，充分突出和发挥团青工作的重要地位以及引领作用。

通过将理论研究融入团青工作实践当中，建设公司团青工作取得了长足的进步，形成了一套建设专业基层团组织工作的针对性方法，开设了例如“青年讲坛”“新兵连”等培养青年员工成长成才的创新平台，为建设建设国网系统领先的建设公司贡献青春力量。

第九节　基于“三个一”进度管理理念的新建

500kV 变电站工程进度管理

【摘　要】以电力能源的特殊性导致的工程进度精准管控的重要意义为背景，立足国家电网有限公司现行组织结构及管理制度，提出围绕一个中心、规范一套流程、固化一个模板的进度管理方法，为提升电网建设精益化管理水平提供借鉴。

【关键词】“三个一”；进度；电网建设

一、背景描述

面对“十四五”期间更加繁重的主网建设任务，国网山东省电力公司电网建设按下

“提档加速”键。综合考虑气候条件、工艺要求、物资供应等因素，500kV 变电站新建工程合理工期为 15～18 个月。同时，变电站作为大电网中重要一环，需要与系统对接，为保证均衡投产，既不能提前，也不能滞后，对工程进度管理提出了更高要求。探索工程进度管理方法，追求在合理工期、最小造价的条件下完成变电站的建设任务，对提升电网工程建设精益化管理水平具有重大现实意义。

二、存在问题

一是电网适度超前建设对经济社会发展影响大。建设进度需把控精准，既不能提前，也不能滞后。

二是在电网建设“新高地”攀登途中，提升工程进度精益化管理水平是亟待解决的问题。

三、问题分析

一是经济社会的高速发展，对工程“又好又快”建设提出了更高的要求。根据《国家电网有限公司输变电工程进度计划管理办法》相关规定，综合考虑气候条件、工艺要求、外部环境、物资供应等因素，500kV 变电站新建工程合理工期为 15～18 个月。同时，变电站作为大电网中的重要一环，需要与系统对接，为保证均衡投产，既不能提前，也不能滞后，对工程进度管理提出了更高要求。

二是着力提升电网建设管理精益化水平，重点抓实工程全过程管控，以计划管控为主线，“向管理要效率，向管理要效益”，实现电网建设质效齐升意义重大。以满足工程安全、质量为前提，追求在合理工期、最小造价的条件下完成变电站的建设任务，深入探索与研究工程进度及管理方法，由粗放式管理模式向科学精细化管理模式转变，对电网良性发展具有重大现实意义。

四、改进措施和方法

进度计划管理遵循“依法开工、有序推进、均衡投产”原则，首创“三个一”（围绕一个中心、规范一套流程、固化一个模板）进度管理理念，聚焦强化业主项目部管理模式，抢先抓早、科学统筹，把牢工程管理主线，做实全过程管控。“围绕一个中心”是前提，牢牢抓住里程碑计划这一个中心，制订停电计划、物资计划、验收关键时间计划、施工图交付计划，理清主线，保证工程工期计划；“规范一套流程”是基础，规范进度管理全流程，加强制度建设与信息化管理，打通进度管理脉络；“固化一个模板”是重点，基于关键路径法建立一种通用的新建变电站工作任务分解方式，梳理任务逻辑次序，应用“三时估算法”估算工作持续时间，构建网络计划，确定关键路径，科学规划工程建设工期。

（一）围绕一个中心

以省公司建设部下发的里程碑计划为中心，构建“三环一体”计划管理方式（如图1-1所示）。充分考虑项目前期、工程前期工作时间及进展情况，把握工程建设阶段开工时间、土建开始时间、安装开始时间、调试开始时间这四个关键节点及启动送电阶段各关键节点，以这几个主要阶段的关键节点时间为“参考系”，编制或督促有关参建单位上报工程停电计划、物资需求计划、施工图交付计划及有可能延误送电的专项验收计划，审核以上计划并分别报相关部门审批，保证全盘掌握各建设环节对工程工期的影响，保证各环节进度满足连续施工需求。

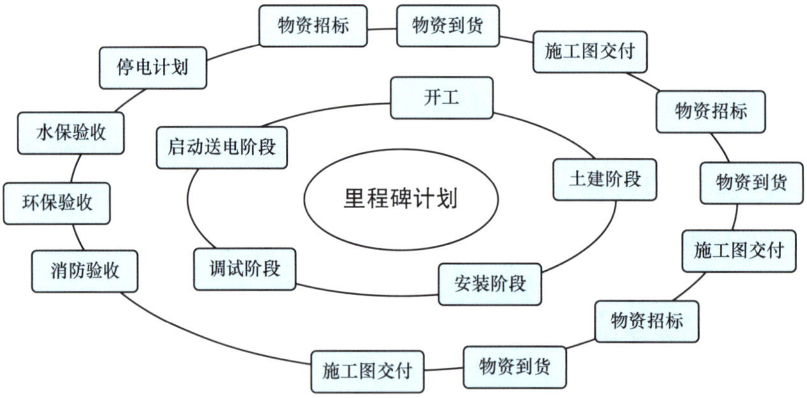

图1-1 “三环一体”计划管理方式

（二）规范一套流程

规范进度全过程管理实施流程，细化工程建设阶段进度控制的基本流程（流程图如图1-2、图1-3所示）。把握工程开工这个关键时间点，按照《国家电网有限公司输变电工程进度计划管理办法》要求，取得项目核准、建筑工程规划许可证、质量监督注册书等依法合规文件及“四通一平”已完成、已具备人力及机械设备进场要求等管理要求，严把“依法合规”开工关。建立“日跟踪周纠偏月协调”的工程建设阶段进度计划实施管理体系，对计划执行情况进行统计，关键路径的实际进度与目标计划发生偏离时，应分析原因，制定并落实纠偏措施，电力工程建设标准强制性条文、标准工艺中有明确工艺要求的建设环节，必须保证相应工序的施工时间，保证工程安全与质量。加强工程进度信息化管理，及时同步基建管控系统信息，做到工程实际进度与基建管控平台进度同步、与e安全App作业内容同步、与关键风险点管理App作业内容同步的“三同步”。

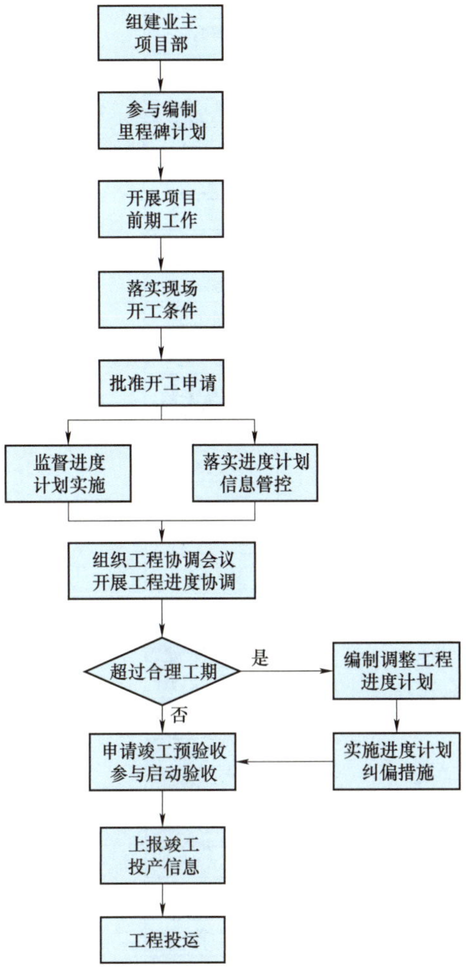

图 1-2　进度全过程管理实施流程图

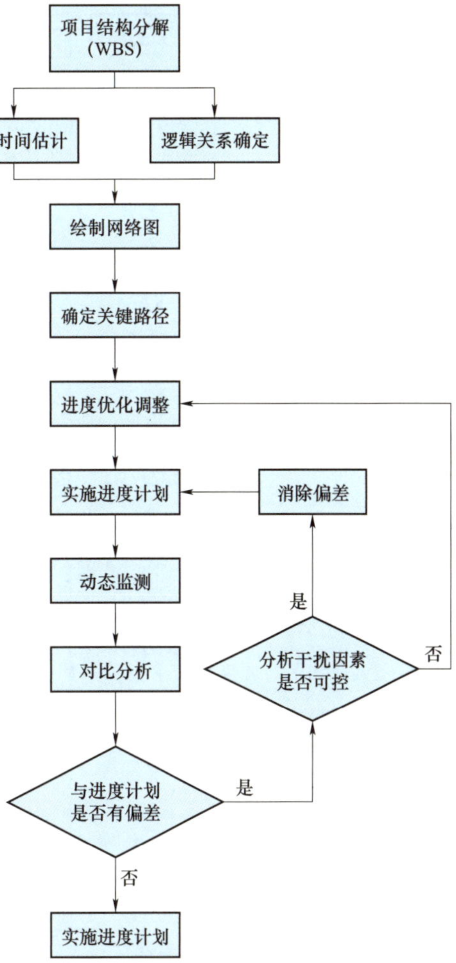

图 1-3　工程建设阶段进度控制流程

（三）固化一个模板

对工程建设阶段进度控制方式采用基于关键路径法的进度管理理念，参照工程质量验收验评规程，以分项工程为最小尺度，建立一种通用的新建变电站工程分解方式，将采用 500-A-3 通用设计方案设计的 500kV 变电站施工过程划分为 112 项工作任务，通过调整工作任务之间的先后关系、资源分配、更新计划或技术等方法消除关键路径上的偏差，优化进度计划实施顺序，由此构建工程进度的网络拓扑，为关键路径决策奠定基础。

参照国家对建筑工程质量验收划分的标准规定，建筑工程施工质量验收划分为单位工程、分部工程、分项工程和检验批的质量验收。为避免工作任务分解太过琐碎，经研究并结合专家经验，以单位工程、分部工程和部分资源时间消耗较大的分项工程为单位进行三级划分，划分结果如图 1-4 所示。

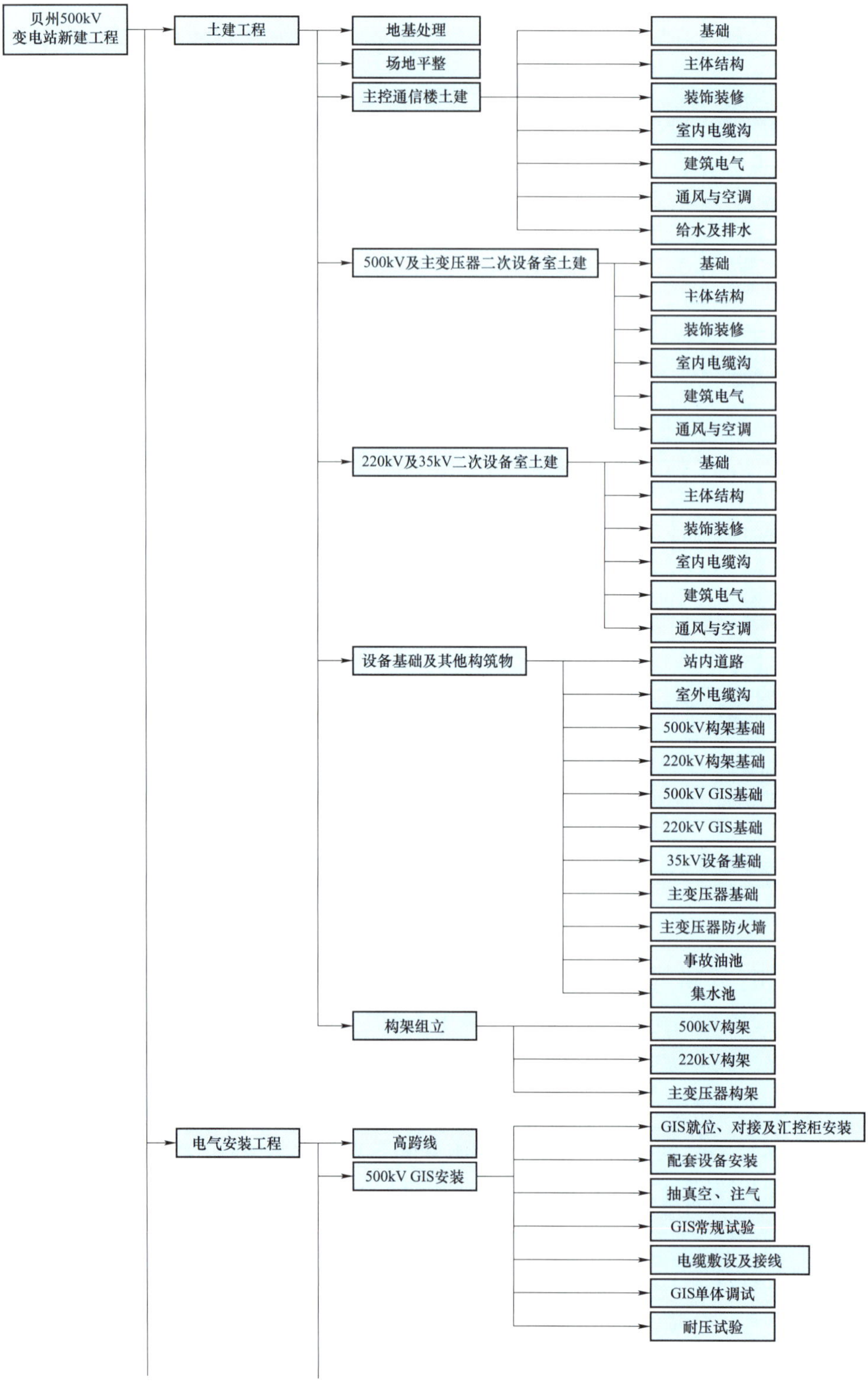
贝州500kV
变电站新建工程
土建工程
地基处理
场地平整
主控通信楼土建
基础
主体结构
装饰装修
室内电缆沟
建筑电气
通风与空调
给水及排水
500kV及主变压器二次设备室土建
基础
主体结构
装饰装修
室内电缆沟
建筑电气
通风与空调
220kV及35kV二次设备室土建
基础
主体结构
装饰装修
室内电缆沟
建筑电气
通风与空调
设备基础及其他构筑物
站内道路
室外电缆沟
500kV构架基础
220kV构架基础
500kV GIS基础
220kV GIS基础
35kV设备基础
主变压器基础
主变压器防火墙
事故油池
集水池
构架组立
500kV构架
220kV构架
主变压器构架
电气安装工程
高跨线
500kV GIS安装
GIS就位、对接及汇控柜安装
配套设备安装
抽真空、注气
GIS常规试验
电缆敷设及接线
GIS单体调试
耐压试验

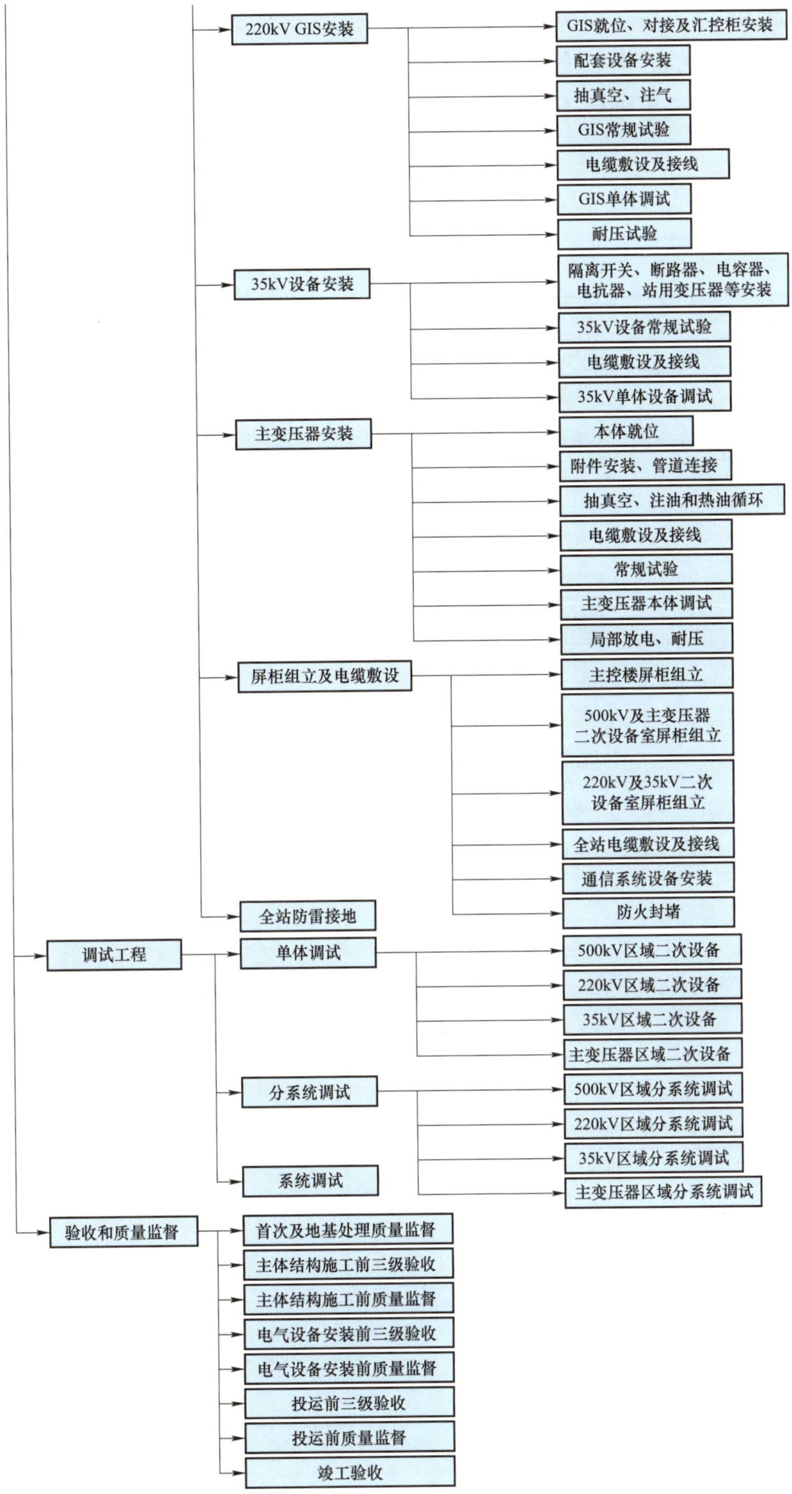

图 1-4　500kV 变电站新建工程工作任务三级分解结构图

确定各项工作逻辑关系后，需对工作持续时间进行估算。工作持续时间指一项工作从开始到完成的时间长度，由于变电站施工工序和工艺分解到能定额计算的尺度会造成项目进度计划过于细致不便管理，因此在新建变电站工程项目管理中，多使用“三时估算法”，即通过最乐观估计时间、最可能估计时间、最悲观估计时间计算工作时间期望，估算项目需要的时间总数，见表 1-1。

表 1-1　500kV 变电站新建工程工作时间估算表　（单位：工作日）

工作代码	工作名称	最乐观估计时间 a	最可能估计时间 c	最悲观估计时间 b	工作时间期望 d
1	土建工程				503
2	地基处理	40	60	50	50
3	场地平整	135	175	155	155
4	主控通信楼土建				228
5	基础	40	50	45	45
6	主体结构	45	75	60	60
7	装饰装修	12	18	15	15
8	内墙涂料、门窗	13	17	15	15
9	外墙涂料及其他	8	12	10	10
10	室内电缆沟	35	49	39	40
11	建筑电气	26	38	29	30
12	通风与空调	21	33	24	25
13	给水及排水	16	24	20	20
14	500kV 及主变压器二次设备室土建				233
15	基础	25	39	29	30
16	主体结构	65	79	69	70
17	装饰装修	7	13	7	8
18	内墙涂料、门窗	6	14	7	8
19	外墙涂料及其他	6	14	7	8
20	室内电缆沟	17	27	19	20
21	建筑电气	21	29	25	25
22	通风与空调	12	18	15	15
23	220kV 及 35kV 二次设备室土建				233
24	基础	25	39	29	30
25	主体结构	65	79	69	70
26	装饰装修	7	13	7	8

续表

工作代码	工作名称	最乐观估计时间 a	最可能估计时间 c	最悲观估计时间 b	工作时间期望 d
27	内墙涂料	6	14	7	8
28	外墙涂料	6	14	7	8
29	室内电缆沟	17	27	19	20
30	建筑电气	21	29	25	25
31	通风与空调	12	18	15	15
32	设备基础及其他构筑物				448
33	站内道路				448
34	临时道路混凝土浇筑	35	49	39	40
35	道路面层施工	13	17	15	15
36	室外电缆沟			75	50
37	35kV 区电缆沟施工	36	52	38	40
38	500kV 区电缆沟施工	43	53	51	50
39	220kV 区电缆沟施工	29	43	33	34
40	500kV 构架基础	21	33	24	25
41	220kV 构架基础	27	41	28	30
42	500kV GIS 基础	112	138	125	125
43	220kV GIS 基础	120	160	125	130
44	35kV 设备基础	88	120	98	100
45	主变压器基础	55	69	59	60
46	主变压器防火墙	45	59	49	50
47	事故油池	36	48	39	40
48	集水池	36	56	37	40
49	构架组立				35
50	500kV 构架	12	18	15	15
51	220kV 构架	16	28	19	20
52	主变压器构架	9	11	10	10
53	电气安装工程				453
54	高跨线	13	17	15	15
55	500kV GIS 安装				159
56	GIS 就位、对接及汇控柜安装	90	132	102	105
57	配套设备安装	18	26	19	20
58	抽真空、注气	27	37	29	30

续表

工作代码	工作名称	最乐观估计时间 a	最可能估计时间 c	最悲观估计时间 b	工作时间期望 d
59	GIS 常规试验	32	38	35	35
60	电缆敷设及接线	30	40	35	35
61	GIS 单体调试	15	33	18	20
62	耐压试验	3	9	3	4
63	220kV GIS 安装				149
64	GIS 就位、对接	70	90	80	80
65	配套设备安装	13	17	15	15
66	抽真空、注气	22	28	25	25
67	GIS 常规试验	27	37	29	30
68	电缆敷设及接线	40	50	45	45
69	GIS 单体调试	15	33	18	20
70	耐压试验	3	9	3	4
71	35kV 设备安装				67
72	隔离开关、断路器、电容器、电抗器、站用变压器等安装	45	55	50	50
73	35kV 设备常规试验	42	56	43	45
74	电缆敷设及接线	28	36	29	30
75	35kV 单体设备调试	10	14	12	12
76	主变压器安装				45
77	本体就位	7	11	9	9
78	附件安装、管道连接	7	15	5	7
79	抽真空、注油和热油循环	15	17	16	16
80	电缆敷设及接线	13	17	15	15
81	常规试验	5	7	6	6
82	主变压器本体调试	6	10	8	8
83	局部放电、耐压	5	7	6	6
84	屏柜组立及电缆敷设				225
85	主控楼屏柜组立	21	29	25	25
86	500kV 及主变压器二次设备室屏柜组立	17	27	19	20
87	220kV 及 35kV 二次设备室屏柜组立	17	27	19	20
88	全站电缆敷设及接线	32	42	34	35
89	通信系统设备安装	15	19	17	17
90	防火封堵	35	45	40	40

续表

工作代码	工作名称	最乐观估计时间 a	最可能估计时间 c	最悲观估计时间 b	工作时间期望 d
91	全站防雷接地	200	260	245	240
92	调试工程				165
93	单体调试	10	14	12	12
94	500kV 区域二次设备	10	14	12	12
95	220kV 区域二次设备	9	11	10	10
96	35kV 区域二次设备	7	9	8	8
97	主变压器区域二次设备	5	7	6	6
98	分系统调试				105
99	500kV 区域分系统调试	21	29	25	25
100	220kV 区域分系统调试	15	21	18	18
101	35kV 区域分系统调试	14	20	17	17
102	主变压器区域分系统调试	10	14	12	12
103	系统调试	18	26	19	20
104	验收和质量监督				528
105	首次及地基处理质量监督	4	6	5	5
106	主体结构施工前三级验收	10	14	12	12
107	主体结构施工前质量监督	4	6	5	5
108	电气设备安装前三级验收	9	15	12	12
109	电气设备安装前质量监督	4	6	5	5
110	投运前三级验收	12	18	15	15
111	投运前质量监督	4	6	5	5
112	竣工验收	45	55	50	50

列出工作时间估算表后，生成项目甘特图和网络计划图。项目进度计划制订完成后，即可确定关键工作和关键路径，关键工作是机动时间最少或总时差最小的工作，关键路径由关键工作组成，关键路径在所有路径中总持续时间最长。

在网络计划中，工期、资源、费用三者相互关联相互制约。增加资源和费用的投入可以在一定程度上减少工期，如果在同样的资源和费用条件下，减少工期的目标可以通过改变关键工作的逻辑关系达成。

完成关键路径的优化后，继续对非关键路径上的工作任务进行分析。对非关键路径上的任务可以在工作的总时差允许范围内调整每项工作的开始时间，错开资源占用的高峰期，在同样的工期下，减少总的资源占用。建立项目进度控制体系如图 1–5 所示。

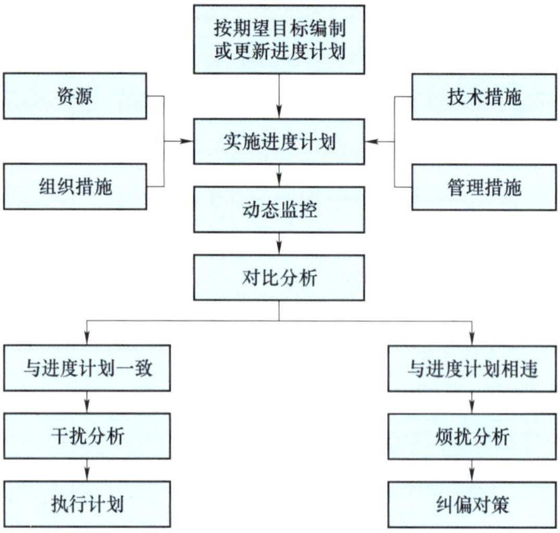

图 1-5　项目进度控制体系

五、结果评析

（一）完善管理体系，理清管理脉络

规范了进度全过程实施流程，用工程验收消缺的思路严把工程开工关，梳理开工应当取得的行政审批手续 10 项，应满足的管理要求 8 项，做到条条落实，依法合规开工。建立了“日跟踪周纠偏月协调”的工程建设阶段进度计划实施管理体系，应用在贝州 500kV 变电站，新建工程期间形成项目进度日报表 539 条、进度计划周报 77 份，召开月度协调会 19 次、专项协调会 6 次，周密监控工程进度计划，建立重点工程工作监控及预警制度，确保了建设计划精准刚性执行。

（二）优化关键路径，工期造价双节约

基于“三个一”进度管理理念的新建 500kV 变电站工程进度管理体系最先在贝州 500kV 变电站工程中应用。贝州站按照“一个模板”，建立了工程计划网络图，结合工程实际得到总时差最小的关键路径是 2-105-5-106-107-6-8-108-109-56-60-61-99-103-90-110-111-112，如果将关键路径的所有项目累计相加，可知贝州变电工程项目预计有 499 个工作日的工期。

把握住“向关键线路要时间，向非关键线路要节约”理念，经分析认为竣工验收工作可以通过管理手段协调增派人员等缩短工期 80%至 40 天。并对 500kV GIS 就位、对接及汇控柜安装、500kV GIS 电缆敷设及接线、防火封堵等工作内容简单，资源投入和工期的关系相对线性的工作进行压缩，成功节约工期 38 天，实现了在合理工期完工，并最大限度节约了赶工期支出的工程造价。

第十节　探索"一轴一报一张表"进度管控模式

密州 500kV 变电站 4 号主变压器扩建工程典型经验案例

【摘　要】电力工程项目具有体量较大、工期紧张、施工复杂程度高等特点。在电力工程施工过程中，施工进度计划主要依靠管理人员经验制定，因而工程进度管理广泛存在局限性、进度计划过于刚性、施工进度安排不合理等问题，而施工错误、返工等突发情况以及天气等外部因素也经常会导致施工进度拖延。针对这一系列影响因素，密州 500kV 变电站 4 号主变压器扩建工程业主项目部以"一轴一报一张表"为管理思路，科学制订工程进度计划，动态调整施工计划安排，保障工程进度持续推进。

【关键词】变电站工程；计划管理

一、背景描述

施工进度管理是项目管理工作的一部分，主要是指在保证工程成本、质量、安全的前提下，对施工各阶段的进展情况和工程竣工期限进行管理工作。但施工过程中存在的管理方法不当、施工现场复杂多变等不确定因素，经常导致施工进度拖延，项目经济效益大幅度下降。

二、存在问题

一是停电计划时间紧，且不确定因素多。

二是进度计划过于刚性，施工进度安排不合理。

三是电力工程涉及的各方面计划较多，容易交叉。

三、问题分析

一是电力工程停电计划一般提前一年或者半年制定，因考虑到电网及电力供应稳定，停电时间一般安排得比较紧张，停电施工期间受天气等外界因素影响大，经常因为停电计划时间调整，影响工程进度顺利推进。

二是进度计划管理一般是通过制定详细的进度安排及计划来实现，虽然传统的施工进度管理中制订的进度计划非常详细，但因施工过程中存在的管理方法不当、施工现场复杂多变等不确定因素，施工进度拖延情况经常发生，项目经济效益大幅度下降。

三是电力工程通常涉及工程进度计划、停电计划、物资到货计划、技术监督计划、验收计划等多个方面，各个计划经常交叉，给工程整体进度管理增加了难度。

四、改进措施和方法

业主项目部以“一轴一报一张表”为管理思路，保障工程进度持续推进。

一轴：以停电计划为主轴。考虑到停电计划是牵制现场施工进度的“牛鼻子”，对于工程总进度的影响尤为重要，业主项目部要求施工单位做好停电计划编报工作的“两次勘查”，先看现场再编方案。提报停电计划前组织设计、施工、监理、设备厂家、检修公司进行现场核实，组织会议确认方案可行后，按要求提报停电计划申请。

一报：业主项目部做实“工程日报”制度，筑造信息传递“快速通道”，日报覆盖物资到货、停电计划等重要时间节点，提前梳理建设重点、难点，深化预警分析，确保工程进度计划刚性执行。业主项目部针对工程特点及现场管理需求，特别“定制”工程日报格式，要求施工、监理项目部结合工程现场进度每日更新日报内容，成立专门的日报报送群，打通各级管理层次信息互通机制，保证各级管理人员实时掌握现场动态，为工程进度顺利推进提供有力保障。充分认识日报的重要性，主要体现在以下两方面：

一是对于项目经理及现场管理人员来说，“日报”能时刻准确地掌握项目实施情况，对进度、成本、质量、安全等关键指标“了然于心”，为准确判断当期工作目标的落实程度及制定合理的后续计划提供最基本的依据。

二是对于公司管理职能部门的相关领导来说，“日报”是“眼睛”、是“耳朵”，是及时了解工程项目实施相关信息（工效高低、工期急缓、实施难易及是否需支撑等）最基本的工具。及时客观地了解项目的实施情况，是公司领导对项目实施“战略指导和管控”的前提，也是能够“运筹帷幄之中、决胜千里之外”的基础；项目资料员要将项目每天的基本数据在第一时间上报，“日报”的时效性是最基本的要求。只有真实、准确（尤其是数字等信息）日报，才能真实地反映项目的实施情况，也才能充分发挥其价值，只有准确的信息才能让管理者对项目的“现状”得出正确的判断，采取的措施才能“有的放矢”，项目的管理效果也才能得到保障；日报的完整是项目整体效果达到理想目标的根本保证。完整的“日报”应包括施工内容（做了什么），工作效率（做了多少，能量化的要量化），工作效果（结果好坏），工作问题（是否存在影响项目顺利实施的因素），工作计划（想做什么，如何做）。只有信息完整，管理者才能对项目的整体情况全面了解、客观判断，避免犯“以偏概全”的错误。因此，日报的价值能否充分实现取决于日报的完整性。

项目部通过对“日报”的分析来判断项目的关键指标（进度、成本、质量、安全等）是否正常，可以做到对问题及早发现、适时解决，保障建设工程质量、进度、安全等目标，也便于对项目的相关资源（人、机、料、法等）进行动态控制，以保障项目进展顺利、高效；另外，项目部通过在每个员工及各作业组间公示“日报”，并对报表中具体操作者或作业组的工作效率（单工日完成工程量）进行对比、排序，鼓励先进、激励后进，用以促进各作业组及其成员积极工作、提高工效，在项目部所有员工中形成比、学、赶、超的良好氛围。

公司管理职能部门需要对“日报”及时汇总、周期总结、定期分析（周或月），研究工程各项指标（质量、成本、进度、安全等）的变化趋势，便于发现项目部管理中存在的问题，以及项目部对相关制度等要求的落实效果，并适时对项目部经理进行指导管控。同时依据“日报”信息来调整公司的经营策略，防止决策失误阻碍项目的进展，从而给公司造成经营上的损失。另外，通过对“日报”的阶段性分析，帮助公司客观地了解项目部管理人员及关键岗位员工的能力及表现，作为考核项目经理能力的一个重要指标，为公司人才培养和使用提供有效信息。

一张表：面对密州扩建工程电气设备集中安装的高峰期，业主项目部统筹兼顾、突出重点，坚持问题导向。紧紧盯住影响进度的关键点、关键问题，组织专项协调会，想方设法进行推进。以里程碑计划为基础，细化项目进度实施计划，严格管控各工序时间节点。在做好工程安全质量保障工作的同时，以计划为龙头，详细排定进度计划、停电计划、物资到货计划、技术监督计划、验收计划等，实行工作推进“一张表”管理，及时形成文件并下发各参建单位，促进工程按照进度计划顺利实施。“一张表”管理是以里程碑计划为主线，里程碑计划就是整个项目当中的关键节点，建立里程碑可以让我们对项目当中的某些关键节点进行管控，以此来控制项目的整体进展。以工程项目管理为例，软件在项目前期、工程前期、工程建设、总结评价等每一个阶段都可以设定不同的里程碑。在项目的计划阶段就要根据现有的人力物力，规划这些里程碑的预计达成时间。等到项目启动时，结合实际情况与里程碑的预计达成日期来断定项目进度是否正常。如果每个项目阶段内的里程碑都在预计时间内达成，就表明项目进展得比较顺利；如果在预计时间内并没有达成目标，就需要项目经理进行排查，分析项目滞后原因，再协调各方面资源去解决问题，从而保障工程顺利推进，圆满完成工程建设任务。

五、结果评析

业主项目部以“一轴一报一张表”（如图 1－6 所示）为管理思路，保障工程进度持续推进。以停电计划为主轴，紧密结合停电计划编制进度实施计划、招标计划和物资到货计划，充分预判，精准管控，在停电前做好各项准备。业主项目部做实“工程日报”制度，筑造信息传递“快速通道”，日报覆盖物资到货、停电计划等重要时间节点，提前梳理建设重点、难点，深化预警分析，确保刚性执行。以里程碑计划为基础，细化项目进度实施计划，严格管控各工序时间节点。以计划为龙头，详细排定进度计划、停电计划、物资到货计划、技术监督计划、验收计划等，实行工作推进“一张表”管理，及时形成文件并下发各参建单位，促进工程按照进度计划顺利实施。

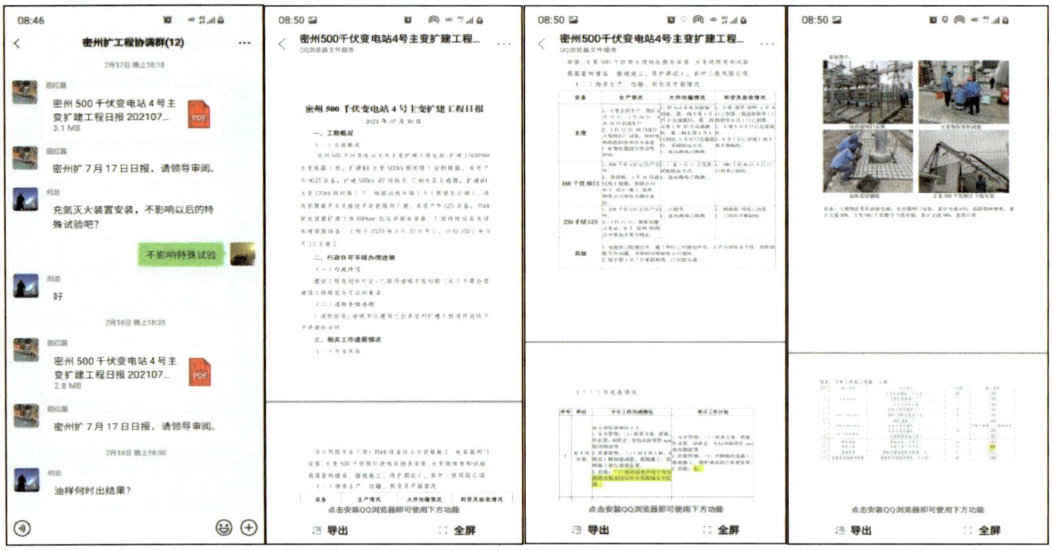

图 1-6　一轴一报一张表

第十一节　“硬措施”保障工程建设无障碍高效推进

潍坊—临沂线路工程典型经验案例

【摘　要】潍坊—临沂段特高压线路工程，是上海庙—山东特高压直流输电工程开展全电压系统带电调试、早投产早取得效益的必备条件，是解决山东特高压电网“强直弱交”、增加“外电入鲁”输送能力、提高电网运行效率、保证电网安全的关键控制工程，意义重大，影响深远。

【关键词】“硬措施”；无障碍；高效推进

一、背景描述

潍坊—临沂段线路工程新建同塔双回线路 2×130km，为给上海庙—山东直流输电工程调试创造条件，国家电网有限公司要求潍坊—临沂段工程建设攻坚提速，提前具备投运条件，比里程碑计划提前了 11 个月，工期缩短近三分之二。国网山东省电力公司领导高度重视，组织召开潍坊—临沂工程建设推进会，统一思想，提高认识，全面部署攻坚任务。

二、存在问题及分析

（1）安全管控压力大。

（2）规范建设要求严。

（3）物资供应制约因素多。

三、具体做法

为确保潍坊—临沂段线路工程高效推进，国网山东建设公司按照“统筹保障、优先建设、先行投运”原则，优先保障各种资源，安全有序开展工程建设。通过周密策划、科学管理、加强组织领导、组织各参建单位详细制定保障措施实现工期合理安排，又好又快地推进工程建设。

（一）组织保障措施

（1）强化业主项目部建设。按照标准化业主项目部配置，挑选精兵强将，组织有丰富基建管理经验的人员组成业主项目部。

（2）加大各参建单位组织管控。施工单位主要领导挂帅成立建设保障领导小组，落实各项资源保障，组织施工单位抽调经验丰富的业务骨干强化项目团队，关键岗位双岗配置。

（3）强化属地协调组织管理。组织属地公司，依托属地优势，促请地方各级政府将工程协调纳入重点督办事项。

（4）加强与运检单位的沟通协调。组织运检单位提前介入工程建设，参与隐蔽工程验收、工程档案管理、设联会、物资监造及出厂验收等工作，为今后工程顺利移交、安全可靠稳定运行创造有利条件。

（二）安全保障措施

（1）进一步加强安全风险管控。结合工程施工阶段特点，全面开展风险点分析辨识，编制《建设施工安全管控责任清单》等文件，分别制定专项施工方案和预控措施，重点抓好深基坑开挖、土石方爆破、铁塔组立、跨越施工等重大安全风险管控。

（2）严格施工机械与工器具管理。全面加强施工机械进场检验，对主要施工机械委托中国电科院开展安全性能评估，定期对现场施工机械进行安全巡视检查，确保现场施工机械无带病作业现象。

（三）质量保障措施

（1）深化强调执行和标准工艺应用。组织制定并下发工程工艺标准要求，分阶段开展标准工艺宣贯培训与实施总结，全面推行首例工艺实体样板引领，统一规范工程各标段施工工艺行为，建立标准工艺数码照片档案，采用定期、不定期现场检查和监理旁站见证等手段，对工程工艺标准进行全过程控制。

（2）常态化开展质量通病防治。定期组织开展质量专项检查，督导参建单位扎实开展质量通病防治，对检查中各单位的亮点进行鼓励推广，对查出的问题责成相关单位限期整改，并在月度例会上对突出问题、重复性问题进行数码照片点评曝光和通报考核，切实纠正“屡查屡犯”管理顽疾。

（3）抓好原材料进场质量管控。严把设备材料进场质量关，重点审查钢筋、地脚螺栓等乙供甲控材料的供货厂商资质，检测实验室的资质，严控原材料的见证取样送检工作，从源头保障工程质量。

（4）强化关键环节质量管控。对工程关键环节和隐蔽工程，从工程施工方案、设备材料、施工工艺、工程成果等方面全面加强质量监督管控，以导地线压接等关键工序为重点，严格落实现场验收规定和监理旁站制度，严格监督施工工艺，保障施工质量。

（5）重视运检单位现场验收工作。加强与运检单位沟通联系，尽早开展施工三级自检等工作，并协调运检单位提前介入，合理选择 1～2 区段作为验收示范段，作为全线验收标准。施工单位应根据运检单位要求配备足量配合人员，高空人员在配合运检单位验收时，应备齐足够的螺栓、开口销、铝包带等耗材，发现缺陷随手消除。各施工单位严把三级验收关，重视现场验收。

（四）进度保障措施

（1）制定工程前期进度计划明细表。全面推进工程前期进展，落实开工条件，满足“先签后建”原则，为工程顺利开工打下坚实的基础。

（2）合理科学安排进度计划。强化交叉作业和工序的优化衔接，科学修订网络计划和项目内控计划，并组织施工单位细化分解到月度施工计划和周计划。

（3）建立业主、设计、监理、施工主要负责人进度管理责任机制。全力保障项目按期推进，重点抓好施工图纸交付、施工进场、物资供应、转序施工、停电跨越等关键节点的进度管控，切实保证工程按期投运。

（五）工程设计、施工管理保障措施

1. 工程设计

（1）加快施工图设计。各设计院要以满足现场施工和设备材料生产要求为目标，全力加快施工图设计进度及图纸交付。

（2）加强设计协调服务。组织设计单位各安排 1 名管理人员驻业主项目部工作，统筹协调设计配合、问题处理等工作，组织各主设人开展工代服务，线路每个施工标段至少有 1 名设计工代常驻现场。

（3）抓好施工设计衔接。组织设计、监理、施工单位参与现场集中办公，提前沟通落实有关需求及建议，同步开展施工图会审工作。

（4）抓紧落实专项评估和遗留协议办理。相关设计单位指派专人负责文物、林业、通航等专项评估手续办理工作，每周汇报工作进度，各设计单位要抓好线路遗留协议尤其是生态红线协议办理协调，力争开工前取得批复。

2. 施工管理

（1）加强施工组织。优化施工组织，开展深度交叉作业，在最短时间内形成转序条件。

（2）确保资源投入。施工单位抽调经验丰富的业务骨干强化项目团队，提前策划，

全面加强施工组织投入，确保关键人员、设备配置满足国家电网有限公司要求。施工单位分管领导及管理人员满足现场到岗到位要求，及时将现场情况及困难需求汇报给公司。

（3）提升施工效率。根据现场条件，大力推进全过程机械化施工，积极采用机械开挖、商品混凝土浇筑、落地抱杆组塔、起重机流水组塔等措施大幅提升施工效率，采用索道运输施工模式解决山地塔位运输难题等，并在基础施工前完成重型索道架设，通过提升机械化水平提高施工效率，促进施工安全。

（4）推行“四个无缝衔接”。抓好项目前期与工程前期“无缝衔接”，施工与属地单位“无缝衔接”，工程建设与生产运行“无缝衔接”，工程建设与立功竞赛“无缝衔接”。

（六）协调保障措施

（1）加快依法合规手续办理。充分依靠属地公司，积极争取政府相关部门支持，及时了解建设手续审批流转进度，派专人盯靠，确保开工前完成潍坊—临沂段线路工程全线建设规划许可证办理。

（2）强化施工单位民事协调力量。施工单位配置充足专职民事协调人员，每个施工班组明确 1 名民事协调配合人员，在各属地公司及业主项目部的组织指挥下全力推进政处工作，并做到民事协调完成一基进场一基。

（七）物资保障措施

（1）健全物资管理体系。强化物资管控，业主项目部层面，业主项目经理总负责，安排专人负责物资的提报、催货、合同履约等，强化与建设管理单位、施工单位、设计单位的沟通协作，常驻现场开展工作，综合部署工程物资供应，并根据需要驻厂监督物资生产。

（2）合理制订物资供应计划。根据工程进度计划，强化与物资供应厂商的沟通协调，合理确定设备材料供货计划，并督促厂家按计划生产供货，确保按时完成重要跨越塔材送达现场时间节点。

（3）加强物资供应计划刚性管理。实时跟踪供应商备料情况和生产进度，必要时采取电话催交、函件质询、约谈、驻厂催造、通报等方式进行催交催造。加强与监造单位的沟通配合，及时通报供货计划，确保物资生产进度和质量满足工程需要。

第十二节　档案全过程管理实行“五结合”

闻韶扩工程档案管理岗位问答

【摘　要】闻韶 500kV 变电站位于济南新旧动能转换起步区孙耿街道，本期扩建 1000MVA 主变压器 1 台、500kV 断路器 1 台、220kV 断路器 1 台、35kV 60Mvar 并联电容器 3 组，工程于 2020 年 6 月 19 日开工。该工程的建成投运，将显著提升济南新旧动能转换起步区的供电能力和供电可靠性，为起步区生态优先、绿色低碳发展提供可靠的电力保障。

【关键词】档案管理；“五结合”

1. 问题：档案管理工作的管理目标是什么？

回答：

要做到工程档案与工程建设同步形成，保证工程档案的真实性、齐全性、完整性、规范性。档案管理实现工作程序化、管理同步化、资料标准化、操作规范化、档案数字化。工程投产后三个月内完成档案移交，并确保能够通过档案专项验收。

2. 问题：档案管理工作的原则是什么？

回答：

工程档案管理是特高压交流工程管理工作的重要内容之一，要按照“统一领导、统一标准、分工负责、同步完成”的工作原则开展，同时实行“谁形成、谁负责；谁建设管理，谁组织移交”的责任划分制度；建立健全工程档案管理组织体系及制度体系，强化过程管控，推行“分阶段预立卷”，确保档案归档及时，能够真实、完整地记录工程建设、管理过程，为工程规范化建设、安全稳定运行提供档案支撑。

3. 问题：档案管理工作的总体要求是什么？

回答：

一是建设管理单位和参建单位均应建立项目档案管理制度，明确管理职责和负责人，做好项目档案的形成、积累、整理和移交工作；二是归档文件的整理依据 DA/T 28—2002《国家重大建设项目文件归档要求与档案整理规范》要求，先单位工程、后单项工程，兼顾年度状况，由文件或资料形成单位进行整理；三是工程档案管理必须严格执行国家保密法规和国家电网有限公司保密工作相关规定；四是工程档案属国家电网有限公司所有，其他任何单位和个人不得据为己有或拒绝归档。

4. 问题：档案管理工作中对于归档材料的质量有哪些要求？

回答：

一是归档率达 100%，严格按照国家电网有限公司规定的范围进行资料的收集、立卷，做到归档资料完备、齐全；二是电子化率达 100%，在提供纸质文件的同时，制作全套的电子文件，并与纸质文件保持一致；三是标准率达 100%，各类文件须规范使用工程名称，各种记录须规范使用标准化的表格，签字、盖章齐全，施工记录必须按原始记录填写，数据准确，竣工图真实准确，竣工草图与工程设计变更一致，各项文件原件归档；四是案卷合格率达 100%，严格按照档案组卷技术标准进行立卷，案卷题名准确、规范，立卷系统、规范，装订整齐。

5. 问题：工程建设过程中档案管理工作的组织机构及其职责是什么？

回答：

要成立工程档案协调工作组，负责对工程建设各阶段的档案资料收集、整理、检查、整改、移交等工作进行组织协调和沟通反馈；对档案管理过程管控的各项要求进行督促落实。

6. 问题：档案管理工作中较为突出的问题有哪些？

回答：

一是档案管理工作重视度低；二是档案管理人员职业素质有待提升；三是档案信息化程度比较低；四是责任落实不到位。结合实际，多数企业在电力工程档案资料管理中存在相同的问题，即缺少有效的管理制度，且部门责任不够明确。

7. 问题：针对上述突出问题，应采取哪些方面的具体措施？

回答：

一是要重视工程档案资料的有效管理。作为电力企业，在工程建设上要能够充分认识到档案工作开展的重要性。

二是要提升档案管理人员业务水平。这就需要档案管理人员在工作中及时完成相关档案资料的收集工作，同时还要按照相关标准和要求，对各个档案资料进行分类。

三是要构建网络体系。不仅能够保证工程顺利进行，同时还能够进一步加强工程竣工文件的管理，确保工程在竣工后能够完整地将相关竣工文件进行移交和验收。

四是要完善档案管理制度。建立完善的档案管理制度，并且在管理工作上有必要成立专门的机构，并结合实际组建档案鉴定销毁领导小组。

8. 问题：档案的移交和接收环节有哪些注意事项？

回答：

一是要注意档案移交分为电子档案移交和纸质档案移交两种方式。电子档案移交应在国家电网有限公司协同办公系统档案管理模块中进行移交；纸质档案移交应编制移交清册，办理相应的移交手续。

二是要注意移交纸质档案时须填写档案交接登记表，并附有案卷目录和卷内目录，明确档案移交的内容、案卷数量、卷内文件件数和页数、图纸张数。交接双方经手人及其所在部门（单位）负责人签字确认后须加盖公章。

三是要注意输变电工程档案完成移交时间。

四是要注意各参建单位形成的竣工文件，应在收集、整理和编制后，依次由竣工文件的编制方、质量监督部门、监理单位对文件的完整、准确情况和案卷质量进行审查或三方会审。经建设单位确认并办理交接手续后连同会审记录一并移交建设单位，按规定向建设单位档案管理部门移交并归档。

五是要注意项目档案移交工作在竣工投产后 3 个月内完成。建设单位应编制 2 份移交清册，与本单位档案保管部门办理移交手续，交接双方认真核对、逐卷交接后签字，各存一份，以备查考。

9. 问题：档案验收及考核环节需注意的重点工作内容有哪些？

回答：

一是在项目档案专项验收前，由建设单位组织设计、施工、监理、运行等单位，根据国家有关项目档案验收的要求进行自检。

二是凡档案验收不合格的电网建设项目，验收组应提请建设单位限期对存在问题进行整改，并安排项目档案的复查工作。整改后复查仍不合格的，项目档案验收不予通过。

三是为确保电网建设项目档案管理与电网建设项目保持同步，保证电网建设项目档案齐全、完整、准确和系统，将电网建设项目档案归档情况纳入参建单位项目部评价，并在结算中体现。

四是在项目建设过程中，建设单位、参建单位和相关部门未按时间节点完成的档案收集和移交工作，纳入省公司电网建设项目档案指标考核及同业对标指标管理。

10. 问题：对于档案管理工作有哪些合理化的建议？

回答：

在实际的档案管理工作中，做好制度建设是保证档案管理工作高效进行的前提和基础。制度建设为档案工作提供了重要的发展方向，具体来说主要表现在以下几个方面：首先，企业档案管理应该贯彻国家、行业的档案规范和标准。其次，建立健全档案管理的各项规章制度，遵循三性：一是科学性，二是实用性，三是严肃性。因此，在执行过程中，必须做到赏罚分明，充分体现规章制度的权威性和严肃性。

第十三节 “周密计划，统筹落实”保障工程进度有条不紊

聊城南工程进度管理岗位问答

【摘　要】近年来，在电网改扩建施工中，电力工程项目不断增多，电力工程施工进度管理作为电力工程项目管理的重要内容，通过做好施工进度管理工作，降低施工成本，对电力工程项目经济效益的提高具有非常重要的意义。

【关键词】进度管理；现场协调

1. 问题：特高压输变电工程进度管理的目标是什么？

回答：

进度管理的目标就是使一个工程项目在合同规定的时间内完成并交付使用，主要通过施工过程中对各个单位工程、分部工程、分项工程，甚至分段工程的进度、质量、安

全各方面进行有效的控制与管理，使其工程预定目标在有效的管理下得以顺利实现。

2. 问题：切实做好工程进度管理的意义是什么？

回答：

一是要严格落实进度管理工作，从而提出切实可行的措施加以调整和改善；二是要针对检查结果对计划进度和实际进度之间的差异进行对比，并采取行之有效的调整措施，确保计划与现状的一致性；三是在工程施工进度管理工作中，严格把控各方面干扰因素，动态调整和控制各项相关措施，从而降低对施工质量、成本和安全目标的实现等方面的干扰。

3. 问题：开展进度管理工作所作依据的原理有哪些？

回答：

一是要系统控制。要对项目施工进度的控制管理做一个系统的规划，形成具体、有效的进度管控流程，并编制工程项目进度控制规划系统，从而确保建设过程进度控制目标实现。二是要弹性控制。项目施工阶段具有影响因素多、变化因素多、时间周期长等特点，所以进度的规划经常不能精准安排。三是要分工协作实现控制。要对进度控制的职责进行划分，形成横向控制和纵向控制两个系统，横向的进度管理系统由工程师、技术人员、项目经理组成，纵向进度控制系统由专业监理工程师、监理员、项目总监理工程师组成。

4. 问题：影响工程进度管理的因素有哪些？

回答：

一是来自项目各方面的影响因素。在电力工程项目施工过程中，施工单位对于施工进度具有决定性作用。

二是技术分配管理的因素。在电力工程项目施工过程中，施工人员的技术失误、操作不合理等问题，通常会导致施工事故发生，从而使施工无法继续进行。

三是施工地周围环境影响。在电力工程实际施工过程中，当出现恶劣天气，施工环境与设计方案的预期施工环境存在较大的差异，施工将无法继续进行。

5. 问题：进度管理工作中有效的突出做法有哪些？

回答：

一是编制合理详细的施工进度计划。在具体施工过程中，对施工进度进行控制时，需要依据施工任务委托合同来对施工进度进行控制。

二是计划的监督执行及调整。在电力工程项目施工过程中，需要落实好计划管理工作，严格执行计划，确保计划任务全面完成。

三是采用经济措施，确保施工进度。需要在工程管理中制定出严格的施工单位工期违约经济处罚措施，提高施工单位对工期违约责任的重视度。

四是正确处理好工程进度与质量的关系。现场工程师应认真负责，以合同、法律法规为依据，对建设的质量进行严格把关。

五是做好施工组织设计审批。工程项目的施工指导性文件由施工组织设计，现场工程师应对施工组织设计中的施工方案、措施等内容进行审阅，并与施工建设的实际情况相结合，对方案的可行性进行分析。

6. 问题：进度管理工作主要有哪些要点？

回答：

一是要制定进度管理方案。电力工程项目建设施工活动较复杂，要有条不紊地管理施工进度，减少延时交工现象。

二是要细化进度管理目标。电力工程建设时间较长，建设施工过程中存在较多不确定因素，应细分进度管理目标，通过控制子目标来把握整体进度。

三是要加强全过程管理力度。动态观察施工进展，以便灵活调整施工管理策略。

四是要合理评估进度管理方案。保证进度管理方案的合理性和可行性。

7. 问题：工程开工至投产阶段的进度计划等级如何划分？

回答：

一级进度计划为里程碑进度计划；二级进度计划为总体工程的施工综合进度计划，主要包括送出、码头、铁路、公路等相关配套工程，深度至各子系统关键的交接点、重大形象的进度目标等；三级进度计划为各承包商根据二级进度计划而制订的主要单位工程施工综合进度计划（按标段划分）。

8. 问题：进度管理工作中进度计划如何分解？

回答：

要以进度计划为进度管理的核心环节，对于影响工程建设的计划进行详细的拆解。分析预测各管理计划现阶段或即将面临的重点、难点问题，研究并制定出相应的管控措施，加强多方协调，从而确保满足主体工程的进度要求。

9. 问题：特高压输变电工程进度管理工作中对于工期管理有哪些具体要求？

回答：

特高压输变电工程（500kV）工期一般为15～18个月，750kV工程的工期为16～19个月；另外结合实际环境的影响，年度日平均气温低于5℃ 90天以上的地区，工期可相应地增加3个月；地下变电站、电缆等超出上述工期范围上下限的特殊工程，由省级公司按类别制定合理工期，并报备公司总部。

10. 问题：结合当前形势，进度管理工作有哪些合理化建议？

回答：

一是要加强政企沟通协调及市政规划对接，工程建设管理单位应进一步加强与各级政府的沟通协调，及时把握政策动态，了解政策导向及项目投产需求。

二是要强化绿色通道，项目前瞻计划有序推进，“绿色通道”项目亟须在一定期限内完成输变电工程项目建设，集中优势资源，优先办理、限时办结，保障“绿色通道”项目在规定期限内又好又快地完成。

三是要加强前期工作跟踪与落实。在输变电工程建设前期，及时协调解决青赔受阻等问题，确保符合依法开工、投产要求的及时开工、投产。

四是要确保施工现场材料、设备供应。开工前，为使其最大化地合理利用，也应优先确定施工计划与设计图纸，合理规划材料的使用渠道，并做好材料检测工作确保材料的质量，保证工程质量与进度。

第十四节　民事协调“五步工作法”保证施工进度

聊城南输变电工程进度管理岗位问答

【摘　要】在聊城南工程建设中会遇到施工进场、权证办理、通道清理等问题，均需要与当地群众沟通处理。为高效解决此类问题，聊城南工程实施民事协调“五步工作法”，有序解决施工进场、产权办理等问题，保证工程进度如期进行。

【关键词】输变电工程；聊城南 500kV 输变电工程；“五步工作法”

1. 问题：特高压输电线路通道清理目前的状况如何，常见问题有哪些？

回答：

一是输电线路通道清理工作受外部环境、政策处理等影响大。二是建设场地涉及的房屋拆迁、林木采伐、各种农作物损毁等，都是法律规定的专属权益，物主和行政管理单位具有直接支配和排他的权利。三是线路通道与乡镇规划、新能源建设规划的矛盾越来越突出。

2. 问题：针对现存的问题，聊城南工程管理人员是如何解决的？

回答：

管理人员主要采用“五步工作法”来解决通道疏通、施工进场、产权办理等方面的沟通问题，极大地提高了工程前期的效率，开启了“十四五”高质量发展第一步。

3. 问题：民事协调“五步工作法”具体有哪些步骤？

回答：

“五步工作法”指的是推行“精准策划组织、精密进场准备、精严作业施工、精细归档收尾、精益考核评价”五步工作法，为电网建设工程保驾护航，使工期得以提前顺利完成，全面、全员、全方位、全过程规范民事相关工作，持续提升企业优质服务建设管理水平。

4. 问题：通过“五步工作法”解决问题，有哪些好处？

回答：

“五步工作法”可以快速了解群众诉求，解决拆迁补偿、占道补偿的问题，为后续的路线确定预留充足空间，也避免后续建设过程中，部分物主找后账的问题，可以获得越来越好的外部环境，工作质量和效率也会越来越高。

5. 问题：关于“五步工作法”的内容和要求有哪些？

回答：

“五步工作法”的内容：第一是寻找问题；第二是发现问题；第三是公开问题；第四是解决问题；第五是责任追究。实质上还是“三段论”格式：提出问题、分析问题、解决问题，再加上责任追究（与此相联系的是奖励制度和相关的法律制度约束）。“五步工作法”就是科学决策、解决问题的思维程序。“五步工作法”就是解决问题的（辩证）思维程序。

6. 问题：关于民事协调“五步工作法”，最重要的是哪一步？

回答：

建立“急事难事随时调度、常规工作定期调度”的联络沟通机制，政企协同推进行政审批、民事赔偿、拆迁倒地等重点难点工作，民事工作摸底清查等是最重要也是难度最大的环节。

7. 问题：关于民事协调“五步工作法”，有什么好方法可以分享和借鉴？

回答：

签订协议明确职责。民事赔偿工作实施前，由电网建设工程建设指挥部人员，提前与乡镇党委、村委会等基层组织对接，明确赔偿范围、赔偿标准、赔偿金额、付款方式和双方责任义务等，在民事赔偿工作开工前完成协议签订，并组织做好赔偿政策宣传工作，与相关权益人提前建立沟通协商机制，提前做好舆情应对。落实资金取得进场许可。签订协议后，安排专人跟踪督办赔偿款拨付到位情况，确保进场前按照赔偿协议将部分赔偿款拨付到位。进场作业前，再次联系乡镇党委、村委会和权益人，核对施工范围、进场时间、施工工期等信息，同时与相关权益人办理书面施工进场许可手续，保证后期工程顺利进场施工。

8. 问题：关于民事协调“五步工作法”，最具有创新效果的步骤是什么？

回答：

在工程施工作业期间，在现场醒目位置公示民事协调包靠人员信息及其联系方式，专人一口对外协调现场民事工作。施工过程中若出现突发情况，则采取可靠安全措施后暂停施工，并做好现场沟通，立即联系民事协调包靠人员妥善解决后，方可继续施工。同时，科学合理安排作业时间，落实作业现场防尘、降尘、隔尘、降噪等环保措施，作业完毕及时完成临时占地恢复，杜绝影响群众生产生活的施工行为。

9. 问题：民事协调“五步工作法”的操作重点是什么？

回答：

一是项目总结分析积累经验。民事协调工作在项目竣工后，按专业分工对工作开展情况及存在的问题进行分析总结，为以后持续优化提升民事协调工作积累经验。二是开展评价落实奖惩。建设管理单位围绕精准策划组织、精密进场准备、精严作业施工、精细归档收尾、精益考核评价五个方面，对民事协调相关工作开展情况进行评价，落实奖惩考核。

10. 问题：民事协调“五步工作法”的工作思路是什么？

回答：

为深入贯彻落实国家电网有限公司“建设具有中国特色国际领先的能源互联网企业”战略目标，践行“人民电业为人民”企业宗旨，全面提高电网建设工程民事工作群众满意度，国网山东省建设公司创新工作思路，建立以“精准策划组织、精密进场准备、精严作业施工、精细归档收尾、精益考核评价”为管控重点的工程民事协调“五步工作法”。

第二章 安全管理典型案例

第一节 创建《安规》执行示范站 有效落实《安规》要求

贝州输变电工程典型经验案例

【摘　要】全面强化安全管理工作，压紧压实各级责任，抓紧抓实各项措施，守牢安全底线，贝州输变电工程全员、全方位开展《安规》示范站创建活动。编制电网建设《安规》执行要点，结合实际，按照“干什么，用什么，学什么”的原则组织培训，开展《安规》执行要点大讲堂活动，将守《安规》落实到每个作业人员心中。把示范站创建活动与安全生产月、“六查六防”、夏季“四防”等工作相结合，同步抓好工程安全建设、质量标准化提升、隐患排查治理等各项工作。与反违章管理相结合，加大现场查禁违章力度。以业主项目部为单位，组织各业主项目部为《安规》落地执行创造更好条件，培育遵章守纪的安全文化，营造《安规》执行良好氛围。

【关键词】输变电工程；《安规》示范站

一、背景描述

党中央、国务院及上级公司高度重视安全生产，扎实做好安全生产工作，对于保持平稳健康的经济环境、国泰民安的社会环境，具有特殊重要意义。习近平总书记多次就安全生产工作作出重要指示，突出强调坚持以人民为中心的发展思想，坚持人民至上、生命至上，统筹发展和安全，始终保持如履薄冰的高度警觉，做好安全生产各项工作，绝不能麻痹大意、掉以轻心。

二、存在问题

一是安全意识不牢。
二是安全责任不落实。
三是分包管理不严格。
四是监理履职不到位。

三、问题分析

一是部分人员对安全生产缺乏敬畏、心存侥幸，从而导致习惯性违规。

二是针对违规行为的惩罚力度较轻，较低的犯错成本造成不重视安全生产的行为恶性循环。

三是部分领导对于安全生产的重视程度不够，规章制度“上墙”不“上心”，对习惯性违规操作熟视无睹，进而助推不良风气。

四是一些单位超承载力承揽项目，以包代管、包而不管问题突出，甚至存在违规分包、违法转包等行为，存在分包人员工作能力弱化、安全意识淡化的情况。

五是一些项目监理人员配备不足、技能水平不高，不能准确审核安全技术措施或者专项施工方案，不能及时发现作业现场存在的安全事故隐患并督促整改，作业单元管控长效机制落实不到位。

四、改进措施和方法

（一）统一组织，超前策划

围绕保障工程安全建设，明确工作重点、步骤和要求，积极组织在建设工程中开展以施工现场安全方案措施落实、《安规》培训和反违章活动为重点的《安规》执行示范站创建活动。业主项目部根据建设公司部署，梳理了变电、线路两大专业28个关键点，组织精干力量，以图文并茂的形式编制了电网建设《安规》执行要点，分为风险提示、作业必备条件、作业过程安全管控措施三个部分，确保《安规》要求在每个环节落实。

（二）结合实际，组织培训

印发《安规》试题库、编制《建设安规口诀》，业主项目部配置《建设安规文明施工实操规范手册》《电力建设起重机械安全管理》《建设安规工器具安全使用手册》等安全管理书籍。建立站班会“每日抽查，每次点评，每周通报”机制，严控“一方案、一措施、一张票”，做实现场两级交底和每日站班会，确保作业人员听懂弄通，现场作业安全措施有效落地。

（三）编制“九类表”，实施“监理指令”

监理项目部每日对进度控制、施工投入检查、施工项目部管理人员检查、监理项目部日常工作、项目风险管理、项目隐患管理、工器具、质量控制、材料检查验收等进行实时管理，项目部管理人员持卡检查，充分发挥安全生产保障体系作用，实现对项目的有效管控。坚持“员工每日一问、班组每周一课、项目部每月一考”学习培训机制，充分利用“输变电工程施工安全培训及调考 App”组织开展培训学习。

（四）强化风险预警和过程管控

业主项目部组织监理、施工项目部详细梳理了各分部工程三级及以上施工安全风险，编制贝州 500kV 变电站风险清单，建立预警机制，并形成现场安全管控的重点，对施工单位制定的风险预控措施进行审查，制定管控措施，提高施工安全风险超前防范能力，确保风险定级准确。业主项目部组织邀请行业和企业专家对工程四级风险施工方案进行论证，执行开工许可制度。

（五）严格分包管理

各分部工程开工前，业主项目部组织监理项目部工作交底，并将交底范围扩大至施工队和分包商级，向分包单位施工负责人、技术员、安全员进行交底，详细说明监理流程、工作要求和注意事项；通过 QQ 和微信群人员管理，要求现场职工以照片和文字的形式每天定时报送现场施工情况；对分包单位入场进行验证签证，每月对分包人员进行动态核查，执行分包动态管理。

（六）落实周检查，开好安全例会

实行月度安全质量检查和质量例会制度，按照计划、实施、通报、整改、复查的闭环管理原则进行，并且每个月确定不同的检查重点，采取资料检查和现场检查的方式进行。将所查项目的亮点和问题做成点评材料，宣传典型做法，总结有效经验。在安全例会上，对检查情况进行点评，对不足之处进行分析，从而有力提高施工质量水平。同时，针对下个月工程管理重点工作进行安排和部署，增强工作的计划性和针对性。

（七）规范工程档案管理

在工程开工前，业主项目部组织监理、施工项目部开展信息档案、数码照片的相关培训；明确档案归档标准，立卷方法要求，文字、图片与电子版档案要求；重视现场资料的收集和整理，各种表格填写规范、签证真实齐全，做到现场工程档案资料与工程进度同步。

（八）自查自纠，改进提升

查评采取现场检查和资料检查相结合、随时抽查询问的方式，将现场工作放在现场，真正做到深入一线检查电网建设《安规》执行情况。通过带着资料到现场的形式，真正做到现场查阅资料。

五、结果评析

（一）评价结果

电网建设《安规》执行示范站（线）活动开展情况共查评电网建设《安规》执行示范站（线）创建活动评价（编制《安规》执行要点、加大《安规》培训力度、开展违章自查自纠活动、营造《安规》执行良好氛围）、电网建设《安规》执行情况（施工组织、施工现场管理、作业行为、通用施工机械器具、建筑工程、变电部分）2 部分，共计 10 类内容。根据贝州 500kV 变电站工程的实际情况，对不涉及的评价项目进行核减，核减了 2 项，共计 30 分。实际评价 83 项，核减后应得 1050 分，查评发现存在问题 10 项，扣分项目率为 2.67%，扣分 28 分，实得分 1022 分，得分率为 97.33%。贝州 500kV 变电站工程查评评分明细表见表 2 – 1。

表 2 – 1　　　　贝州 500kV 变电站工程查评评分明细表

序号	评价项目	标准分	核减分	应得分	实得分	得分率（%）	问题项（个）
第一部分　电网建设《安规》执行示范站（线）创建活动评价							
一	编制《安规》执行要点	100	0	100	100	100	0
1.1.1	省公司编制任务完成情况	30	0	30	30	100	0
1.1.2	执行要点内容	50	0	50	50	100	0
1.1.3	加分项	20	0	20	20	100	0
二	加大《安规》培训力度	180	5	180	175	97.22	1
1.2.1	参建单位（项目部）开展安规培训	30	0	30	30	100	0
1.2.2	分部分项工程前的安全培训、交底	20	0	20	20	100	0
1.2.3	施工队（班组）开展安全日活动	30	0	30	30	100	0
1.2.4	组织进入现场的其他人员进行安全生产知识教育	20	0	20	20	100	0
1.2.5	培训考试质量	60	5	60	60	100	0
1.2.6	加分项	20	0	20	20	100	0
三	开展违章自查自纠活动	170	5	170	165	97.06	1
1.3.1	开展违章查纠	40	0	40	40	100	0
1.3.2	分析违章原因	30	0	30	30	100	0
1.3.3	违章统计分析、制定防范措施	30	0	30	30	100	0
1.3.4	曝光违章情况	30	5	30	25	83.33	1
1.3.5	违章人员教育培训	30	0	30	30	100	0
1.3.6	加分项	10	0	10	10	100	0
四	营造《安规》执行良好氛围	130	0	130	125	96.15	1
1.4.1	《安规》执行示范站（线）创建活动启动	50	0	50	50	100	0
1.4.2	开办专栏	30	5	30	25	83.33	1
1.4.3	设置宣传展板、标语	20	0	20	20	100	0
1.4.4	加分项	30	0	30	30	100	0

续表

序号	评价项目	标准分	核减分	应得分	实得分	得分率（%）	问题项（个）
第二部分　电网建设安规执行情况							
一	施工组织	100	0	100	91	91	2
2.1.1	基本要求	6	0	6	6	100	0
2.1.2	人员准入	10	0	10	10	100	0
2.1.3	资质要求	5	0	5	5	100	0
2.1.4	劳务分包	5	0	5	5	100	0
2.1.5	专项安全施工方案	8	0	8	8	100	0
2.1.6	方案编审批	8	0	8	8	100	0
2.1.7	方案交底	8	4	8	4	50	1
2.1.8	方案执行	8	0	8	8	100	0
2.1.9	风险管理	8	0	8	8	100	0
2.1.10	作业票管理	8	0	8	8	100	0
2.1.11	相关人员条件和责任	6	0	6	6	0	1
2.1.12	站班会	5	5	5	0	100	0
2.1.13	作业监护	10	0	10	10	100	0
2.1.14	作业间断和转移	5	0	5	5	100	0
二	施工现场管理	100	0	100	95	95	2
2.2.1	制作施工平面布置图	5	0	5	5	100	0
2.2.2	施工现场区域设置	5	0	5	5	100	0
2.2.3	安全防护设施	5	0	5	5	100	0
2.2.4	项目应急处置方案	5	0	5	5	100	0
2.2.5	应急物资、器具配置	5	1	5	4	80	1
2.2.6	配置急救用品（药品）	5	0	5	5	100	0
2.2.7	场地	4	0	4	4	100	0
2.2.8	道路	4	0	4	4	100	0
2.2.9	搭设	4	0	4	4	100	0
2.2.10	验收	4	0	4	4	100	0
2.2.11	金属临时建筑	4	4	4	0	0	1
2.2.12	材料设备堆（存）放	4	0	4	4	100	0
2.2.13	用电管理	10	0	10	10	100	0
2.2.14	用电设施	15	0	15	15	100	0

续表

序号	评价项目	标准分	核减分	应得分	实得分	得分率（%）	问题项（个）
2.2.15	临时接地	5	0	5	5	100	0
2.2.16	消防保障	6	0	6	6	100	0
2.2.17	消防器材	6	0	6	6	100	0
2.2.18	施工人员行为	4	0	4	4	100	0
三	作业行为	80	0	80	80	100	0
2.3.1	高处作业	15	10	15	15	40	0
2.3.2	交叉作业	10	10	10	10	0	0
2.3.3	有限空间作业	不涉及	0	不涉及	不涉及		0
2.3.4	运输、装卸	10	0	10	10	100	0
2.3.5	起重作业	10	0	10	10	100	0
2.3.6	焊接与切割	10	0	10	10	100	0
2.3.7	动火作业	10	0	10	10	100	0
2.3.8	季节性施工	5	0	5	5	100	0
2.3.9	其他	10	0	10	10	100	0
四	通用施工机械器具	90	0	90	83	83	2
2.4.1	操作人员	10	2	10	8	80	1
2.4.2	外观性能	10	0	10	10	100	0
2.4.3	设备检查、维护	5	5	5	0	0	1
2.4.4	通用标准	10	15	10	10	0	0
2.4.5	流动式起重机	5	5	5	5	0	0
2.4.6	绞磨和卷扬机	8	5	8	8	0	0
2.4.7	一般规定	5	5	5	5	0	0
2.4.8	个体防护装备	6	0	6	6	100	0
2.4.9	绝缘安全工器具	5	0	5	5	100	0
2.4.10	登高工器具	6	0	6	6	100	0
2.4.11	电动工器具	5	0	5	5	100	0
2.4.12	起重工器具	5	0	5	5	100	0
2.4.13	其他	10	0	10	10	100	0
五	建筑工程	80	0	78	80	100	1
2.5.1	基坑支护	5	0	5	5	100	0
2.5.2	人工开挖	5	0	5	5	100	0

续表

序号	评价项目	标准分	核减分	应得分	实得分	得分率（%）	问题项（个）
2.5.3	机械开挖	5	0	5	5	100	0
2.5.4	脚手架施工	10	2	10	8	80	1
2.5.5	混凝土工程	10	0	10	10	100	0
2.5.6	模板工程	5	0	5	5	100	0
2.5.7	钢筋工程	10	0	10	10	100	0
2.5.8	拆除施工	10	0	10	10	100	0
2.5.9	构支架施工	10	0	10	10	100	0
2.5.10	其他	10	0	10	10	100	0
六	变电部分	20	0	20	20	100	0

（二）活动亮点和经验

（1）《安规》执行要点编制形式新颖，动画图片结合、图文并茂，标准统一，通俗易懂，便于操作。

（2）收集关键点作业短视频，动漫结合，既有风险提示又有防范措施，内容切合施工实际，便于各工序作业前培训。

（3）把班前会内容和注意事项，编制成“山东快板”，形式新颖，寓教于乐。

（4）充分利用手机 App，加强各工种、各专业《安规》培训和考试，以考促学、以学促知。

（5）按照安全管理标准化要求，按照“先急后缓”的原则，对标准化作业指导书进行集中修编，“修编一批、发布一批、宣贯一批”。针对施工作业票执行过程中存在的问题，对 151 项施工作业票填写格式编制标准化模板，开发施工作业票管理系统，进一步规范作业票管理。

第二节　聚焦新“三种人”的基建安全管理

益都扩工程安全管理典型应验案例

【摘　要】经过调研发现，现场作业人员乃至各级管理人员处在“失控”状态下，直接或间接诱发了基建现场很多安全事故。公司上下深入分析了最近 15 年电网建设工程发生的人身伤亡事故，提出了树立以“人”为中心的安全管理理念，以“保护作业人、落实责任人、盯紧特殊人”为目标的管理方法，在现场作业“三种人”基础上，提出了聚焦新“三种人”的基建安全管理办法。

本办法在益都500kV变电站2号主变压器扩建工程率先试点应用，通过《安规》思维导图交底、警示视频教育做到保护作业人，通过签订责任书、清单式管理、人岗责配位做到落实责任人，通过建账建卡做到盯紧特殊人。以人员的“可控能控在控”为抓手，做到安全生产的“三控”，切实提高了基建安全管理水平。

【关键词】新“三种人”；保护作业人；落实责任人；盯紧特殊人

一、背景描述

根据国家电网有限公司基建部通报的数据，2005年至今，输变电建设工程发生人身伤亡事故23起，共造成60人死亡、25人受伤。同时，事故呈现同类型事故重复发生、个别单位事故重复发生、发生专业集中、事故伤害类型集中的特点。从这些事故中，我们认识到：一是各单位间基建安全管理水平尚存在差距，二是应当把握基建安全管理“二八定律”，将更多的人力、财力、物力集中到某几个关键环节和关键工序。如何做到尽量抹平各级各单位管理水平差距，如何集中人财物到关键点，则可以从管住“人”入手。

二、存在问题

人的不安全行为、物的不安全状态、环境的不安全条件及管理缺陷是引发事故的四个基本要素。其中人的不安全行为及管理缺陷是直接由人带来的事故隐患，物的不安全状态也是由于人的行为引发的，使得设备、材料等处于失控的状态，环境的不安全条件通常是未能履行风险复测阶段对施工环境的评估要求而导致的，使得施工风险处在失控的状态。解决基建现场问题，首先要解决人的问题。

三、问题分析

人、物、环境的不安全行为、不安全状态、不安全条件及管理缺陷都是由人的因素带来的事故隐患。由此，抓住“管住人、管好人”这个关键要素，尤其是将关注重点放在现场班组一线作业人员、特种设备及特种作业人员、基层管理人员这三种人上，从“人”的角度着力解决现场存在的违章及安全隐患。

四、改进措施和方法

基于以上分析，公司率先提出树立以“人”为中心的安全管理理念，以“保护作业人、落实责任人、盯紧特殊人”为目标的管理方法，在现场作业“三种人”基础上，提出了新“三种人”管控模式。

一是保护作业人。基建现场班组一线作业人员与其他现场相比，最显著的特征就是基建现场作业人员中分包人员占很大比例，这对管理工作提出了很大的挑战。据统计，在 2005 年至今的 23 起输变电工程人身伤亡事故中，分包事故 14 起，占比 60.87%，可见分包人员也是事故中受到伤害的主体，因此，保护作业人成为保证输变电工程建设安全的重中之重。

善用警示视频，化“填鸭式”说教为切身感受。考虑到施工分包人员普遍存在文化水平低、安全意识淡薄的现状，单纯采用“填鸭式”说教交底方式，无法保证质量，主张主动转变工作方式，在每周五下午例行安全日活动中，增加安全警示教育内容，先从增强意识着手，绝不做“无知者无畏”的傻事。目前，通过互联网共收集 53 个安全警示教育和事故案例分析视频，既有事故亲历人员现身说法，又有安全专家讲授如何避免类似事故发生，每周用 10～15min 的时间，更加直观也更加容易接受地让班组作业人员认识到施工作业安全的重要意义及怎样保障自身安全，从而领会安全生产“四不伤害”的真正内涵，极大提升安全日活动的效果。

巧用思维导图，化“棍棒式”考《安规》为主动记忆。目前，针对现场作业人员进出场管理，公司执行严格的《安规》考试合格方能进场的要求。同时，我们在执行过程中发现，《安规》本身书面化的表达方式，让作业人员很难将其表达的内容与现场实际相结合。受限于安规的排版方式，同一分部分项工程的紧前紧后工序可能出现在《安规》的不同章节，相同或相近的数字或表述频繁出现，易产生混淆。针对上述问题，公司组织编制了“《安规》易混知识点思维导图汇编”“分部工程安规知识点思维导图汇编”，利用图文并重的方式、思维形象化的方法，前者总结所有易混点，后者打乱《安规》章节顺序，按分部工程重新编排应用，更加生动直观地呈现了电网建设《安规》中的内容，方便现场作业人员记忆、查阅，切实将《安规》作为保护现场作业人员的“利剑”与“戒尺”。

二是落实责任人。应用聚焦新“三种人”的基建安全管理方法，要求工程在开工后第一次工地例会时，由业主项目经理、总监理工程师、施工项目经理签订“安全生产联防联控责任书及责任清单”，作为各项目部落实工程现场安全管理的第一责任人，总体把控现场及各项目部安全情况，对现场安全负主要领导责任。业主项目部安全管理专责、安全监理工程师、施工项目部安全员签订“安全生产联防联控细则及责任清单”，作为各项目部落实工程现场安全管理的直接责任人，具体落实工程安全管理情况。采用“清单式”管理方法，共梳理包括量化考核管理、施工风险管理、安全信息化管理等安全管理事项共 20 大项 43 小项，逐一落实责任人。理顺管理脉络，为工程安全保驾护航。

对拉线地锚作业、索道作业、组塔架线作业、临近带电体作业、有限空间作业、乘坐船舶或水上作业等六类作业中的高危环节，设置安全生产责任区，要求该环节所属分部工程开工前指定责任区负责人，从施工技术方案、关键环节验收、施工过程管控方面实施全过程的责任人负责制管理。

三是盯紧特殊人。特种作业人员是从事易发生事故，对操作者本人、他人安全健康及设备、设施安全可能造成重大危害作业的从业人员，因此，规范对特种作业人员的管理是“以人为本”安全管理中十分重要且不可或缺的一环。

认真梳理学习由国家安监总局、质检总局和建设部下发的特种作业人员、特种设备作业人员、建筑施工特种作业人员名录清单、培训考试办法、证书管理规定、再教育规定，结合具体工程建立“特种作业人员台账”，包含特种作业人员报审中应有的人员基本信息、岗位信息、证书信息、入场培训情况、健康状况、进出场管理，建立特种作业人员档案。进行特种作业时，必须有专人进行安全监护，明确特种作业人员违章一票否决制，一经发现违章，立即考核并不予进场。千方百计盯紧特殊人，保证高风险施工作业安全。

五、结果评析

本办法首先在山东益都 500kV 变电站 2 号主变压器扩建工程中试点应用。实践效果总体良好，具体表现在：一是管理针对性显著增强。应用分类管控的方式，抓住作业层班组现场作业人员文化水平普遍较低，安全意识淡薄；现场管理人员职责不清晰，管理脉络混乱，主动作为意识差；特种作业人员有特殊技能要求，从事危险作业，相较一般作业人员发生事故伤害范围更大这三个主要痛点，“因类施管”。利用警示视频现身说法，应用思维导图学习《安规》，将《安规》按照分部工程及工序重新整理，极大丰富安全教育形式，降低理解门槛。通过签订联防责任书，增强一线管理人员使命感与责任心。梳理管理责任清单，设置重点工序安全管理责任区，主动出击帮助现场管理人员理清管理脉络，真正做到“安全无小事，事事找到人”，推进“人岗责”配位。建立特种作业人员台账，从资质审查、入场、作业到出场全过程全方位管理。多重“保险”，多道“闭锁”，助力工程安全提升。二是管理效率显著提高。本办法针对已有的管理脉络进行了重新梳理，未新增管理事项，未显著增加基层工作量，未大幅新增管理费用。本办法形成的管理文件，如安全警示教育视频、《安规》易混知识点及分部工程知识点思维导图汇编、联防联控责任书及责任清单、特种作业人员台账等资料均可固化为模板，直接推广到其他输变电建设工程。

同时，也对办法试点过程中的部分经验进行总结。一是管理人员应配置齐全。这是本办法能够顺利实施的前提与基础，如果人员无法到位，那么更谈不上对人员的管理。尤其是现场作业层班组管理人员应配置到位，总承包单位落实重要工作“自己干”、劳务分包“领着干”、专业分包“看着干”、绝对不能“以包代管”的要求，强调人岗责配位。二是将工作做到最基层，让聚焦新“三种人”的基建安全管理办法自下向上传导并发挥作用，切忌做“面上工程”。

第三节　输变电工程全过程风险管控研究实践

输变电工程安全管理经典案例

【摘　要】为落实公司2022年安全生产工作意见，强基固本、标本兼治、综合施策，从源头上防范化解重大安全风险。落实2022年输变电工程建设“抓责任、精管理、固基础”安全主题活动要求，将全过程风险管控要求融入输变电工程建设各阶段，将风险管控关口前移。在项目前期和工程前期阶段压降风险、建立清单，在工程建设阶段精益管控、逐项销号，在总结评价阶段评定成效、严格考核，抓好预判分析、日常管控、防灾避险工作，确保施工安全风险全面受控。建设、设计、勘察、监理、施工等参建单位严格落实风险管理规程及相关制度要求，对输变电工程建设实施可能存在的风险开展评估预判、全面压降、明确职责、落实措施、考核评价。根据项目前期、工程前期、工程建设、总结评价阶段的风险管控要求，分别应用到当前不同建设阶段的工程中。

【关键词】输变电工程；全过程风险管控；风险管控率；风险压降率

一、背景描述

近年以来，国家电网有限公司印发《关于进一步加大安全生产违章惩处力度的通知》《国网安监部关于追加严重违章条款的通知》《国网安委办关于进一步加强反违章工作管理的通知》《关于加强总部、分部作业安全督查工作的通知》等文件，不断提高违章查处、惩处力度，对重复发生严重违章的单位实施企业负责人业绩考核。上半年，国家电网有限公司发生人身事故3起，发生电网设备事件224起，安全生产形势依然严峻。

二、创新亮点

通过全过程风险管控流程的实施，将全过程风险管控要求融入输变电工程建设各阶段，全面夯实输变电工程建设安全管理基础。健全全过程风险管控机制，构建科学高效、责任清晰、手段先进的安全管理体系，减少高风险作业，从源头上防范化解重大安全风险。强化各参建单位和作业层班组的责任落实，抓实全过程风险管控，改善安全生产条件，对当日高风险作业进行全过程跟踪、核实，避免风险作业失控。

在项目前期阶段落实重大风险识别准确性和可降级风险预控措施，在工程前期阶段压降风险、建立清单，在工程建设阶段精益管控、逐项销号，全面应用创新工法、机械化施工压降风险，避免前端环节产生和遗留安全隐患。总结固化近年来安全管理成果，落实各环节管控措施，将安全管理要求落实到每一个现场、每一位作业人员，不断推进安全管理从“治标”迈向“治本”，全力确保安全生产稳定。

三、主要做法

（一）项目前期阶段

设计单位明确变电站选址及线路路径地质情况并提供地质勘探报告，涉及近电作业、停电施工和重要跨越的作业项目编制具体的实施（停电）方案，并取得跨越物（设备）管理单位的确认意见或协议。直流输电工程行政区划路径图如图 2－1 所示，输电工程路径图如图 2－2 所示。

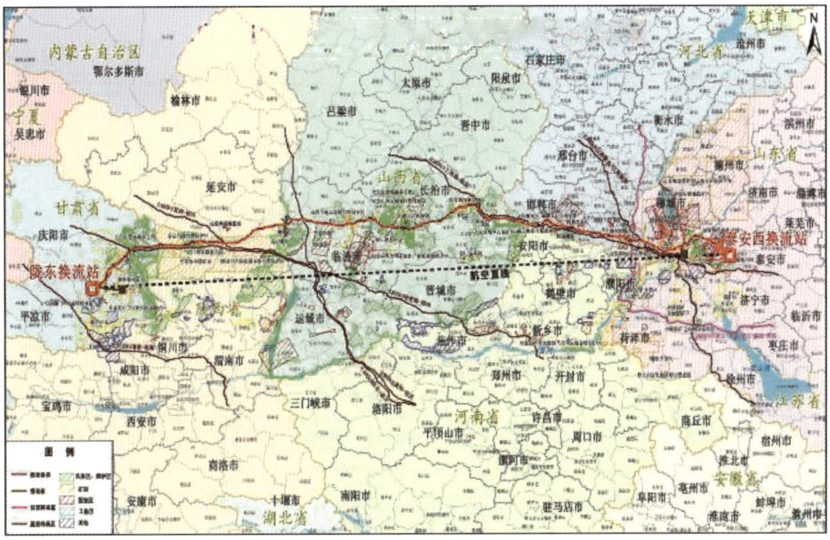

图 2－1　直流输电工程行政区划路径图

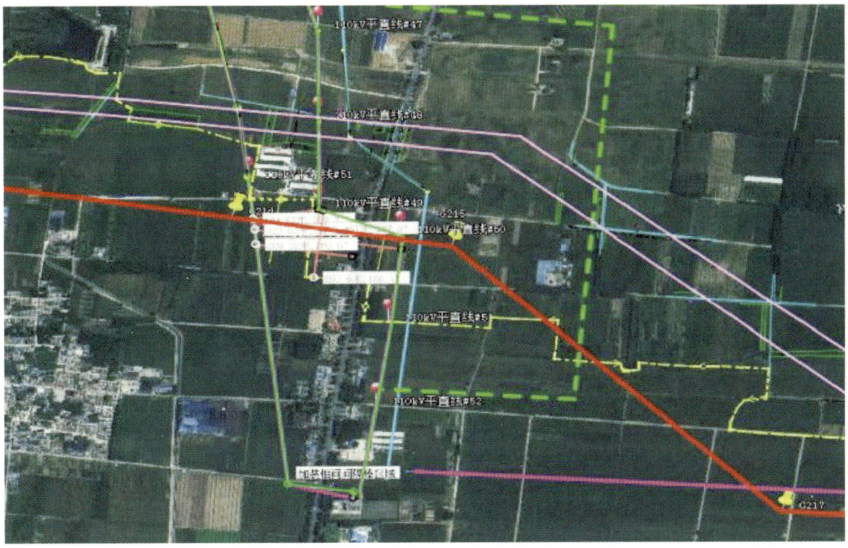

图 2－2　输电工程路径图

梳理制定二级施工风险清单，策划机械化施工方案，确保工程整体机械化施工率不得低于 60%，提前落实优化跨越、深基坑、高支模、临电作业等关键事项管控要求。

设计单位组织专家开展可研安全风险会审，通过现场踏勘重大风险作业点和评审会议的形式，对关键风险管控事项进行论证。

建设单位针对评审意见出具评审报告，作为可研评审会的专题汇报。

（二）工程前期阶段

初步设计阶段。对可研阶段压降风险开展复核，重点压降二级风险作业，确保二级风险作业识别准确、压降到位。

施工图设计阶段。重点压降三级风险作业，确保三级风险作业识别准确、压降到位。

工程招投标阶段。建设单位将“全过程风险管控”的相关要求纳入招标技术规范书，确保投标单位对“全过程风险管控”的要求完全响应。工程建设主要技术方案一览表如图 2－3 所示。

工程建设主要技术方案一览表

工程名称：岛城（黄埠岭）500kV变电站新建工程 ：编号：37-BA25511S

序号	专业	作业内容	包含部位	工序	风险编号	固有风险等级	风险可能导致的后果	方案类型	是否需要专家论证	压降措施	压降后风险等级	备注
1	变电站土建工程	地基与基础施工	GIL管廊、电缆隧道、消防水池等	钢支撑安装		3	物体打击，高处坠落	专项	否	/	/	
2	变电站土建工程	地基与基础施工	GIL管廊、电缆隧道、消防水池等	钢支撑拆除		3	物体打击，高处坠落	专项	否	/	/	
3	变电站土建工程	地基与基础施工	GIL管廊、电缆隧道、消防水池等	锚杆施工		4	物体打击，高处坠落	一般	否	/	/	
4	变电站土建工程	地基与基础施工	防汛器材室，消防棚等	开挖深度在3m以内的基坑挖土（不含3m）		4	坍塌	一般	否	/	/	
5	变电站土建工程	地基与基础施工	500kV配电装置楼、消防水池、事故油池等	开挖深度在5m以内的基坑挖土（不含5m）		3	坍塌	专项	否	机械开挖	4	
6	变电站土建工程	地基与基础施工	500kV配电装置楼、消防水池、事故油池等	模板安拆		4	触电、机械伤害、其他伤害	一般	否	/	/	
7	变电站土建工程	地基与基础施工	500kV配电装置楼、消防水池、事故油池等	钢筋安装		4	触电、机械伤害、物体打击	一般	否	/	/	

图 2－3　工程建设主要技术方案一览表

开工前策划。建设单位组织开展现场勘察，审查风险底数一本账（如图 2－4 所示）；设计单位应对各参建单位进行重大风险设计交底；监理单位审核施工三级及以上风险清册的准确性；施工单位完善剩余四级及以下施工安全风险清单。

工程主要风险作业底数一本账

工程名称：岛城（黄埠岭）500kV 变电站新建工程 编号：37-BA25511

序号	作业部位	作业内容	工序	风险编号	8+2工况内容	建议工法	风险可能导致的后果	风险评定值（D）	风险级别	风险控制关键因素	预控措施	备注
1	GIL管廊、电缆隧道、消防水池等	地基与基础施工	钢支撑安装	02010701			物体打击、高处坠落	126(6×3×7)	3	人员异常、设备异常、交叉作业	根据《输变电工程建设施工安全风险管理规程》中风险编号02010701选择相应的预控措施	
2	GIL管廊、电缆隧道、消防水池等	地基与基础施工	钢支撑拆除	02010702	拆除		物体打击、高处坠落	126(6×3×7)	3	人员异常、设备异常、交叉作业	根据《输变电工程建设施工安全风险管理规程》中风险编号02010702选择相应的预控措施	
3	500kV配电装置楼、消防水池、事故油池等	地基与基础施工	开挖深度在5m以内的基坑挖土（不含5m）	02020102			坍塌	84（6×2×7）	3		根据《输变电工程建设施工安全风险管理规程》中风险编号02020102选择相应的预控措施	

图 2-4 工程主要风险作业底数一本账

（三）工程建设阶段

施工准备。三个项目部配置足量人员并完成人员准入。班组骨干已参加省公司组织培训，并通过国家电网有限公司组织的统一考试；施工项目部履行主要施工机械、工器具、安全用具等报审手续；监理项目部负责设备开箱检验、原材料取样见证等工作，施工项目部负责取样、试验、保管等工作；施工项目部编制施工方案，将风险管控措施、到岗履职要求、动态调整管理等内容纳入方案。

施工作业。一是严格管控措施执行。作业开始前，施工项目部按照“先降后控”要求选择施工方法，落实压降措施；作业过程中，施工项目部严格执行“一方案、一措施、一张票”的规定，确保作业现场风险压降措施刚性执行；作业完成后，按照作业风险等级，谁审核谁销号，实现作业风险完成一项销号一项。

二是强化过程监督管控。监督落实到岗到位管控要求，监理项目部督促作业现场严格执行风险压降及安全强制措施，施工项目部部署风险视频监控；施工单位汇总本单位每周三级及以上风险作业台账，对重大风险作业指定专人监督实施；公司对所有三级及以上风险作业进行跟踪抽查，施工建设阶段风险管理流程按照基础数据收集、数据动态更新、风险计划管控、动态作业票建立、风险逐项销号“五项重点工作”开展。日风险作业计划一本账如图 2-5 所示。

三是抓牢关键节点过程控制。输电线路工程应用创新工法有效压降风险，人工挖孔基础作业应正确使用合格的深基坑作业一体化装置，跨越施工应采用承插型盘扣式钢管跨越架；严格临近带电作业风险管控，输变电工程临近带电体作业应采取停电作业方式，对于改、扩建工程应严格控制与带电体的安全距离，作业前应采取硬隔离措施进行分区围护；严格遵守运维检修单位设备管理要求，在运变电站运行屏柜中接线，必须在运维检修单位的组织和监护下进行，严禁施工单位人员擅自在运行设备中拆、接线。工程现场影像资料如图 2-6 所示。

日风险作业计划一本账

工程名称：国核示范 500kV 送出工程（3 标）单项工程（标段）：国核示范电站—栖霞 500kV 线路工程（威海段）（3 标）

编号：SXXXX-SG03-001

序号	作业部位	作业内容	工序	风险编号	工作负责人、安全监护人	特种作业人员	一般作业人员	球机编号	风险级别	风险控制关键因素	预控措施	补充措施	备注
1	GB110	基础施工	一般土石方及掏挖基础机械开挖	04030103	×××	×××	×××	国网山东建设公司基建 003	4	人员异常、环境变化、气候变化	（1）机械作业前，操作人员应接受施工任务和安全技术措施交底。 （2）机械开挖要选好机械位置，进行可靠支垫，有防止向坑内倾倒的措施。 （3）严禁在伸臂及挖斗作业半径内通过或逗留。 （4）严禁人员进入斗内；不得利用挖斗递送物件。 （5）暂停作业时，应将挖斗放至地面。 （6）暂停作业时，将旋挖钻杆放到地面	疫情防控、佩戴口罩	
…	…	…	…	…	…	…	…	…	…				

图 2-5　日风险作业计划一本账

图 2-6　工程现场影像资料（一）

图 2-6 工程现场影像资料（二）

（四）总结评价阶段

三个项目部自评。测算风险管控率、线路施工安全风险压降率，依据三级及以上风险清册逐项开展，按照风险销号的判定标准规定的内容逐条检查。全部满足规定的条件，判定为风险销号有效；全过程风险管控率大于等于 70%，评价为“合格”。

建设单位复核。依据系统数据、“四不两直”检查及日常管理情况开展全过程风险管控自评价，通过工程主要风险作业底数一本账中与当前进度相对应的三级及以上风险数量、已销号三级及以上风险作业数量，计算全过程风险管控率（如图 2-7 所示）。

纳入合同考核。建设单位负责组织设计、监理和施工单位收集全过程风险管控过程资料，依据合同条款对责任单位进行合同处罚并纳入资信评价。

工程名称：国核示范 500kV 送出工程（3 标）											
序号	工作内容	地理位置	包含部位	风险可能导致的后果	风险级别	风险编号	是否实施	实际实施时间	对应作业票票号	风险销号	未销号原因
1	一般土石方开挖	文登区侯家镇 18 县道	GB 104、GB 110、GB 117	物体打击、机械伤害	4	0403103	是	2022-11-26	SA-A4-13062515000L0801-32421	已销号	无
2											
汇总：本工程核定后风险清册中的三级及以上风险　项，能够全面落实全过程风险管控要求的已销号风险　项，全过程风险管控率　%。											

图 2-7 国核示范 500kV 送出工程三级及以上施工风险销号情况

四、结果评价

（一）项目前期阶段

现场勘察确定工程二级施工风险，对应编制机械化施工方案，优化跨越、深基坑、高支模、临电作业等关键事项管控要求。

陇东—山东±800kV 特高压直流输电工程在可研阶段时，要求设计单位对交叉跨越等敏感点进行平断面测量及杆塔预排位，细化设计，压降风险，而不仅仅关注可研阶段的系统接入方案要求。

（二）工程前期阶段

岛城（黄埠岭）500kV 输变电工程改建方案，变电工程 220kV 配电装置楼在初设阶段设计院给出的 220kV 配电装置楼高 9.5m。根据 Q/GDW 12152—2021《输变电工程建设施工安全风险管理规程》要求，高度超过 8m 或跨度超过 18m 的模板支撑系统属于 2 级风险作业，风险编号为 02030205。在风险交底阶段，参建各方根据作业风险“先降后控”的原则，考虑配电装置楼 2 级风险压降工作。山东院研究后，给出的方案是通过改变一次设备的布局，增加了分支母线长度，将 220kV GIS 耐压试验套管引至室外，从而实现 220kV GIS 耐压试验移到 220kV 配电装置楼室外的目标，达到压降 220kV 配电装置楼的高度，山东院给出的最终设计高度是 7.95m。根据规定高度超过 5m 或跨度超过 10m 混凝土模板支撑系统属于 3 级风险作业，风险编号为 02030204。按照风险作业“先降后控”原则，进行输变电工程全过程风险管控，从而实现降“风险”保“安全”的目标。

（三）工程建设阶段

国核示范电站 500kV 送出工程（威海段）全长 181.4km，通过“三项管控＋六项措施”落地实施，工程在项目前期阶段共取得通过协议 44 份、停电跨越协议 30 份，实现 35kV 及以上输电线路全部停电跨越施工。选址选线深度踏勘，通过优化路径，减少跨越高速 1 次，压降二级风险 1 项。充分考虑选用机械化施工可行性，实现全线新建 432 基铁塔机械化施工。架线施工推广使用智能集控牵张装备，大大提升了作业安全性。

通过前面计算，得出全过程风险管控率大于等于 70%，线路施工安全风险压降率不低于 80%。

通过输变电工程全过程风险管控流程实施，将安全管理要求落实到每一个现场、每一位作业人员，从源头上防范化解重大安全风险，在工程前期阶段压降风险、建立清单，在工程建设阶段精益管控、逐项销号，在总结评价阶段评定成效、严格管控，抓好预判分析、日常管控、防灾避险工作及创新工法应用，确保了施工安全风险全面受控。进一步提升了安全管理水平。

第四节　加强安全生产风险管控平台及系统应用

聊城南工程典型经验案例

【摘　要】全面推进“e安全”“安全生产风险管控平台”落地应用，编制《日常系统、报表要求及责任划分表》责任到人，分包、施工、监理、业主项目部每日由专人操作并检查系统操作的完整性、准确性、正确性。监理每日编制《安全管控监理日报》，有效跟踪摄像头挂接、“e安全”考勤、到岗履职、日报周报情况，风控平台现场照片、施工方案、勘察记录上传情况，现场人员与系统人员、报审人员的一致性。

【关键词】风控平台；“e安全”；系统检查

一、背景描述

电力发展是经济发展的重要基础。当前，随着电力工程建设大力推进，确保工程建设过程安全是开展现场一切施工的前提。为深入学习贯彻习近平总书记关于安全生产的重要论述和重要指示批示精神，全面落实国家电网有限公司安全生产工作部署，坚持人民至上、生命至上，针对安全管理工作，现场积极采用各类信息化手段提高安全管理工作水平。

聊城南输变电工程开工投产时间紧、工程建设任务重，确保安全稳定是头等大事，从内外部形势看，保障安全生产面临很大挑战。一方面，系统内外电力行业安全形势极其严峻；另一方面，上级要求空前严厉。在工程建设中现场建设团队积极采用“e安全”及全过程风险管控平台，有效落实了信息化手段在工程建设中的运用，为工程安全建设提供了重要保证。

二、存在问题

一是现场项目部及分包各级人员能力水平素质参差不齐。

二是在现场工程建设过程中安全管理系统运用及日常报表繁多。

三是现场项目部中各级人员分工界面不够清晰，存在模糊地带，造成工作执行中较难推进。

四是根据工作执行情况，缺乏针对现场安全系统运用及报表质量的有效监督。

三、问题分析

一是各级项目部人员业务能力和学习能力水平存在较大差异，面对“e安全”、安全生产风险管控平台，往往缺乏有效的自主学习，造成在平时工作中不能熟练操作运用。

二是针对安全管理系统和日常报表，需要操作的内容较多，不同的时间段需要操作和填写的内容也不同。

三是在现场操作系统和日常报表时，业主、监理、施工项目部及分包人员职责分工不明确、责任界面不清晰，造成工作中存在互相推诿的现象。

四是系统操作和日常报表填报后，缺乏针对系统操作和日常报表质量的有效监督，造成上级检查和抽查时，存在各种各样的问题。

四、改进措施和方法

（一）加强现场培训教育

现场项目部立足工程建设实际，结合各级项目部人员能力水平，以人为本加强安全培训教育，提升安全培训质效。“在干中学、在学中练”，培养发现解决问题的能力，制订现场培训教育计划表。在工程建设过程中，现场项目部按照培训教育计划，采取“固定+灵活”的培训教育方式。利用工程周例会、月度例会及专项协调会议的会前时间，在现场采取微讲堂形式，集中培训宣贯系统运用及报表操作等有关内容，将培训工作嵌套至平时工作。在工程间歇期，如因雨停工等时间段，组织召集各项目部人员集中学习，充分利用各项零散时间。

（二）细化分解化整为零

“e 安全”和安全生产风控平台填报内容多，之间存在较多的关联性。现场针对“e 安全”和生产风控平台使用情况，进行工作填报内容统计和分析。根据填报内容，按照类型进行分解细化，编制形成任务细化分解表。对于需要流程化审批的内容，严格报送时限和审批要求。当施工项目部发起后，及时联系业主及监理项目部进行审核，确保审核在第一时间完成。

（三）分层分级压实责任

现场项目部依据合同等文件要求，对照各项目部责任清单，召开专题协调会议，组织施工、监理项目部共同编制“日常系统、报表要求及责任划分表”。该表格将日常“e 安全”、安全生产风险管控平台等各类平台填报时间等按照日、周及月进行明确。针对不同阶段不同时间报表要求，进行清单化明确，形成日常系统、报表要求清单和流程。以清单化明确具体要求，以流程化明确操作人，保证执行及时。在按日常系统和报表要求填报后，按照报送要求，明确具体责任人，将责任落实到人，实行直接责任和间接责任。在系统操作执行过程中，分包、施工、监理、业主项目部每日由专人操作并检查系统操作的完整性、准确性、正确性，保证系统操作及时、准确。在报表编制完成后，首先由施工项目部进行填报，监理对填报质量进行检查，形成问题清单。业主项目部每日进行抽查，针对抽查的问题进行当日通报。对于发现的问题要求施工项目部举一反三进行整改。监理项目部进行问题专项学习，提高审核质量。对于系统操作和报表填报问题，按照月度进行统计，形成通报文件下发至各项目部，针对问题重复出现的情况，按照合同条款进行约谈或考核。

（四）每日管控每日一清

现场项目部采取“每日管控每日清”管理措施。针对现场每日安全管控情况，由监理项目部进行每日统计分析，现场每日编制《安全管控监理日报》，针对现场摄像头挂接、“e安全”考勤、到岗履职、日报周报情况，风控平台现场照片、施工方案、勘察记录上传情况，现场人员与系统人员、报审人员等内容进行逐一核查，保证各类信息平台、日报周报等内容的一致性、准确性。通过细化平台和报表填报时间颗粒度，有效保证各类平台和报表问题及时发现及时解决。

五、结果评析

（一）开展宣传教育，提升人员水平

在输变电工程建设中，对安全生产“常说常练”，开周例会、工地会议、项目部内部会议时第一条就要讲安全，规范开展安全活动，让全体项目部人员参与学习讨论，确保取得实效。现场从业主项目部、监理项目部、施工项目部及分包单位关键人员，通过开展“固定+灵活”的教育培训方式，共计约20人全面掌握各类信息系统的熟练使用，报表填报质量得到稳步提高，未发生被公司及以上单位通报的情况，有效保证了现场安全管理水平。采取灵活时间培训方式，有效利用了施工闲暇时间（每月3天），提高了现场人员学习意识和动力，积极转变了施工人员的学习态度。

（二）强化责任落实，助力安全管控

在工程建设中，有效发挥工程参建者的责任落实，是开展工程建设的首要任务。对照安全责任清单，深入排查分析本专业存在的不足和问题，有效防范各类风险隐患。各项目部认真落实全员安全责任清单，做到明责、知责、履责。现场作业人员发挥保障体系作用，扛牢主体责任，对自己负责、对家庭负责、对企业负责、对社会负责，真正从“要我安全”转变为“我要安全”。在聊城南输变电工程建设中，工程业主项目部依托各项目部人员责任落实清单，通过开展安全责任落实，按照编制的系统运用和报表要求，建立每月情况落实汇总表，进行月度通报。以责任落实情况对照合同要求，有效量化了各级项目人员的评价。为现场合同考核落实提供了充分的依据。通过压实责任，以责任落实清单为依据，现场项目人员在合同履约方面有了较大提高，相比未实行责任清单落实的工程，该工程人员责任落实比预计提高30%。

（三）开展每日一清，保证执行到位

党的建设和文化建设是凝聚安全力量的重要手段。现场党支部充分发挥思想政治工作优势，主动参与安全管理，深化开展“党支部书记在现场”活动，推动党建与安全在现场融合、在一线落地。现场党员发挥先锋模范作用，坚持铁腕治安，做到党员带头不违章、党员带头查违章、党员身边无违章，树立正确的安全价值观、预防观、行为观。现场通过开展安全平台及报表每日一清，党员带头落实每日一清制度，加强外包分包人

员资质核查，强化业主、施工两级管控，对所有作业人员实施全过程管理，确保了在工程建设期间未发生被公司及以上各级单位通报的较大问题，有效确保了工程建设期间摄像头挂接、“e 安全”考勤、到岗履职、日报周报情况，风控平台现场照片、施工方案、勘察记录上传情况，现场人员与系统人员、报审人员的一致性。通过该项工作开展，未发生被通报停工事件，预计每月可有效缩短施工时长 2 天。

第五节　架空输电线路同跨高铁、电气化铁路及国道施工安全管控技术要点

国核示范 500kV 送出工程（烟台段）典型经验案例

【摘　要】在目前电网输电线路建设中，根据沿线市县自然资源规划局和乡镇政府意见，输电线路尽量平行已有线路架设或公用走廊，控制走廊宽度，节约用地，减少对地方政府后期规划的影响。前期设计单位在设计线路时，容易出现放线段内多次跨越铁路、高速的情况。基于此，以国核示范 500kV 送出工程（烟台段）为例，阐述输电线路同跨高铁、电气化铁路及国道施工安全管控技术要点。

【关键词】输变电工程；“三跨”；安全管控

一、背景描述

国核示范 500kV 送出工程（烟台段）T31～T38 放线区段全长 2.571km，共有 8 基杆塔。其中 T33～T34 档内跨越蓝烟铁路 K145＋045 处（电气化铁路），跨越档距为 354m，采用“耐—直—直—耐”跨越方式；T35～T36 档内跨越青威烟荣城际铁路 K166＋460 处（高速铁路），跨越档距为 504m，采用“耐—直—直—直—耐”跨越方式；T35～T36 档内跨越 G204 国道 K23＋415。同一架空输电线路放线区段内同跨两条铁路及一条国道架线施工，相比于一般跨越施工，风险等级更高，协调处理的前期准备工作更复杂，施工过程中的安全危险点更多。因此，提前梳理风险点和施工难点，合理优化作业工序，科学安排施工计划，有针对性地编制跨域施工方案就显得尤为重要。

二、存在问题

一是架线跨越物多，设计技术要求高。

二是施工方案编制复杂。

三是夜间施工作业安全风险高。

四是疫情影响。

三、问题分析

一是根据现场踏勘情况并优化路径方案，本工程需在福山区回里镇善疃村南侧跨越青荣城际铁路和蓝烟铁路，参照“三跨”设计执行，设计依据的相关规程规范主要有《国家电网有限公司关于印发〈架空输电线路“三跨”反事故措施〉的通知》（国家电网设备〔2020〕444 号）、《关于印发〈国家电网公司输电线路跨（钻）越高铁设计技术要求〉的通知》（国家电网基建〔2012〕1049 号）、《铁路技术管理规程》等，设计要求高。

二是一个放线区段内同跨高铁、电气化铁路及国道需编制三个跨越专项施工方案，这三个方案既相互独立又相互联系，因此在编制审查各个跨越方案时既要综合考虑整个放线区段的基本参数，又要考虑每个跨越方案的可实施性和可操作性，确保方案可靠性。

三是受高铁运行的特殊时段限制，铁路部门确定的施工窗口定为 18 日 23:40 至 28 日 3:40，时间短、任务重。

四、改进措施和方法

（一）“三跨”设计方案技术

1. 跨越高速铁路具体技术要求

杆塔结构按照重要性系数 1.1 进行验算。跨越塔两侧档距之比分别为 1.64、1.13，满足不超过 2:1 的要求。线路与铁路交叉角为 58°，满足不小于 45° 的要求。导线弧垂按照 +80° 计算对铁路轨面距离约 35.5m，大于设计规程 16.0m 的距离要求。“三跨”导线选择技术成熟、运行经验丰富的产品，地线采用铝包钢绞线，光缆选用全铝包钢结构的 OPGW 光缆。“三跨”耐张段内导、地线不允许接头。导线悬垂绝缘子串采用双联双挂点设计，耐张绝缘子采用双联结构形式，单串强度满足受力要求。“三跨”位于 d 级污区，采用双伞型绝缘子。本段“三跨”位于 2 级舞动区，避开了重冰区，提高了设防等级。“三跨”跨越档未安装相间间隔棒等防舞装置。“三跨”地线悬垂采用独立双串设计，地线耐张串金具提高一个强度等级。跨越档安装了分布式故障诊断装置和视频监控装置。

2. 跨越电气化铁路具体技术要求

杆塔结构按照重要性系数 1.1 进行验算。跨越塔两侧档距之比分别为 1.05、1.11，满足不超过 2:1 的要求。线路与铁路交叉角为 68°，满足不小于 45° 的要求。导线弧垂按照 +80° 计算对铁路轨面距离约 29.3m，大于设计规程 16.0m 的距离要求。本工程“三跨”导线选择技术成熟、运行经验丰富的产品，地线采用铝包钢绞线，光缆选用全铝包钢结构的 OPGW 光缆。“三跨”耐张段内导、地线不允许接头。悬垂绝缘子串采用双联双挂点设计，耐张绝缘子采用双联结构形式，单串强度满足受力要求。本段“三跨”位于 d 级污区，采用双伞型绝缘子。本段“三跨”位于 2 级舞动区，避开了重冰区，提高设防等级。“三跨”导线选择技术成熟、运行经验丰富的产品，地线采用铝包钢绞线，光缆选用全铝包钢结构的 OPGW 光缆。“三跨”耐张段内导、地线不允许接头。导线悬垂绝缘子串采用双联双挂点设计，耐张绝缘子采用双联结构形式，单串强度满足受力要求。本段“三跨”位于 d 级污区，采用双伞型绝缘子。本段“三跨”位于 2 级舞动区，避开了重冰区，提高了设防等级。“三跨”跨越档未安装相间间隔棒等防舞装置。“三跨”地线悬垂采用独立双串设计，地线耐张串金具提高一个强度等级。

（二）跨越档复测要求

跨域档复测结果是选择跨域档跨越方式和后续受力计算的基本要素，因此在跨越方案编制前，监理单位应参加并监督施工单位对跨越档地形、地貌、跨越物进行详细复测，根据测量结果绘制跨越档俯视图和断面图，并与设计平断面图进行核对，重点针对被跨越物的位置、高程、交叉角、净空距离进行确认无误后，方可依据复测结果进行方案编制，确保方案编制可实施性强。

（三）跨越方案相关要求

一个放线区段内同跨高铁、电气化铁路及国道需编制三个跨越专项施工方案，这三个方案既相互独立又相互联系，因此在审查各个跨越方案时既要综合考虑整个放线区段的基本参数，又要考虑每个跨越方案的可实施性和可操作性，确保方案可靠性。

（四）施工方法及工艺

需根据勘测结果、被跨越物产权单位要求、现有工器具等方面因素来确定施工方法及采用哪种跨越方式。

跨越架形体设计包括交叉跨越点处导地线风偏、跨越架架顶宽度、跨越架跨距、跨越架高度、跨越架的拉线间距及跨越架排数、封顶网宽度计算。重点审查计算公式是否正确，公式中参数是否与勘测结果、设计文件、规程要求一致，计算结果是否正确。

跨越架受力计算包括跨越架体、封顶网网绳及封顶网杆、承力索、地锚的受力计算。重点审查计算公式是否正确，验算工况是否是最大受力工况、公式中参数是否与勘测结果、设计文件、规程要求一致，计算结果是否正确。

跨越架搭设（拆除）审查要点：跨越架施工工艺如立杆、纵向水平杆、横向水平杆、排间距地设置，以及剪刀撑、横向斜撑搭设要求，是否符合《安规》、规范及导则规定；跨越架拆除时间、拆除顺序是否符合逻辑。

（五）施工安全保证措施

施工组织措施中组织机构和相关责任人配备是否齐全，职责是否清晰，人员安排是否合理；各个方案跨越进度是否协调一致，是否满足区段跨越总体进度计划；工器具、安全防护用具配置是否满足施工需求；风险识别是否到位，风险因素是否齐全，相关风险因素安全管控措施是否健全，且有效；安全技术措施是否有保障；安全通病分析与治理是否到位、有效；安全强制性条纹执行是否齐全。

铁路两侧跨越架的搭设、拆封网以及导地线架线的全过程要有专人监督检查。两侧的跨越架搭设及拆封防护网及承载索，所有绳索应保持干净、干燥状态，施工前应对承载索、拖网绳、绝缘网、导引绳进行检查，不合格者不得使用。跨越架应设置防倾覆措施。跨越架悬挂醒目的安全警告标志、夜间警示装置和验收标志牌。跨越档两端铁塔的附件安装必须进行二道防护，并采取有效接地措施。

夜间同跨铁路，导地线展放看护要安排专人负责监督，全程关注牵引绳以及导地线的展放，尤其走板过滑车时要减速慢过，并保持良好的通信联系，不间断向施工负责人汇报情况。

第六节　构建专业监理体系，提升工程管控穿透力

安全管理典型经验案例

【摘　要】通过建立并完善人员培养管理体系，加强人才培养，提升公司竞争力。建立线上人员考核系统，提升考核培训效率。对监理体系中的文件审查标准化、旁站记录标准化、验收标准化、见证标准化、平行检验标准化、巡视标准化、通知单（联系单）标准化进行规范，避免了因制度不明确或者不合理造成的问题与损失。通过构建专业监理体系，强化监理的主体责任，为监理人员现场履责提供标准化路径，做到监理把责任和要求"穿透到基层、落实到一线、执行到岗位"，确保工程施工安全和实体质量。

【关键词】所属岗位中类；建管专业

一、背景描述

近年来"5・7""5・14""8・15"等人身伤亡事故频发，性质严重、教训深刻，令人痛心、发人深省。党的十八大以来，习近平总书记对安全生产发表了一系列重要讲话，作出了一系列重要指示，深刻阐述了安全生产的重大理论与实践问题。随着工程管理要求不断提高，以及监理全过程咨询管理转型升级的客观要求，电网工程监理企业面临的项目部日常管理难题日益突出，工程的建设周期性、过程渐进性、组织临时性等各种客观因素，造成监理人员存在很大的流动性，这在客观上要求监理单位具备完善的体系容纳各种人员流动给工程管理带来的冲击和人员素质差别所造成的不利影响。

二、创新亮点

首先，通过对人员的管理培养与专家库的建立，达到提升人才管理水平的目的，特别是其中的线上考核培训系统，极大提升了人员考核与培训的效率，节约了大量的人力物力，真正意义上做到了监理人员现场学、现场考、现场用，为监理工作带来更加显著的社会效益。其次，通过对文件审查标、旁站、验收、见证、平行检验、巡视以及通知

单（联系单）的标准化进行规范，使得监理体系更加完善，对整个监理流程中不明确不完善的方面都进行了解释说明，既提升了监理工作的效率，也保障了现场人员的安全。

三、具体措施和做法

（一）人员管理培养，专家库建立

将监理项目部及班组骨干人员作为关键人员，通过统一建库、持证上岗、现场监督、量化考核，进行全过程管控，确保关键人员配置、履职到位，对关键人员管理做到“心中有数”。通过建立专家库，充分发挥专业人才优势，破解当前在专业技术、创新发展和行业监管等方面存在的复杂问题，进一步促进公司持续健康发展。

（二）文件审查标准化

为保证施工质量管理文件的合法性和规范性，以及措施方案的有效性，监理单位对施工单位编制的与施工质量有关的报审文件进行审查，并签署意见。主要内容包括对施工单位报审的管理文件、方案措施进行审查，确定其符合要求及规范，对施工的安全技术交底和作业指导书进行审核。

（三）旁站标准化

为了贯彻国务院《建设工程质量管理条例》《建设工程安全管理条例》的规定，遵照《建设工程监理规范》的要求，在监理工作中加强施工质量和施工安全的管理，对于重要和关键工序应进行旁站监理，以防潜在的质量事件和安全事件发生，特制定《监理项目部旁站监理管理办法（试行）》。

（四）验收标准化

监理人员按照约定准时提前抵达验收现场，按照规定打开视频录制工具，要求服装整洁、工具齐全，出示工作证明等，将业主、施工长提供的资料按照要求仔细核对整理放入档案袋。

（五）见证标准化

（1）对施工过程进行巡视、跟踪检查、抽检、旁站、见证取样送检（质量监理工程师负责）。

（2）进行隐蔽、分部、分项工程验收（由驻地监理工程师及各专业监理工程师负责）。

（六）平行检验标准化

平行检验是项目监理单位在施工单位自检的同时，按照有关规定、建设工程监理合同约定对同一检验项目进行的检测试验活动。平行检验的内容包括对工程实体、原材料等进行量测、检测、试验等，平行检验是项目监理单位控制建设工程质量的重要手段之一。

施工现场质量管理检查记录、检验批、分项工程、分部工程、单位工程等的验收记录（检查评定结果）由施工单位填写，验收结论由监理（建设）单位填写。监理人员不应只根据施工单位自己的检查、验收情况填写验收结论，而应在施工单位检查、验收的基础之上进行“平行检验”，这样的质量验收结论才更具有说服力。同样，对于原材料、设备、构配件以及工程实体质量等，也应在见证取样或施工单位委托检验的基础上进行“平行检验”，以使检验、检测结论更加真实、可靠。平行检验是项目监理单位在施工阶段质量控制的重要工作之一，也是工程质量预验收和工程竣工验收的重要依据之一。

（七）巡视标准化

现场巡视是指监理人员定期巡视现场，检查现场施工作业是否按施工规范、质量标准和施工技术措施进行，检查现场安全、文明施工情况。

1. 监理人员在巡视时的主要职责

（1）检查施工单位现场人员到岗及施工机械、建筑材料准备情况。

（2）检查关键部位、关键工序的施工中施工方案及工程建设强制性标准的执行情况。

（3）检查进场建筑材料、构配件、设备和商品混凝土的出厂质量证明、质量检验报告，督促施工单位进行现场检查和必要的复验。

（4）做好监理日志。

（5）巡视监理过程中，发现有违反工程强制性标准行为的，有权责令施工单位立即改正，发现施工活动可能危及工程质量时，应及时向总监报告，由总监采取必要的措施。

2. 监理人员巡视流程

监理人员巡视流程图如图 2－8 所示。

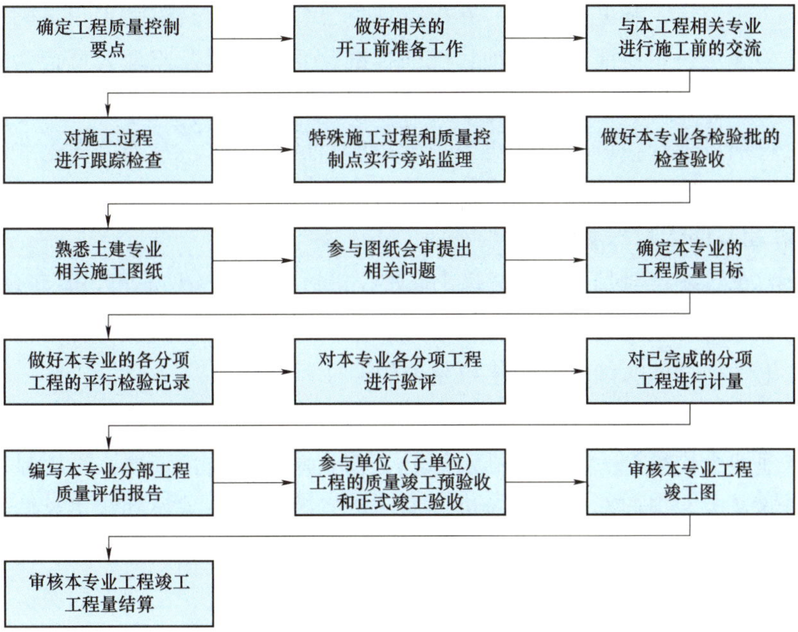

图 2－8　监理人员巡视流程图

（八）通知单（联系单）标准化

将监理通知单和监理工作联系单管理纳入公司管理平台统一管理，定期晾晒；梳理监理通知单和监理工作联系单典型模板，定期下发，为工程监理管理提供可参照的案例范本；建立“动态管理、定期更新”的工程问题清单，每周对问题清单滚动更新，专人对接，定期督促问题消缺进度；规范监理通知单签发流程，根据《建设工程监理规范》《电力建设工程监理规范》和《国家电网有限公司监理项目部标准化管理手册》要求，规范监理通知单格式和内容，对公司监理业务所涉及的输变电、中低压配电网、大修技改等各专业的监理通知单进行统一要求。

四、结果评析

（一）提高人员管理、人才培养水平

在建设专业监理体系中，通过对人员配置、考勤考核进行合理规范，极大提升了员工的工作效率。严格落实省公司关于建设监理项目部的工作要求，总监理工程师、专业监理工程师、监理员等持证上岗率达到100%；项目部成员中本、专科及以上学历，占比100%；工程师、技师等中级以上职称占比66%。各监理项目部通过钉钉平台进行打卡签到，有效落实项目部人员到岗到位检查要求。

（二）提升监理管控穿透力

通过对文件审查、旁站、验收、见证等工作内容的平行检验，巡视以及通知单（联系单）标准的规范化等进行约束，极大地提高了对现场的管控穿透力，使得监理单位重视现场工作的规范化、制度化建设，并根据现场工作情况，具体制定和贯彻现场规范化管理制度，实现了公司层面各监理项目部的标准化管理，以及监理人员行为标准化、规范化、专业化。各项监理手段相当于监理工作的“牛鼻子”，规范了各项监理手段，不仅实现了公司对项目部管控、项目部对工程管控的目的；同时，也为公司企业管理水平和各监理项目部工程管理水平的迭代升级和总结提高提供了抓手。

（三）推动监理体系标准化

标准化的实质就是科学化、规范化、经济化。以标准化为核心可以真正做到以质量、以经济效益为中心。通过对管理制度标准化、人员配备标准化、现场管理标准化以及过程控制标准化进行合理的规范，构建了完善的专业监理体系。

通过构建完善的监理专业体系，提升了工程管控的穿透力，监理人员的技术理论水平和现场监理能力均得到大幅度提高，综合工作素质和精益化管理水平明显增强。在监理过程中能够及时发现问题并跟踪改进，原工程管理漏洞基本得到解决。监理工作能力的提高，进一步规范了参建单位的行为，提高了工程的精益化管理水平，促进工程质量大幅提升。通过持续改进工程监理管理，凭借“主动、高效、协同”的服务品质，赢得了用户的信赖，为电网建设提供了更专业、更精细、更高效的工程建设服务，赢得了建设管理单位的高度认可，提升了专业话语权。

第七节 管住作业单元，全面实行驻队监理制度

输变电工程施工现场驻队监理管控措施典型案例

【摘 要】为贯彻落实《国家电网有限公司关于全面加强基建施工作业单元管控长效机制建设的通知》(国家电网基建〔2020〕625 号)，应进一步夯实施工作业单元管控，建立长效机制的工作要求，提升输变电工程建设监理管理标准化水平，进一步完善工程监理对工程施工的管控职能。结合项目管理部模式，推行驻队监理制度，确定驻队监理员工作职责，明确驻队监理员对作业层班组的日常管控工作要求，管控作业层班组人员到岗到位、现场工作计划和安全措施的落实。

【关键词】输变电工程；驻队监理；管控措施

一、背景描述

为汲取事故经验教训，针对输变电工程可能发生人身事故的施工现场关键点作业，制定切实可行的安全管控措施，坚决遏制人身事故多发势头，重建基建安全稳定局面，分析输变电工程施工现场各作业环节中可能导致人身事故的关键点，重点针对责任不落实、制度不落实、方案不落实、措施不落实问题，总结提炼出能够有效防止人身事故的关键措施。

二、创新亮点

（1）建立完善的安全质量管理体系。

（2）切实建立驻队监理作业许可机制。

（3）深入强化施工现场过程管控。

（4）建立驻队监理常态化报告和异常动态报告机制。

三、主要做法

（一）建立工作许可制度

建立工作许可制度，驻队监理对作业班组进行检查，满足要求后方可准许施工。重点检查下列内容：

（1）驻队监理对作业班组进行核查，进行入场验证，杜绝不符合要求的班组进入现场。

（2）驻队监理每日开工前审查开工条件是否满足要求。施工方案需完成报审，施工作业票需签发，班组人员需与施工作业票一致，新增人员需经过安全培训考试合格，特

种作业人员需持证上岗。

（3）检查现场安全文明施工配置是否符合要求，机械设备需与报审一致，施工人员安全防护措施落实情况。

（4）驻队监理监督班组切实执行站班会制度，确保“三交、三查”工作落到实处。

（二）建立工作交底制度

（1）总监理工程师必须组织施工现场全体监理人员，针对本工程施工特点、状况、工序安全技术要求、工序工作区域内主要危险作业场所和作业环境、危险源的控制措施、文明施工要求及个人防护要求等，分阶段进行安全预控措施交底。监理部应保留所有交底的记录。

（2）在正式开展监理工作前，项目安全总监必须向驻队监理进行安全技术交底，明确本工程的安全工作目标、工作制度、工作程序、监理措施和工作方法，对驻队监理的工作质量提出要求。

（3）在单位（分部）工程开工及整套启动移交生产前，总监理工程师及项目安全总监应明确各工序安全技术要求、工作区域内主要危险作业场所和作业环境、危险源的控制措施、文明施工要求及个人防护要求等，并向全体监理人员进行交底。

（4）在关键部位、关键工序、危险作业和特殊作业施工前，项目安全总监应向驻队监理进行安全检查签证、安全旁站和巡视等监理技术交底。

（5）项目安全总监应确认施工各班组工作计划、安全、技术要点，并在开工前向驻队监理进行交底。

（6）国家电网有限公司、省公司、建设公司下发的通知、要求等，驻队监理应在站班会时向班组人员进行宣贯交底。

（三）建立工作反馈制度

（1）驻队监理现场形成反馈机制，项目安全总监在工程开工前负责建立本工程驻队监理工作微信群。各驻队监理对工程现场情况应及时反馈，内容应实事求是，真实反映现场情况。

（2）每日开工后，驻队监理应向项目安全总监反馈班组站班会交底情况、施工内容、作业风险及班组人员组成。

（3）施工过程中存在安全质量问题或隐患的，驻队监理应要求施工班组立即整改，并及时上报项目安全总监。

（4）每日收工后，驻队监理应向项目安全总监反馈当天工作情况及次日工作计划。

（四）建立问题处理制度

（1）发生一般及以上事故时，驻队监理应立即用电话向项目总监理工程师进行汇报。总监理工程师根据《国家电网公司电力事故调查规程》《国网建设有限公司安全生产管理规定》和《生产安全事故报告和调查处理条例》，在规定的时间内，向有关方报告，严禁隐瞒事故。

（2）发现施工班组的安全文明施工管理混乱，驻队监理应及时制止。对拒不接受监理管理的，应及时向项目安全总监汇报，项目安全总监按有关规定进行罚款或暂停班组施工；对不服从管理或严重违章作业、野蛮施工、管理混乱的班组，应要求施工总承包商限期清退并严禁再次进场施工。

（3）发现施工班组采用不合格建筑材料、未按照设计图纸施工或施工工艺、方法不符合规程、规范和施工方案要求的，驻队监理应及时制止，并将问题及时上报项目安全总监，由项目安全总监协调总监理工程师进行处理。

（4）对发生的一般事故，监理项目部应监督施工承包商按“四不放过”原则进行安全事故处理，按规定进行工程安全事故统计，保留事故报告、处理、统计的所有记录。驻队监理配合事故处理，监督问题整改闭环。

（五）建立驻队监理日记制度

（1）驻队监理应每日及时填写驻队监理日记，填写驻队监理日记应遵循“日清日毕”原则。安全总监负责对驻队监理日记进行审核、签字，填写评价意见。

（2）驻队监理日记应注重事实，真实、准确、全面地记录班组施工相关问题。驻队监理日记须使用蓝黑（碳素）钢笔或黑色签字笔填写，字迹工整，文句通顺。

（3）监理人员填写监理日记时，应准确填写日期、星期、气候（包括气温、晴、雨、雪、风力、空气湿度等天气情况）及因天气原因而延误的工期情况。日期应为 8 位数格式；对当天出现异常气候时应描述清楚。

（4）驻队监理日记严格按照模板编制，应重点描述当天驻队监理工作开展情况，未发生项目可填“无”。

（六）建立考核评价制度

工程监理室对安全总监及驻队监理工作提出考核与评价，并与员工绩效考核、评优评先等挂钩。按照以下方式进行处理：

（1）安全总监及驻队监理工作过程中发生安全事故（事件）的，按照公司有关规定从严追究相关单位和人员的责任。

（2）因安全总监及驻队监理工作失误受到业主及上级通报批评的，结合问题通报、处理意见，约谈责任人，扣罚相应绩效。

（七）建立考试培训制度

（1）培训方式：公司培训与监理项目部集中培训相结合，线上培训与线下培训相结合。

（2）培训安排：一是项目安全总监应每两年参加省公司组织的基建安全培训，考试合格，取得省公司发放的基建安全培训合格证方可上岗；二是项目开工前，驻队监理员由监理项目部集中组织岗前安全、质量等方面的培训，考试合格后方可入场。同时根据工程进度分阶段对驻队人员进行阶段性工作的分期培训。

（3）培训内容：一是项目安全总监应熟悉国家安全法律法规，掌握电力建设工程监理规范、安全强条以及国家电网有限公司基建管理通用制度、标准以及电力安全工作规程；二是驻队监理应在安全总监、安全监理师的指导下开展工作，掌握电力安全监理工作要点，包含电力安全工作规程、作业层班组管控要求、作业票审核要求，熟练使用基建“e 基建”；三是安全专项活动（行动）期间，项目安全总监应组织驻队监理开展相应安全活动、安全日学习。

四、结果评析

（1）强化安全风险管控。工程建设达到预期安全目标，未发生任何安全事件，人身安全、设备安全、电网安全，实现“零事故”。

（2）夯实质量发展之基。制定完善质量管理组织制度和管理措施，加强每一道工序的过程控制，对各项准备工作及影响质量的各因素和有关方面进行质量控制。

（3）提能升级提质增效。监理项目部人员业务技能水平、工作效率和工作质量持续提升，同时协同业主、施工单位高效配合，以绩效考评为手段，加强督促检查，严格责任追究，推动工作落实，着力提高素质、加强思想教育、解决突出问题、落实发展责任、完善体制机制，治庸提能力、治懒提效率、治散正风气，以模范行为提速，以优质服务提质，以一流工作增效，为电网建设奠定坚实的基础。

第八节　抓住项目关键人员，确保基建安全生产

研制基建项目关键人员考试系统典型经验案例

【摘　要】“抓住项目关键人”是落实国网基建改革的一项重要举措，项目关键人员培训考试合格，既是避免和减少伤亡事故的前提和基础，同时也是保证企业安全生产、降低事故频率、实现安全生产目标的重要措施。传统考试模式组织流程周期长、评卷时效性差，难以避免相邻考生作弊、抄袭等问题，同时受疫情影响不能实时组织现场集中考试。因此，亟须研发一种在线考试系统，以满足基建项目关键人员培训考试需求，解决传统考试模式各种弊端，提升基建项目关键人员管控水平。

【关键词】关键人员；考试系统；安全管理

一、背景描述

“抓住项目关键人”是国家电网有限公司为深入贯彻落实“安全发展、生命至上、安全第一”的理念，深刻汲取江西丰城“11・24”事故及“5・7”“5・14”事故教训，进行的“深化基建队伍改革、强化施工安全管理”12 项配套政策落实中的重要环节，培训

教育考核是关键人员全过程管控中的一项重要内容。通过项目关键人员的教育培训及考核，使其具备必要的专业技术知识、安全知识、安全操作技能，并且形成安全生产的观念，为其在工作岗位上安全生产提供必备的安全素质。

传统培训考试（如图 2－9 所示）环节多，组织流程周期比较长；评卷时效性比较差；考试成本较大，考务人员较多。且由于参加培训考试人员为项目关键人员，集中脱岗培训考试势必会对工程建设进度造成影响。

图 2－9　传统培训考试

二、创新亮点

在线培训考试系统是一种现代的全新的培训考试模式。用户可根据自身特点快速构建集考试、测评、练习、竞赛、调查、分析及管理于一体的网络化考试平台，可轻松完成全员考试、技能考核、岗位评估、能力测试、招聘评鉴、新员工入职考评、需求调研、问卷调查以及知识竞赛等工作。相比于传统培训考试，在线培训考试系统具有以下优势：

（1）支持多终端切换，PC 端与手机端均可答题，不受考试环境限制。

（2）出题人员可以直接选题组卷，也可以按比例抽题组卷（固定试卷、随机试卷）。

（3）答考界面可设置多种考试参数，适应各种考试场景。

（4）一键导入试题，方便快捷。

（5）智能判分，取消人力判卷，客观公平。

（6）可根据考试结果生成并导出考试分析报告。

（7）考试结束后，考生可自行查询得分、排名和报告，为用户节约 90%的时间。

三、主要做法

（一）设定目标及可行性分析

1. 非量化目标

在后台建立通用知识和专项技能相结合的培训数据库体系，根据项目管理关键人员、作业层骨干和核心分包队伍不同的知识和技能需要，建立相应的培训数据库，针对不同岗位、不同专业甚至不同工序的培训和考核功能随机生成试卷。有效减少人力投入，仅在题库录入阶段和考前参数设置阶段设置 1 名系统维护操作人员。

2. 量化目标

自动判分并排序时间小于 10s，客观题目阅卷评分准确率达 100%。

3. 目标可行性分析

在操作系统中，响应时间指用户发出请求或者指令到系统做出反应的时间，包括系统响应时间和液晶屏呈现时间。我们选用专用工具来测试软件指令的系统响应时间。由测试结果可知系统响应时间平均为 6.408s，而液晶屏显示屏的呈现时间一般为 25ms，所以一般操作系统的响应时间小于 10s。通过对培训考试系统工具进行设计与优化，可以将自动判分、排序时间控制在 10s 以内。该系统可以在后台题库中自动检索试卷题目的正确答案，并通过对比得知该题的对错，故可以实现试卷客观题目判阅准确率达 100%。

（二）技术方案

小组研制的思路与预期效果应结合工程项目实际，本着便捷高效、界面友好、功能实用、操作简单、安全可靠的原则进行。目标确定后小组成员收集了大量资料，对所研制产品的性能进行了分析。

1. 方案的初步分解

通过分析可知，本次活动的核心任务为：实现出题人员可根据需要从题库中随机抽选生成试卷；同一份试卷可完全随机打乱顺序发给不同人员；可在多终端答题且不能作弊，答题过程中一旦切换画面，系统将默认自动交卷；答好上交后可以自动判分。通过对网络开发模式的选择实现不同工作站对主服务器的访问与调用，实现不同地点对数据的编辑、访问、调用。小组成员确定研发基于 PC 及手机端的基建项目关键人员考试系统，此方案能够有效解决作弊现象。小组对方案进行初步分解，系统共分为五大单元，如图 2－10 所示。

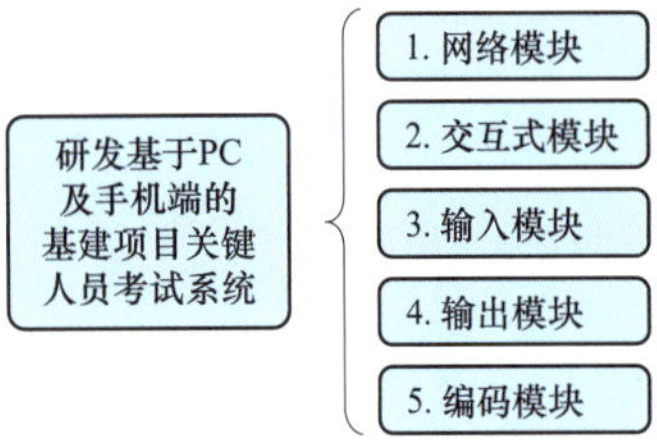

图 2－10　方案初步分解图

2. 方案Ⅱ级分解

网络模块：采用浏览器/服务器（Browser/Server，B/S）模式，在这种结构下，用户工作界面是通过 IE 浏览器来实现的。其优点为 B/S 模式能实现不同人员从不同的地点以不同的接入方式访问和操作共同的数据，运行维护方便。

用户登录界面：通过验证用户名密码，获得该用户在平台中的角色及权限，允许该用户访问不同模块中的部分或全部功能。其优点为分层分级设置专用账号密码，安全性高；可设置管理员权限，便于维护。

题库输入单元：采用格式统一的 Excel 表格，将基建项目关键人员各专业题库导入系统。其优点为采用表格导入模式，减少了人工输入工作量。表格导入须有特定的格式、模板，需要在系统内建立题库输入模板格式。

试卷生成及自动判分、排序单元：采用随机生成试卷，自动判分并排序模式。出题人员可根据需要从题库中抽选题目，按照应试人数随机组成不重复试卷。考试人员答题完成后提交试卷，系统能快速完成试卷评判，并指出错误问题。根据分数高低，后台自动对应试人员成绩进行排序。其优点为应试人员可直接在手机或电脑上进行答题，方便、快捷；出题人员可根据不同专业要求，从相应题库中抽取题目形成随机试卷；应试人员试卷题目各不相同，最大可能减少作弊；手机答题完成上交后可以自动判分并自动排序，手机画面切换系统将默认自动交卷。

手机端编程语言：采用 Java 语言开发，Java 技术具有卓越的通用性、高效性、平台移植性和安全性，广泛应用于个人 PC、数据中心、游戏控制台、科学超级计算机、移动电话和互联网。在全球云计算和移动互联网的产业环境下，Java 更具备显著优势和广阔前景。其优点为完全面向对象性，适用于分布式计算环境；编程语言简单，适用于 Web 浏览器、网络应用系统。

PC 端编程语言：后台管理部分采用 PHP 语言，PHP（超文本预处理器）是一种通用开源脚本语言，语法吸收了 C 语言、Java 和 Perl 的特点，易于学习，使用广泛，主要适用于 Web 开发领域。该语言跨平台、性能优越、语法简单，目前主流技术都支持。其优点为性能比较优越，有比较完整的支持和成熟的框架。

通过方案Ⅱ级分解比较，小组最终确定了最佳方案，如图 2－11 所示。

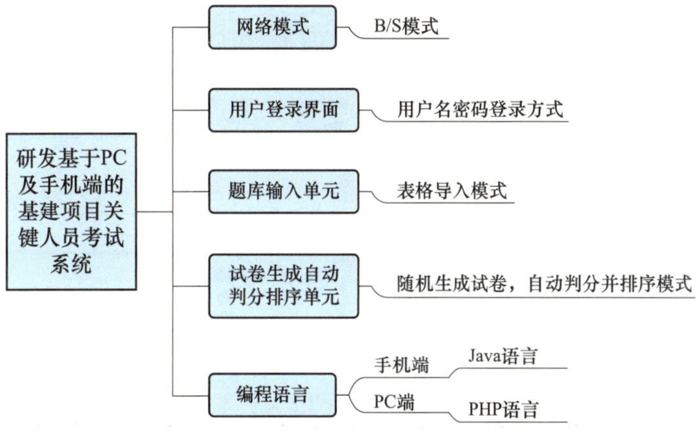

图 2－11　最佳方案

3. 对策实施

有了最佳方案，小组根据“5W1H”的原则制定了活动对策，并逐条实施。采用 B/S 模式，建立网络连接，实现不同工作站对主服务器数据的编辑、访问、调用。设计用户名密码登录方式，用户可在 PC 端输入网址或使用微信扫描二维码进入登录界面（如图 2－12、图 2－13 所示），实现统一的资源入口、分层分级设置权限。

图 2－12　PC 端登录界面

图 2－13　手机端登录界面及首页界面

本系统题库输入模式采用 Excel 表格导入模式，能方便、快捷地录入各专业题库。Excel 表格录入模式界面提供了 Excel 表格模板（如图 2－14 所示），并有详细的录入方法说明，保证了操作人员在使用表格录入题库时的准确性与便捷性。出题人员根据考试需要进行考试参数设置（如图 2－15 所示），从题库中随机抽选试题，自动生成考试试卷。应试人员登录考试界面后即可点击参加考试。考试过程中如果存在切换手机画面的现象，试卷将默认自动交卷，最大限度地杜绝作弊的可能。考试完成后，点击“交卷”，后台自动判分，并根据考试成绩的高低自动进行排序。

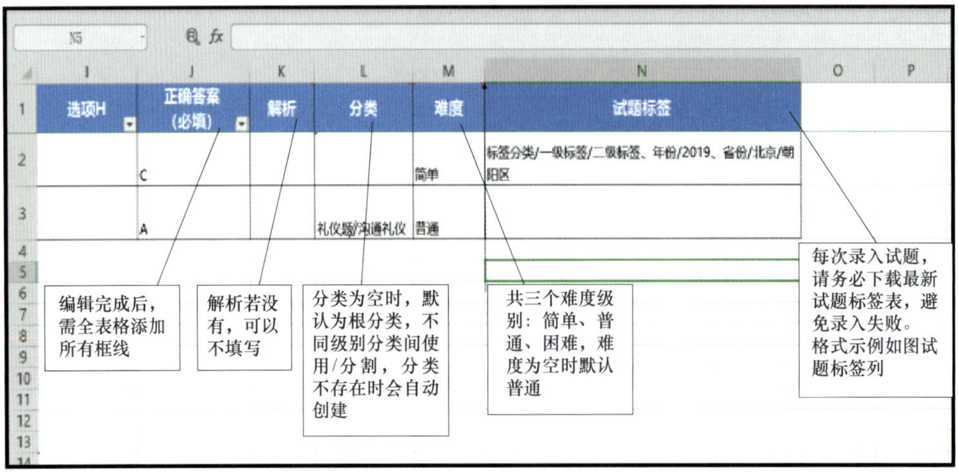

图 2－14　Excel 题库录入模板

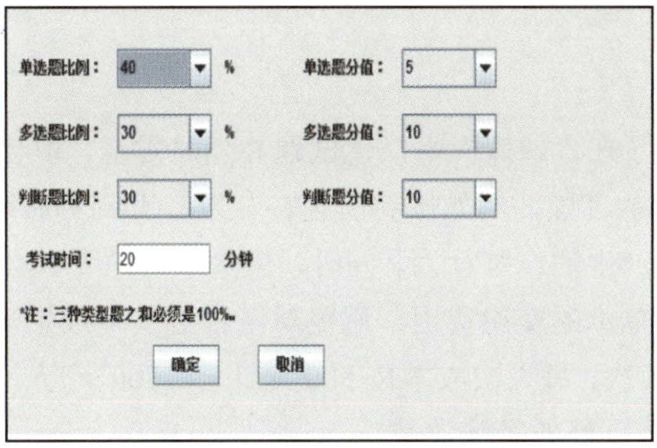

图 2－15　考试参数设置界面

（三）推广应用情况

小组抽取公司监理的 25 项工程中的 5 项，对其关键人员进行随机抽取考试，每次完成后对自动判分及排序时间情况进行统计，应用基建项目关键人员持证上岗考试系统，系统自动判分及排序时间为 1.64s，实现了既定目标。小组对 5 项工程关键人员考试评分及排序的正确性进行检查，通过人工复核对成绩、排序与自动判分、排序正确性进行对比，得出考试系统评分准确率为 100%。手机端考试界面、自动判分界面、自动排序界面如图 2－16 所示。

图 2－16　手机端考试界面、自动判分界面、自动排序界面

四、结果评析

该成果的应用实现了在“题库”中创建试题并随时发送，取代以往的“成套”考试。免除以往书面考试的复杂流程，例如试卷出题、分发、存储和跟踪试卷，且最大限度消除了因使用一张试卷而产生的作弊行为。同时，免除了组织考试必需的场地及监考人员，减少了因考试而需往返单位的交通费用，避免对工程进度造成影响，节约成本约 6 万元（每年培训考试按 200 人次，每人次成本按 500 元计算：500 元/人次×200 人次 – 开发成本 4 万元=6 万元），取得了良好的经济效益。

第九节　基于“六化”管理的电网建设安全文明施工

输变电安全文明施工标准化优势提炼典型案例

【摘　要】为统筹电网建设“安全第一、质量至上、效率为要、成本是基”四个维度，严格落实《国家电网有限公司输变电工程安全文明施工标准化管理办法》工作要求，建立并保持文明和谐、整洁有序、安全高效的基建工程现场，通过实施施工要素配置标准化、安全施工组织规范化、作业现场清扫模式化、施工现场管理流程化、作业风险防控定制化、施工安全管理信息化“六化”管理，打造电网建设安全文明施工标准化样板工程。

【关键词】电网建设；安全文明施工；标准化管理

一、背景描述

当前电网建设基建现场安全文明施工还存在一些隐患。一是现场安全文明施工差，特种作业设备、施工工器具摆放使用不规范，输变电工程安全文明施工标准化落实不到位；二是工程施工涉及视频监控系统、风险许可 App、基建“e 安全”等多个系统应用，使用要求多、标准高，现场应用与实际情况存在“两张皮”现场；三是现场施工安全交底层层衰减，一线施工作业人员安全意识淡薄，对施工安全风险防控措施不熟悉、不了解。针对以上问题，我们结合现场实际，通过在现场实行施工要素配置标准化、安全施工组织规范化、作业现场清扫模式化、施工现场管理流程化、作业风险防控定制化、施工安全管理信息化“六化”管理，打造电网建设安全文明施工标准化样板工程。

二、主要做法

（一）施工要素配置标准化

（1）安全风险：每项施工作业前，由施工单位根据该项施工作业需要的基本规范、标准及重要通知，明确施工关键风险点和管控措施，报监理项目部审核。

（2）方案作业票：施工单位整理施工方案是否满足规程规范要求，是否按要求进行编制审批；整理施工作业票所列作业必备条件、风险控制措施是否正确、齐备。整理完成后报监理项目部审核确认。

（3）设备材料：按照《国家电网有限公司输变电工程安全文明施工标准化管理办法》的“输变电工程安全文明施工设施标准化配置表”要求，结合施工方案及作业内容，整理施工所需的设施设备配置情况，整理所需材料储备报审情况。整理完成后报监理项目部审核。

（4）人员配置：施工项目部整理施工管理人员、班组骨干人员、特种作业人员、分包作业人员配置及报审情况，报监理项目部审核确认，同时，监理项目部整理监理人员配置情况。

（5）信息系统配置：施工项目部整理视频监控系统、风险许可 App、基建管理 App 配置情况，报监理项目部审核确认。

（二）现场安全施工管理规范化

一是合理制订风险作业计划。在对施工现场各要素进行整理完成后，由施工项目部根据整理的各项资源配置情况，合理安排施工作业计划。业主项目部组织监理项目部对施工所列计划进行审核，严禁施工单位安排超出施工承载力的施工计划。同时，组织“四不两直”检查，坚决杜绝无计划施工。

二是整顿现场施工布置。施工单位严格按照输变电工程标准化管理办法，落实施工区布置标准化各项要求，在每个施工现场绘制定置图。监理项目部根据标准要求进行检查确认。杆塔组立现场布置示例及实例如图 2－17、图 2－18 所示。

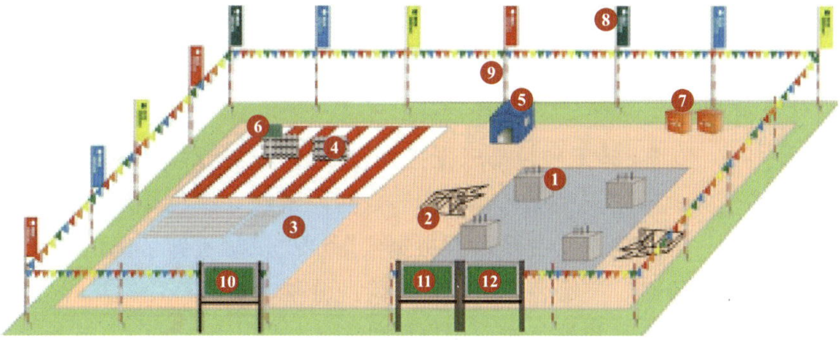

图 2－17　杆塔组立现场布置示例

（三）作业现场清理模式化

（1）清理施工现场。施工现场严格落实工完、料尽、场地清的要求，每日施工结束后，由施工项目部根据今日工作完成情况，明确需要清退的废弃品或不良品并及时清退出场。

图 2-18　杆塔组立现场布置实例

（2）清点设备材料。建立试验设备、机械设备、工器具、材料抽查机制，每日开工前，由监理项目部对现场相关设备材料进行抽查，建立抽查记录并及时清退检查不合格和未报审的相关设备材料。

（四）施工现场管理流程化

为进一步巩固整理、整顿、清扫的施工现场管理成果，保持良好的施工现场环境。我们通过“清洁”环节，梳理并固化施工现场整理、整顿、清扫的管理流程（见表 2-2）。

表 2-2　施工现场清理流程

节点名称	具体流程	相关资料
执行清单风险计划现场布置清理	整理标准规范—整理方案作业票—整理设备材料—整理人员配置—整理信息系统配置	《基建施工作业标准化执行清单》
	合理安排风险作业计划、整顿现场施工布置	《日报》《现场施工布置定置图》
	清理施工现场、清点设备材料	《每日站班会及风险控制措施检查记录表》《试验设备、机械设备、工器具、材料每日抽查》

（五）施工作业风险防控定制化

推广应用施工安全风险公示告知工作。

1. 工程开工前风险交底初勘及管控措施公告

公示形式及内容：以审定文件形式下发施工安全管控措施及施工安全风险识别、评估清册。

公示对象：业主、监理、施工项目部全体人员。

2. 施工作业前风险复测评估及管控措施公告

公示形式及内容：监理、施工项目部应张挂“三级及以上施工现场风险管控公示牌”，将三级及以上风险作业地理位置信息、作业内容、风险等级、颜色标示、工作负责人、现场监理人员、计划作业时间进行公示，并根据实际情况及时更新，确保各级人员掌握作业风险。为区别风险等级，三级、四级作业风险应分别以黄、橙色标注和数字标注。

公告对象：各级管理人员和施工作业层班组骨干人员。

3. 每日作业前风险交底及管控措施公告

（1）编制现场作业“一板五卡”。“一板”指施工现场看板，展示工作时间、工作任务、风险点及控制措施、风险到岗到位签名、施工平面布置图。“五卡”包括施工作业票、每日站班会记录、施工方案、施工安全管控措施和疫情防控卡。通过在作业现场设置“一板五卡”，实现对现场作业人员的安全风险公示。

（2）作业负责人负责编制“安全风险告知卡”。根据当日施工内容，按照现场作业人员工作内容和工作种类，将施工关键点作业安全控制措施进行细化分解，明确现场每名作业人员在施工过程中存在的安全风险和需要执行的安全管控措施。

（3）在施工安全风险及管控措施交底后，由施工作业负责人以提问的方式，随机抽取3～5名施工人员对“安全风险告知卡”的内容进行提问，让每位班组成员主动思考，分别说出自己的安全责任、风险和措施，使一线作业人员对责任、风险和措施做到“说得出、记得住、落得下”。

（六）施工安全管理信息化

1. 开展入场《安规》考试

使用国家电网有限公司“移动考场”App 进行线上《安规》考试，省送变电及集体企业考试由各单位自行组织，系统外企业由业主单位组织进行，未通过入场《安规》考试人员不得入场工作。

2. 深化应用基建管理 App

编制基建“e安全”操作手册，对现场人员配置管理、考勤管理、培训及抽考、施工作业计划管理和施工风险及作业票管理等操作流程进行梳理。建立完善基建“e安全”深化应用指标体系，对各工程使用情况进行考评。通过基建“e安全”的规范使用，提高现场施工安全管理水平，确保现场安全管理人员严格按照基建施工现场安全管理流程施工。

3. 应用关键风险点许可 App

依据省公司下发的《国网山东省电力公司关键风险点管控App应用的36个模板》要求，严格落实关键风险点许可App应用流程。

三、结果评析

以沂蒙抽水蓄能500kV线路工程为载体，针对人工挖孔桩逐层往下循环作业（坑深小于等于15m）为工序，开展了“六化”管理模式试点工作。

首先在施工前，制定基建施工作业标准化执行清单（见表2-3）。

表2-3　建施工作业标准化执行清单

<table>
<tr><td colspan="5">一、安全风险整理情况</td></tr>
<tr><td>关键风险点名称</td><td colspan="3">管控要点提炼</td><td>监理审核确认</td></tr>
<tr><td>中毒、窒息</td><td colspan="3">人工挖孔桩基础当孔深超过5m时，宜用风机或风扇向孔内送风不少于5min。排除孔内浑浊空气。孔深超过10m时，应有专用风机向孔内送风。风量不得少于25L/s</td><td>√</td></tr>
<tr><td colspan="5">二、方案作业票整理情况</td></tr>
<tr><td>方案名称</td><td colspan="4">人工挖孔桩基础专项施工方案</td></tr>
<tr><td>作业票名称及编号</td><td colspan="4">人工挖孔基础施工作业B票</td></tr>
<tr><td>方案审批流程是否完成</td><td>施工确认</td><td>√</td><td>监理审核</td><td>√</td></tr>
</table>

续表

作业必备条件是否正确、齐备	施工确认	√	监理审核	√
风险控制措施是否正确、齐备	施工确认	√	监理审核	√

三、设备材料整理情况

重要设备材料名称	配置数量	报审情况	监理审核确认
鼓风机	3	已报审	√
气体检测设备	3	已报审	√

四、人员配置整理情况

人员类别	配置情况		监理审核确认
监理到位人员	姓名	××	
	职务	专业监理工程师	
施工管理人员（专业分包）	姓名	××	
	职务	安全员	
班组骨干人员	班组长		
	安全员		
	质检员		
特种设备人员	机械设备名称		
	操作人员		
	证件名称		
分包队伍人员	分包队伍名称		
	分包人员数量		

五、信息系统整理情况

系统名称	系统信息		监理审核确认
视频监控系统	编号		
	设备状态		
基建管理 App	账号		
	功能		
风险许可 App	账号		
	功能		

一是制订合理的人工挖孔桩基础施工工作计划（见表 2–4），取消超出施工承载力的施工计划。

表 2–4　　人工挖孔桩基础施工作业计划表

单项工程名称	作业任务	现场地址	风机数量	作业计划时间
沂蒙抽水蓄能电站—沂蒙变电站 500kV 线路工程	N24 人工挖空基础施工	山东省临沂市兰陵县沂水县泉庄镇桃花源休闲旅游区	1	2020–06–13—2020–07–03

二是绘制现场施工布置定置图，要求施工单位按照定置图布置施工现场。

三是清理施工现场。每日施工结束后，需要将扩孔范围内的土方及时清除。次日开工前，再次检查扩孔范围内是否有未清理的土方。清点设备材料。

（1）监理人员每日抽查现场通风设备、气体检测设备等工作情况，并建立检查保养记录。

（2）建立通风设备使用记录表（见表2-5）。

表2-5　　人工挖孔桩基础通风设备使用记录表

单项工程名称	作业任务	现场地址	风机数量	风机使用时间
沂蒙抽水蓄能电站—沂蒙变电站500kV线路工程	N24人工挖空基础施工	山东省临沂市兰陵县沂水县泉庄镇桃花源休闲旅游区	1	9:00—9:10
				11:00—11:10

四是固化人工挖孔桩基础整理、整顿、清扫流程（如图2-19所示）。

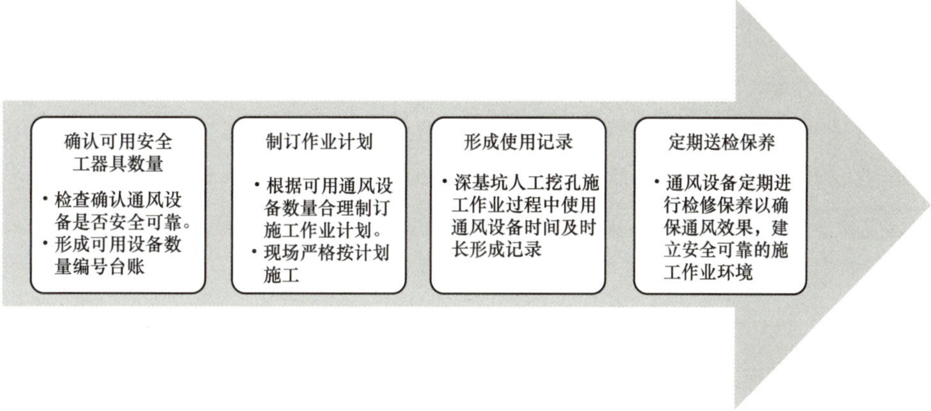

图2-19　固化人工挖孔桩基础整理、整顿、清扫流程

五是做实开工前、每项作业前和每日作业前安全风险的复测、评估和交底。三级以上施工现场风险管控公示牌如图2-20所示，施工现场看板如图2-21所示。

图2-20　三级以上施工现场风险管控公示牌

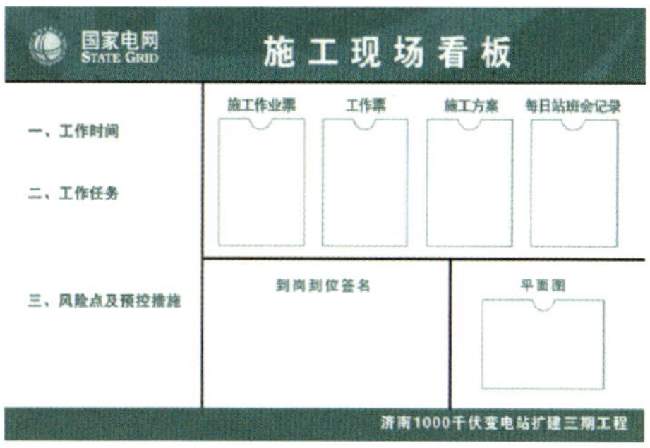

图2-21　施工现场看板

六是核查施工人员入场《安规》考试成绩，规范使用基建管理 App，完成现场人员配置管理、考勤管理、培训及抽考、施工作业计划管理和施工风险及作业票管理等流程。

通过在沂蒙抽蓄工程实施“六化”管理模式，瞄准了目前基建施工现场安全管理的薄弱点，覆盖了现阶段基建施工安全管理的关键点，使施工要素配置标准化、安全施工组织规范化、作业现场清扫模式化、施工现场管理流程化、作业风险防控定制化、施工安全管理信息化。切实提高了施工现场安全文明施工水平，提升了施工作业人员的安全防范意识和能力，真正塑造了文明和谐、整洁有序、安全高效的基建工程现场，具有很强的实践指导意义和推广应用价值。

第十节　“六到位一规范”为变电站扩建工程保驾护航

济南特高压扩建工程典型经验案例

【摘　要】根据“6S”安全管理要求，济南特高压扩建工程将“六到位一规范”首次引入电网建设现场，主要适用于变电站扩建工程等相对固定且工序复杂、风险等级较高的施工作业，通过规范作业行为和现场环境，提高作业效率的同时培养作业人员的规范化作业意识，促进安全管控措施落实及本质安全水平提升。

【关键词】特高压；电网建设；“六到位一规范”

一、背景描述

习近平总书记提出“人民至上、生命至上”，全面推进输变电工程施工现场“六到位一规范”管理模式是保障电网建设安全的必然需要，是“6S”管理模式（整理、整顿、清扫、清洁、素养、安全）的具体体现，是指导现场规范作业的有效手段。

二、创新亮点

根据“6S”安全管理要求，将“六到位一规范”首次引入电网建设现场，主要适用于变电站扩建工程等相对固定且工序复杂、风险等级较高的施工作业，通过规范作业行为和现场环境，提高作业效率，同时培养作业人员的规范化作业意识，促进安全管控措施落实及本质安全水平提升。

“六到位”是指“一板四卡”执行到位、承分包队伍管控到位、视频监控使用到位、风险管控到位、安全督查到位、党员反违章到位。“一规范”是指安全管理规范。

三、主要做法

严格落实国家电网有限公司十二项配套措施要求，变电站扩建工程现场宜结合“6S”管理要求，落实“六到位一规范”安全管理要求，确保“一方案一措施一张票”发挥实效。“六到位一规范”宣传栏如图 2－22 所示。

图 2－22 “六到位一规范”宣传栏

1.“一板四卡”执行到位

“一板”为施工现场看板，展示工作时间、工作任务、风险点及控制措施、到岗到位签名、平面图；“四卡”为施工作业票、变电工作票（针对改扩建变电工程）、施工方案、每日站班会记录。

说明：① 风险点及防控措施：应逐条填写当前作业风险点及相应防控措施。② 平面图（电气主接线图）：如果现场存在停电作业，可以用红色、蓝色区分带电设备与不带电设备；蓝色表示作业区域，红色表示带电区域。

2. 承分包队伍管控到位

设置“承分包队伍资质看板”（如图 2－23 所示），分为“项目单位证件公示”“施工人员证件公示”两部分，将承分包单位资质、施工项目部经理资质证书、特殊工种证件等上板公示。

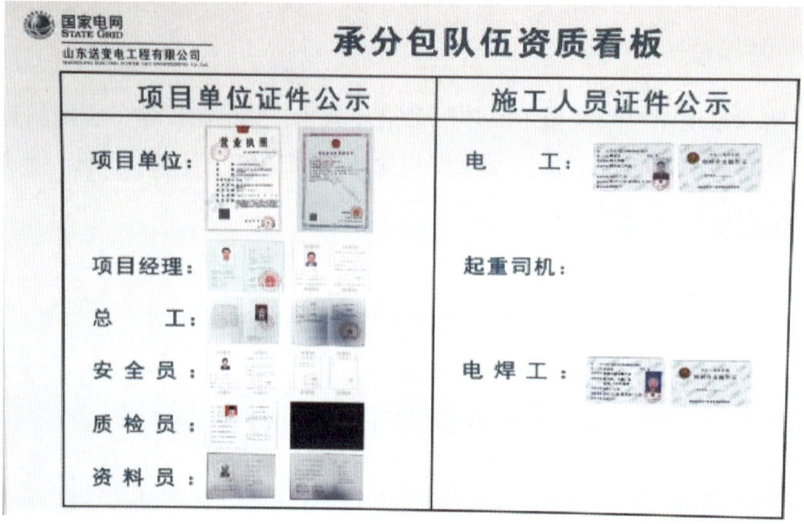

图 2-23 承分包队伍资质看板

说明：① 将承分包单位资质（营业执照、法人资格证书）、业务资质（建设主管部门和电力监管部门颁发的证书）和安全资质（安全生产许可证）等上板公示。② 将施工项目经理、总工、安全员、质检员以及特殊工种作业人员的资质证书等上板公示。

3. 视频监控使用到位

根据国家电网有限公司、省公司有关要求，业主项目部下发《关于加强现场视频监控系统应用的通知》，进一步明确使用要求、各方责任。现场按要求配置视频监控系统（如图 2-24 所示），明确视频使用要求、各方责任，充分发挥视频监控系统的监督检查作用，实现全过程安全监督到位。

图 2-24 现场视频监控系统

4. 风险管控到位

设立“施工现场风险管控机制牌”，分为“三级及以上风险汇总”及“三级及以上风险动态管控”两部分，强化对三级及以上风险进行管控。

说明：① 三级及以上风险汇总：公示工程全部三级及以上风险。② 三级及以上风险动态管控：公示近期开展的三级及以上施工风险，包括作业时间、地点、内容、工作负责人及现场监理等信息。

5. 安全督查到位

设立“安全检查看板”（即“周查禁违章看板”，如图 2-25 所示），一是通报每周安全检查重点内容，二是通报周查禁结果，对违章情况进行晾晒。

图 2-25　安全督查工作看板

6. 党员反违章示范到位

制作“党员身边无违章展板”，公示项目部党员反违章组织机构（如图 2-26 所示）、党员宣誓及党员身边无违章工作准则。现场深入开展“党员带头不违章、党员带头查违章、党员身边无违章”活动，切实发挥党员突击队的战斗堡垒作用，如图 2-27 所示。

7. 安全管理规范

（1）管理体系运转规范化。建章立制，落实安全管理实效，建立安全转序机制、周查禁机制、交叉互查机制、周报月报机制、违章曝光机制等，定期开展安全教育培训，规范主题安全日活动流程，规定动作不走样。充分发挥“两体系一平台”作用，一是主动把监督体系请进来，助力现场安全文明施工水平提升；二是成立党员突击队，充分发挥现场安全保证体系作用。

图 2－26　反违章组织机构

图 2－27　安全生产月、党员突击队现场反违章行动图

（2）安全文明施工规范化。规范“四牌两图”（如图 2－28 所示）布置、规范人员车辆机械进出站管控、规范扩建区与运行区隔离围栏、规范安全标识使用、规范防扬尘密目网覆盖、规范移动式工器具箱使用等。

“四牌两图”布置规范。进站处设置“四牌两图”——工程项目概况牌、工程项目管理目标牌、工程建设管理责任牌、安全文明施工纪律牌，以及应急救援路线图及施工总平面布置图。

图 2－28 “四牌两图”

人员车辆机械进出站管控规范。使用人车管理系统，进站门安装闸机（如图 2－29 所示），设立门卫室，专人负责门卫工作，把好入口关。

图 2－29 进站门闸机

扩建区隔离示意图及围栏。进站处设扩建区隔离示意图展板（如图 2－30 所示），全站采用硬质隔离围栏对扩建区域与运行区进行隔离，满足安全距离要求，隔离围栏设置相应的安全警示标志。

图 2-30　隔离示意图展板

四、结果评析

推广“六到位一规范”，保障工程持续向好发展。济南特高压扩建工程在建设过程中，将“六到位一规范”与“6S”管理相结合，完善了现场安全管理体系，规范了作业现场安全文明布置，培养了作业人员安全作业意识，规范了作业人员行为。该管理模式大力推广应用到闻韶站、光州站等多个变电站扩建工程中，均取得良好效果，有效提升了现场安全管理水平，促进了现场安全管控措施落实，确保了工程安全优质高效推进。

第十一节　输变电工程建设安全管理“五好”示范工地创建实践

光州 3 号主变压器扩建工程典型经验案例

【摘　要】为全面贯彻党中央、国务院关于安全生产的决策部署，牢固树立安全发展理念，深入开展输变电工程建设“坚守底线、夯实基础、创新提升”安全主题活动，全面创建输变电工程建设安全管理“五好”（安全管理策划好、作业单元建设好、管控要求落实好、绿色施工效果好、标杆示范引领好）示范工地，并以示范工地创建评比为抓手，进一步深化作业单元管控长效机制建设，持续推进“四个管住”现场应用，全面提升公司输变电工程建设安全管理水平。

【关键词】输变电工程；安全；示范

一、背景描述

2021 年 6 月 30 日，国网基建部印发《关于创建输变电工程建设安全管理“五好”示范工地的通知》，通过创建活动进一步加强输变电工程建设安全管理工作，通过标杆引领、示范先行，总结固化近年来输变电工程建设安全管理成果，筑牢安全管理基础。

二、创新亮点

建设公司及时组织学习和传达了国家电网有限公司、省公司的各类文件精神，结合公司实际，研究制定创建输变电工程建设安全管理“五好”示范工地的建设方案，光州主变压器扩建工程积极组织开展反违章治理、安全月、安全日等专项活动，强化分包管理、风险管理、安全强条的执行，落实“五好”示范公司创建的各项要求，工程建设期间实现既定安全目标。

三、主要做法

（一）安全管理策划好

1. 工程总体进度符合要求

根据进度计划管理办法中关于扩建工程合理工期的要求，结合光州 500kV 变电站扩建工程，本工程于 2021 年 6 月底开始动工，2021 年 11 月土建交付电气安装，2022 年 3 月底竣工投运，工程总体进度计划和整体建设工期合理。工程施工进度横道图如图 2 – 31 所示。

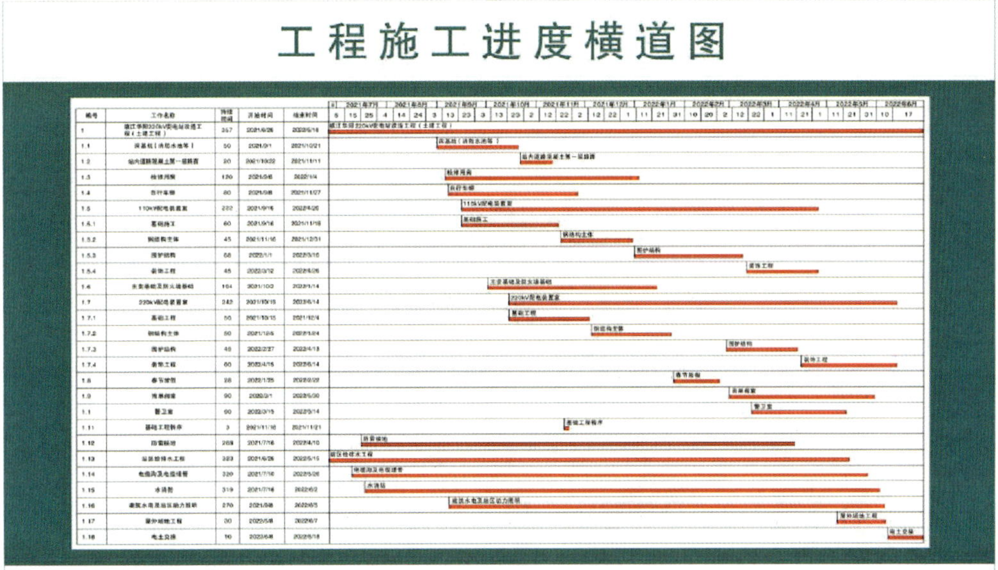

图 2 – 31　工程施工进度横道图

2. 消防安全管理符合要求

易燃易爆物品、仓库、宿舍、办公区、加工区、配电箱及重要机械设备附近，按规定配备合格、有效的消防器材，并放在明显、易取处。消防器材使用标准的架、箱，应有防雨、防晒措施，每月检查并记录检查结果，定期检验，保证处于合格状态。现场消防器材布置如图 2－32 所示。

图 2－32　现场消防器材布置

3. 应急管理

将班组纳入项目部应急工作组，参加应急演练，参与应急救援。施工现场配备急救器材、常用药品箱等应急救援物资（如图 2－33 所示），施工车辆配备医药箱，并定期检查其有效期限，及时更换补充。班组人员参加项目部组织的应急管理培训，全员学习“紧急救护法”，会正确解脱电源，会“心肺复苏法”，会止血、会包扎，会转移搬运伤员，会处理急救外伤或中毒等。

图 2－33　班组应急物资齐全

4. 疫情防控管理

项目部应对进场作业人员活动轨迹进行排查，作业人员进场前应汇总上报进场人员信息，若发现与确诊、疑似病例或与疫情高发区归来人员有密切接触的，应立即隔离，不予入场，并立即报告属地社区、街道（乡镇）相关部门。要严格落实参建人员实名制管控要求，组织对进场人员进行实名登记，最大限度地减少现场人员流动；对所有进入现场人员一律测量体温，发烧、咳嗽等症状者禁止进入工地；确保做到“早发现、早报告、早隔离、早处置”。班组防疫物资如图 2－34 所示，防疫工作宣传板如图 2－35 所示。

图 2－34　班组防疫物资

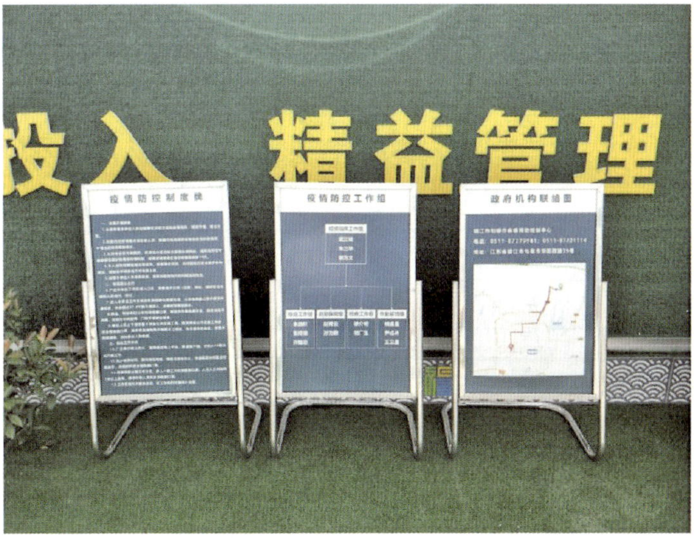

图 2－35　防疫工作宣传板

5. 机具装备管理有序

（1）日常管理严格细致：设置独立的施工工具、安全工具临时摆放区域，用货架摆放整齐，定置管理，标识清楚、规范，并应有防火、防潮、防虫蛀、防损坏等可靠措施。

（2）进场设备材料应分区堆放和管理，不得随意更换位置，堆放要整齐、有序、有标识。各现场材料和工器具等应表面清洁、摆（挂）放整齐、标识齐全、稳固可靠（如图 2-36 所示），中、小型机具露天存放应设防雨设施。

图 2-36　材料和工器具摆放整齐

（3）设专人管理，建立工具定期检查和预防性试验台账（见表 2-6），做到账、卡、物相符，试验报告、检查记录齐全。每月例行检查、维护，确保工具完好，发现不合格或超试验周期的应另外存放并做出禁止使用标识。

表 2-6　　施 工 机 具 台 账

机械名称	规格型号	检验证编号	检验员	检验结果	有效期至
钢筋弯曲机	GW40B			合格	2022-03-08
钢筋弯箍机	GF25S			合格	2022-03-08
钢筋切断机	GQ40 型			合格	2022-03-08
木工圆盘锯	MJ10			合格	2022-03-08
混凝土搅拌机	JZC350			合格	2022-03-08
电焊机	BX1-315-1			合格	2022-03-08
砂轮切割机	J3G-400A			合格	2022-03-08

续表

机械名称	规格型号	检验证编号	检验员	检验结果	有效期至
混凝土振动器	ZN90 型			合格	2022-03-08
混凝土磨光机	90 型			合格	2022-03-08
混凝土切缝机	QF400			合格	2022-03-08
电钻	Z1J			合格	2022-03-08
电锤	Z1C-JX-28			合格	2022-03-08
潜水泵	WQDX8-24-1.1			合格	2022-03-08
角向磨光机	MT963			合格	2022-05-29
电动套丝机	Z1T-Z2C			合格	2022-05-29
平立弯组合机	YMPL125×12.5			合格	2022-05-29
试压泵	KQ-58			合格	2022-05-29

（二）作业单元建设好

1. 人员组织得当

班组成员准入满足要求，协同配合熟练高效。班组设置班组负责人、班组安全员、班组技术员；现场作业人员按专业设置高空作业、起重操作、测量、机械操作等技能岗位，其余均为一般作业岗位。班组设置必须满足任职资格和准入条件。人员组织结构如图 2-37 所示。光州 500kV 变电站 3 号主变压器扩建工程班组一览表见表 2-7，班组技能人员台账见表 2-8，班组一般作业人员台账见表 2-9。

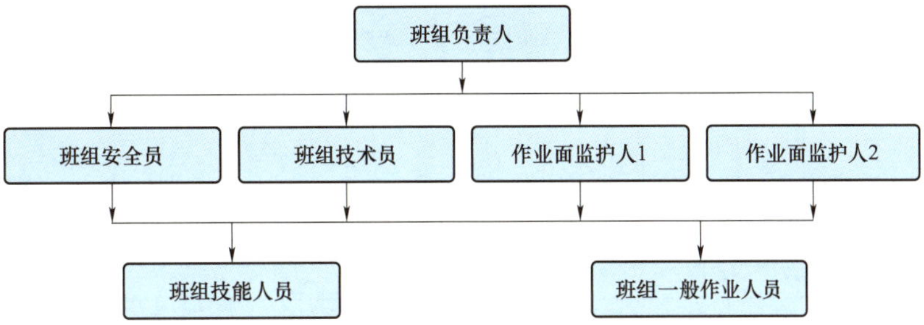

图 2-37 人员组织结构

表 2-7 光州 500kV 变电站 3 号主变压器扩建工程班组一览表

工种类别	姓名	发证单位	证件编号	有效期至	考核成绩	备注
建筑电工	×××			2022-12-01		
建筑焊工	×××			2022-11-26		
挖掘机操作工	×××			2025-12-30		

续表

工种类别	姓名	发证单位	证件编号	有效期至	考核成绩	备注
建筑电工	×××			2021－10－16		
建筑电工	×××			2021－12－31		
建筑焊工	×××			2022－07－03		
桩机操作工	×××			2021－10－14		
…						

表 2－8　　班组技能人员台账

班组岗位	姓名	工作年限	安全准入考试成绩	身份证号码	是否通过双准入	联系电话
土建班组负责人	×××	8	95		是	
土建班组安全员	×××	5	92		是	
土建班组技术员	×××	5	99		是	
瓦工作业面监护人	×××	5	90		是	
木工作业面监护人	×××	5	90		是	
电气一次班组负责人	×××	8	98		是	
电气一次班组安全员	×××	8	98		是	
电气一次班组技术员	×××	8	95		是	
电气一次作业面监护人	×××	8	95		是	

表 2－9　　班组一般作业人员台账

姓名	年龄	工作年限	身份证号	身体健康状况	考试成绩	备注
×××	30	5 年		健康	97	
×××	50	12 年		健康	96	
×××	52	2 年		健康	100	
×××	52	6 年		健康	94	
×××	52	5 年		健康	94	
×××	50	7 年		健康	97	
×××	53	8 年		健康	97	
×××	31	5 年		健康	96	
×××	59	11 年		健康	99	

2. 班组管理规范

班组教育与培训，通过规范实施班组骨干培训，提高作业人员技能和素质，建立正规化、专业化、职业化的作业层班组队伍，从源头上把住准入关，从根本上扭转班组能力素质不足的不利局面。班组培训计划表见表2-10。

表2-10　班组培训计划表

层级	培训内容	培训时间	组织单位
班组骨干	《安规》《输变电工程建设施工安全风险管理规程》《国家电网有限公司输变电工程建设施工作业层班组建设标准化手册》《"三算四验五禁止"安全强制措施》等		施工项目部
班组骨干	《国家电网有限公司电力建设安全工作规程》		施工项目部
班组骨干	Q/GDW 12152—2021《输变电工程建设施工安全风险管理规程》		施工项目部
班组人员	Q/GDW 10250—2021《输变电工程建设安全文明施工规程》		施工项目部
班组人员	《安规》《国家电网有限公司关于印发生产现场作业"十不干"的通知》《"三算四验五禁止"安全强制措施》		施工项目部
班组人员	《安规》《国家电网有限公司关于印发生产现场作业"十不干"的通知》、操作规程、规范等		施工项目部

（三）管控要求落实好

1. 作业风险管控严格

（1）以坚持安全发展理念，贯彻落实"安全第一、预防为主、综合治理"的安全工作方针，确保不发生安全事故。

（2）项目风险作业过程中，高风险作业应全面受控，如遇突发风险等特殊情况，任何人均应立即停止作业，同时应依据现场实际情况，及时向项目部提出变更风险级别的建议。

（3）各单位应按高标准落实风险管理要求，对于安全管理责任严重缺失、存在触及现场停工"五条红线"的情况，确保在实施阶段做好预控措施，提高现场人员的风险辨识能力。

2. 隐患排查整治严格

（1）检查本项目安全发展理念在工作实践中的落实情况，防止出现"重口头轻落实"、忽视安全底线等情况；检查风险防控，隐患排查治理制度，管理流程、方法、手段等是否科学完善，是否与日常工作紧密结合，与责任相匹配。

（2）对于检查的问题应积极整改落实，举一反三，并按周期开展自检活动，认真学习安全管理日要求，定期对每个项目分别进行安全活动检查，每次检查完成后及时填写问题台账并签名。针对检查发现的问题需下达整改通知单并组织施工监理项目部闭环整改，确保安全情况可控、在控。

（四）绿色施工效果好

1. 绿色施工环境保护到位

（1）施工现场水收集综合利用技术，将非传统水源的水收集与综合利用，该项技术包括基坑施工降水回收利用技术、雨水回收利用技术、现场生产和生活废水回收利用技术。

（2）建筑垃圾减量化与资源化利用技术，建筑垃圾处置应做好现场垃圾分类、封闭、集中堆放；生活、办公区应设置可回收与不可回收垃圾桶（如图 2－38 所示），并定期清运；废电池、废硒鼓、废墨盒、剩油漆、剩涂料等有毒有害的废弃物应封闭分类存放，设置醒目标识并回收。

图 2－38　分类回收垃圾桶

（3）施工噪声控制技术，针对现场噪声源，采取隔声、吸声、消声等措施，降低现场噪声；设置封闭的木工用房，以有效降低电锯加工时噪声对施工现场的影响。增加环境监测设施、扬尘自动监测仪，动态连续定量监测扬尘，如空气质量与污染源废气监测专用仪器，若监测 PM10 和 PM2.5 超标，则自动启动喷淋系统。设置封闭的木工用房，以有效降低电锯加工时噪声对施工现场的影响。

2. 智能水电监测

现场采用智能水电监测子系统，开创了水、电计量设备“互联网＋”的新模式。通过对工地现场水表、电表计量数据实时上传，方便项目现场对工程能源消耗高效把控，减少水电资源的浪费。智能水电监测设备图、数据图如图 2－39 所示。

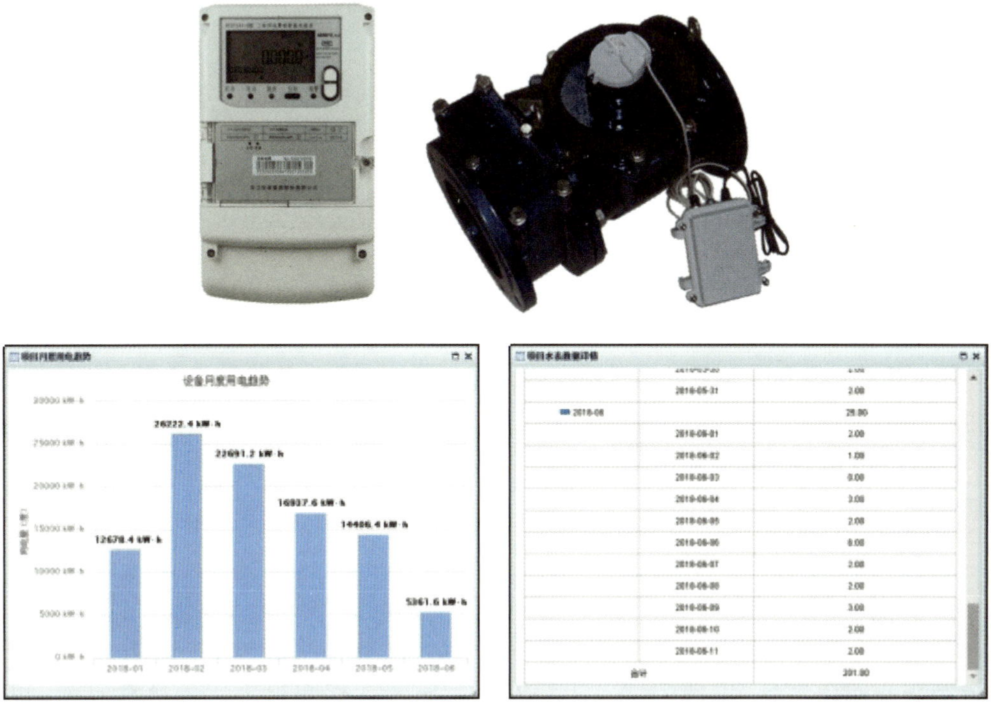

图 2-39　智能水电监测设备图、数据图

（五）标杆示范引领好

1. 积极推进管理创新

（1）全面应用“e 基建”，结合“日一本账”风险实施情况，每天对在建项目的班组履职、工作票执行、安全管理措施、资料进行抽查，杜绝无计划作业、分包人员私自作业，确保班组严格按照固化程序和标准开展作业，对抽查不合格的项目予以通报批评，从班组层面真正实现“四个管住”推动班组做实。

（2）三级及以上风险作业按要求配置已内网改造的监控球，提前一天正确填报设备风险信息表，否则风险作业不得实施。风险作业因故取消、延迟或设备出现故障等原因采取每日报备制度。

2. 积极应用工法创新成果

（1）学习网省公司“机械换人”理念，对传统工法和施工机具进行改进和提升。全面应用高空曲臂斗车、登高车、小型电动吊车、无人机及电动吊车等器具，减少高空作业和临近带电作业风险。

（2）充分考虑加装辅助施工需要及使用安全工具和机械需要的构件或装置。

（3）人员实名制系统。项目采用人脸识别模块，对比身份证信息进行录入，强化劳务人员信息管理，确保信息准确性，加强工地安全、施工效率把控，快捷统计项目实际出工人数，科学安排人力。

第十二节　畅通安全工作沟通机制加强安全管理

密州 500kV 变电站 4 号主变压器扩建工程典型经验案例

【摘　要】归纳“四纵四横”安全工作沟通要点，畅通安全工作沟通机制。落实“两个一”“四个管住”要求，严格执行现场安全管理、安全视频监控、“e 安全”、风控平台的时间、任务、责任分工等各项管理要求，总结归纳“四纵四横”安全工作沟通机制的工作明白纸。

【关键词】输变电工程；安全工作

一、背景描述

要高度重视当前面临的安全生产形势，坚持在反违章安全基础工作上下功夫，严格落实“四个管住”“两个一”工作要求，统筹远程和现场安全督查力量，加大安全督查力度，全面落实《关于进一步加大安全生产违章惩处力度的通知》(国网安监〔2022〕106 号文)要求，坚持抓早抓小，前移防范关口，筑牢安全“防火墙”，抓实安全管理，规范“e 基建”、安全生产风险管控平台、视频监控的应用，实行“e 基建”、风控平台、作业票、现场“四核对”，提升安全工作质效，确保作业现场安全有序。

二、存在问题

一是“e 基建”、安全生产风险管控平台不断地更新升级，给安全工作的沟通带来挑战。

二是“e 基建”、安全生产风险管控平台、视频监控的管理责任落实不到位。

三是“e 基建”、安全生产风险管控平台、视频监控的沟通管理不详尽。

四是“e 基建”、安全生产风险管控平台、视频监控的沟通环节不顺畅。

三、问题分析

一是时间管理不清晰，各项工作不及时，存在迟报、漏报、补报的情况。

二是任务管理不明确，对各项安全管理系统在各阶段的任务掌握不全面。

三是责任分工不到位，存在人员不了解自身操作权限、需要完成的系统工作的情况。

四是力量配备不足，不能准确完成各项系统的工作量，人员、技能、工作时长没能充足配备。

四、改进措施和方法

明确时间、任务、分工，配备充足力量，梳理以下各项任务的时间和具体要求：

（1）每日 8:00 前报送安全总监到岗到位情况。

（2）每日 9:00 前完成项目部考勤。

（3）“e 基建”风险履职，可在站班会后让施工、监理完成到岗履职，10:30 前，确保风险履职率达 100%；如有下午开工计划，应在 15:30 前确保风险履职率达 100%。“e 基建”—风险预警发布—风险作业列表—“进行中”找到该风险—履职。

（4）如有“e 基建”线下票，也需召开站班会，发送到岗到位照片至安全督查员，提醒安全督查员转发风险联络群。

（5）涉及报送临抢计划项目，需按照通知要求履行签字手续，提前报备，报送线下日报，临抢计划需在当天 8:00 前完成。

（6）每天做好次日计划复核，如有调整，及时调整明日作业计划，应在 16:00 前完成。

（7）每日报送“e 基建”作业票数、风控平台计划数、站班会数，原则上三者应一致，如有差额，写明原因。

（8）19:00 前完成“e 基建”日报报送（最好每日下班 16:30 前完成，以免遗忘）。

（9）已完工项目要在完工后，在风控平板点已完工。

（10）针对三级风险，每日 16:00 前通过风控平板完成拍照督查任务。次日的三级风险计划，一定要在当天 15:30 改完，因为 16:00 省公司要在风控平台自动提取次日的三级风险报表。注意组塔的每条三级风险最多是三基，有几基塔风险数量就是几。三级风险要操作安全督察计划，人员是业主项目部人员，下午完工前填写计划并操作完成即可。

（11）每周安全工作明白纸。每周五 12:00 前通过基建全过程系统完成周计划（周一本账）编制、日计划（日一本账）拆分编制审核发布工作。提前在周四下班前完成，以免周五系统拥堵、卡顿，造成计划报不上。针对三级风险，还要通过内网风控平台添加督察计划。

每周日 12:00 前通过“e 基建”报周报，最好周六下班前完成，以免遗忘。

每周一 10:00 前完成包保体系人员填报（建设公司发在线表格）。

每周二 12:00 前，报送三级风险周例会汇报材料。

原则上每周五下午召开安全日活动，并在下班前反馈周违章风险预防治理措施材料。

（12）其他情况。计划施工由于天气、民事等原因暂时无法进行，分两种情况，一是风控计划没开工（“e 基建”没开站班会）填写报备说明（有具体模板），可不开启挂接摄像头；二是风控计划已开工（“e 基建”已开站班会），报备公司，并开启摄像头对准标识牌。

一是要记住当日完工不要忘记点完工；二是严格周计划、日计划填报，减少“计划取消”数量。确保计划执行率指标。

安排专人按此报备，迟报漏报情况将严格考核。

每日 8:20 前报备：××段“e 基建”作业票数项、风控作业计划数项、站班会个数，摄像头已全部挂接并正常开启。

每日 13:50 前报备：××段摄像头已全部挂接并正常开启。

每日 18:30 前报备：××段“e 基建”日报已报，全部作业已点完工。

五、结果评析

（一）评价结果

归纳改进措施，总结形成“四纵四横”安全工作沟通要点，畅通安全工作沟通机制。落实“两个一”“四个管住”要求，严格执行现场安全管理、安全视频监控、“e 安全”、风控平台等各项管理要求，总结归纳“四纵四横”安全工作沟通机制的工作明白纸，对结果评价形成明细表（见表 2－11），针对每项工作具体打分评价。

表 2－11　　检查评分表

序号	检查项	检查要求	评分标准
1	当日计划是否执行，现场是否无计划施工	每日 8:20、13:50 查看摄像头开机情况，核实现场杆号、负责人及联系方式是否有误。每日 8:20 前、13:50 前、16:00—17:00 在工程群里报备摄像头情况	不符合要求的扣 5 分
2	“e 基建”日报	于每日 16:30 分前上报，内容正确规范	不符合要求的扣 5 分
3	作业票执行情况	站班会：已挂接摄像头、交底录音	不符合要求的扣 10 分
4	核实风控平台人员数量与作业票是否一致	风控平台人员应与作业票人员签字对应，“e 基建”作业票人数与站班会照片人数对应	不符合要求的扣 5 分
5	风控平台现场负责人信息与现场负责人相符	核实电话能否接通，询问姓名及身份证等信息	不符合要求的扣 5 分
6	核实现场“三种人”资格是否报备	查阅专业分包项目部成立文件及“三种人”文件	不符合要求的扣 5 分
7	核实特种作业证为有效证件且报审	查阅报审人员名录	不符合要求扣 6 分
8	现场勘查记录	要求群内拍照上传勘察记录（三级风险）	不符合要求的扣 2 分
9	风险定级是否准确	检查电子作业票和现场勘察记录	不符合要求的扣 2 分
10	作业票是否已全页上传，上传平台的是否为电子作业票	日管控作业界面作业票查询	不符合要求的扣 2 分
11	关键风险点概览选取的关键点内容是否能够满足现场要求	检查日管控作业界面关键风险点	不符合要求的扣 2 分

续表

序号	检查项	检查要求	评分标准
12	人员核实应为站班会照片，严禁翻拍，内容应符合现场实际，符合当时天气情况，“三种人”马甲应齐全	日管控作业界面人员中核实	不符合要求的扣 2 分
13	工器具检查内容应为工器具检查照片，不得使用其他照片代替（围栏、灭火器、安全防护用品均不可）。工器具应符合要求，不能存在缺陷，要有检查标识，严禁翻拍	日管控作业界面工器具检查中核实	不符合要求的扣 2 分
14	安措布置内容应为现场能够反映安全措施落实的照片，不得使用其他照片代替（工器具、安全防护用品），严禁翻拍	日管控作业界面安措布置中核实	不符合要求的扣 2 分
15	许可开工内容应为电子作业票，要求全部作业票上传，主票＋每日站班会	日管控作业界面许可开工中核实。“e 基建”作业票正确完备	不符合要求的扣 5 分
16	安全交底内容应为站班会照片，内容应符合现场实际，符合当时天气情况，“三种人”马甲应齐全，人员数量应与作业票、实际单位信息中人员数量符合，严禁翻拍	日管控作业界面安全交底中核实	不符合要求的扣 5 分
17	关键风险点执行内容应为相应风险点照片，符合现场实际，严禁翻拍	日管控作业界面关键风险执行中核实	不符合要求的扣 5 分
18	作业监护内容应为作业负责人或安全监护人现场监护照片。监护人员需穿马甲，不得用测量坍落度、制作试块等其他照片代替，严禁翻拍	日管控作业界面作业监护中核实	不符合要求的扣 2 分
19	工作验收与终结内容为作业票，要求全部作业票上传，每日站班会。此步骤完成后关闭摄像头，关闭摄像头前，现场不得有人施工	日管控作业界面工作验收与终结中核实	不符合要求的扣 2 分
20	询问作业负责人、专责监护人位置，如作业负责人不在现判定为Ⅰ类严重违章：如作业责人所说位置不在计划内，判定为无计划施工	电话询问	不符合要求的扣 6 分
21	作业负责人必须知晓当日工作任务、危险点，包括作业时间、作业地点、当日作内容、人员分工、风险点、风险控制措施、环境变化情况，工器具及安全工器具检查情况，电话询问时能准确回答	电话询问	不符合要求的扣 2 分
22	摄像头摆放是否正确，要求能够反映现场施工情况，能看清作业人员，摄像头不能遮挡，摄像头转动正常	转动摄像头进行检查，检查摄像头拍摄情况	不符合要求的扣 5 分
23	遇有雨雪等天气，摄像头必须对准户外。事由提示牌，不能随意手写，需制作相关提示牌	检查摄像头拍摄情况	不符合要求的扣 2 分
24	现场按照安全文明施工要求进行布置。围栏不能有缺口，靠近线路侧禁止设置软围栏，作业人员不得穿、跨越安全围栏、安全警戒线	检查现场	不符合要求的扣 2 分
25	施工现场禁止吸烟，现场禁止生火做饭：消防器材是否合格，是否进行月度检查	检查现场	不符合要求的扣 2 分
26	发电机、配电箱、搅拌机、电焊机需安装临时接地，现场临时接地线；地纬深度大于 0.6m（接地联板以下全部砸入地下）、连接处螺栓必须拧紧牢固，不得缠绕搭接	检查现场	不符合要求的扣 2 分
27	基坑周围应设置硬质围栏，硬质围栏高坑边距离要大于 1m，基坑硬质围栏设置安全标识牌，顺序为黄—红—蓝—绿	检查现场	不符合要求的扣 1 分
28	上料平台搭设要牢固，大杠搭设要符合要求，所有探板需进行绑扎，探板不能使用模板代替，平台两侧要求搭设护栏，并设置 180mm 挡脚板	检查现场	不符合要求的扣 2 分
29	坑口边缘 1m 内不得堆土，存放杂物，土堆高度不超过 1.5m	检查现场	不符合要求的扣 1 分

（二）活动亮点和经验

一是压实现场参建单位责任，“e 安全”全面规范应用，实现考勤率、线上作业票使用率均达 100%。

二是实施“线上＋线下”双监督，有效管住三级风险。

三是完善工程建设安全管理体系，总结管理经验（如图 2－40 所示），落实有效措施，不断探索安全管理新的管理手段、新的现场举措，应对工程建设实践中新的安全形势和挑战。

图 2－40　现场总结经验

四是利用好数字化和信息化手段，实现现场安全精准管理。

五是提高安全管理的时效性、一致性，提升沟通效率，提升参建员工安全意识与工程现场管理水平，带动安全管理规范化开展。通过“四个管住”的有力实施，简要归纳总结为“四纵四横”检查、整改现场安全管理。现场安全检查如图 2－41 所示，安全工作日常沟通要点如图 2－42 所示。

图 2－41　现场安全检查

安全工作日常沟通要点

序号	现场情况	现场视频终端	e安全	风控平台
1	开工	提前计划好数量和摆放位置，确保进场即可正常使用。	提前培训沟通，进场即可使用。	提前培训沟通，进场即可使用。
2	正常按计划作业	每天8:30时前开启并挂接，JSGS安全质量管理微信群中报备参考格式： 密州500kV变电站4号主变扩建工程： 1.35kV设备安装。布控球014号（全过程、风控）已开启、挂接。 2.电缆敷设，布控球004号（全过程、风控）已开启、挂接。	1.入场考勤：全体人员。 2.日报：施工项目经理保存。 3.风险履职：业主1人，监理、施工关键人员。 4.周计划：每周六前完成。	1.周计划：每周三前发布。并分解日计划。周五至下周一12时前注意不要修改。 2.风控平板：每日在日计划中点开工，添加8张照片、勘察记录、三措。
3	新增、取消计划	JSGS安全质量管理微信群中报备参考格式： 取消计划： 建设公司报备：4月12号，密州500千伏变电站主变扩建工程，一项三级风险土建间隔扩建施工，具体如下： 1、变更原因：因雨停工一天 2、工作内容：设备基础拆模，消防棚砌筑。 3、工作时间：4月12号 4、风险等级：三级 5、施工单位：山东送变电工程有限公司 6、工作负责人：张庆 7、联系方式：18660156626 8、地理位置：山东省潍坊市诸城市相州镇学究村 9、视频终端编号：建设公司布控球004号 10、到岗到位人员：崔青山	若能早上8点半前确定计划取消，注意e安全不要开站班会。e安全只要开站班会，国网公司就会默认现场施工，就需要履职，挂接、开启视频终端。如果开站班会后停工，施工、监理、业主风险履职后e安全操作暂停。	新增、删除当日计划。
4	停复工	复工前计划好数量和摆放位置，进场即可正常使用。	停工报安全室王芸，对项目操作停工。复工操作，施工项目经理发起初始账复工申请，经总监理工程师审核，业主项目经理审核通过后，初始账停工状态变更为在施状态，工程完成复工。e安全日报停工期间停报，复工前一天报次日计划。	删除确定停工的日计划。

图 2－42　安全工作日常沟通要点

第十三节　建立“单基放行”开复工检查常态机制

山东临沂沂蒙抽水蓄能电站送出工程典型经验案例

【摘　要】全面强化安全管理工作，压紧压实各级责任，抓紧抓实各项措施，守牢安全底线，沂蒙抽水蓄能工程建立“单基放行”开复工检查常态机制。每项作业开工前，先由施工项目部进行“自验”，监理、业主再进行现场复检，严查作业人员、施工机具配置、“三算四验五禁止”、临时用电和安全文明施工等安全工作落实情况，复检合格后“单基放行”，全面杜绝违章现象发生。

【关键词】输变电工程；“单基放行”

一、背景描述

基建行业是事故高发行业之一，抓好电网基建安全管理工作不仅是对人的生命负责、对企业负责，更是对社会负责。多年来，电力基建安全管理积累了丰富的经验，制定下发了翔实的安全管理规定和措施，但在实际执行过程中，安全管理信号层层衰减、措施落实不到位的现象依旧普遍存在。

二、存在问题

一是现场施工安全风险较大。

二是队伍素质能力仍需提升。

三是监督管理严厉程度不够。

四是安全管理仍然存在一定程度的形式主义。

三、问题分析

一是沂蒙抽蓄工程工期短、施工难度大、单基基础施工周期长、基础组塔架线交叉施工等困难，工程建设阶段施工作业存在点多面广的情况，且挖孔桩、索道施工安全风险较多，现场分包人员流动性大，施工班组人员不能有效管控施工现场等问题，给现场安全管控带来了较大压力。

二是部分分包人员安全意识不强、安全技能水平不高，施工凭经验习惯、走捷径，对安全规程执行不严格、不到位；在现场检查、视频检查时，有的对检查有抵触情绪，存在逃避检查的情况，分包队伍整体安全素质有待提升。

三是现场项目部管理人员虽然通过项目例会、专题会、安全日活动、现场检查等方式反复强调安全要求，但“保质期”短，存在管理人员“抓一抓”、施工人员“紧一紧”、过段时间“回归从前”的情况。这说明现场从严惩戒、从严考核的态度还不够坚决，项目部部分人员从严管理的理念需要有待提升。

四是由于现场施工紧张，安全教育培训活动时间较短，培训效果不佳；部分项目部管理人员存在一定的“老好人”思想，安全监督检查走过场，管理执行力和穿透力不足，没有“一竿子插到底”，安全责任层层衰减的情况不同程度存在。

四、改进措施和方法

全面落实复工五项基本条件。

1. 确保人员管控到位

各项目部人员全部到岗到位，《安规》考试全部合格。业主项目部组织核查监理、施工项目部、分包单位、作业层班组配置情况，满足资质配置和到岗到位要求。“e 基建”使用符合要求，核查入场人员健康信息台账，进场人员健康监测记录齐全合格。

2. 确保风险管控到位

规范风险动态评估，召开三级及以上风险专题会集中审查、重新勘查确定有无新增风险，施工现场有无增加其他影响施工的电力线路、公路和其他的管道等，目前尚未发现新增风险。组织复工安全日活动、应急演练、安全风险动态评估和 8 类作业隐患排查。

3. 确保机具管控到位

施工机械、工器具、安全防护设施经检查完好，踏勘作业环境，与停工前无变化。加强分包管理审查，专门下发通知规范要求分包管理和合同签订工作，审查各类资质证书、合同协议、保险证明等准入文件，督促检查作业层班组骨干人员培训考试。

4. 确保安全教育到位

组织复工前准入考试，新入场人员全部完成了安全教育培训并考试合格，抓实安全管理，坚持抓早抓小，前移防范关口。开展了复工前应急实战演练，切实掌握了应急处置方案，提高了现场人员应急处置能力和安全意识。

5. 确保安全交底到位

完成复工前的安全技术交底，确保作业人员熟悉施工方案和作业指导书。落实防疫措施，每日测量体温，配齐防疫物资，定期杀菌消毒。按照安全文明施工标准化的要求做好策划布置等工作，做好常态化管控布置。山东临沂沂蒙抽水蓄能电站送出工程驻队监理检查开工许可卡见表 2－12。包保人员签到表见表 2－13。

表 2－12　　山东临沂沂蒙抽水蓄能电站送出工程驻队监理检查开工许可卡

作业部位及施工内容		作业风险等级	
施工单位		分包队伍	
作业计划	□“e 基建”系统中有该作业计划并处于开工状态。安全风险管控平台上的作业开工状态与实际相符。“e 基建”、风控平台计划以及上传资料中的计划、人员、工作内容一致。 □视频监控开机并关联（检查无误后拍照）；摄像头对准作业面、无遮挡；摄像头满足存储和接入要求。 □施工日报已及时报送。 □停工等特殊情况已及时完成报备		
施工作业票	□已开具作业票，作业票中作业类型、工序及部位包括当日所有施工内容，风险控制措施是否完备。 □具体人员分工中的人员包括所有现场作业人员。 □特种作业人员与作业票内数量一致，持证上岗，人证相符，完成报审。 □作业票已许可签发，当日作业人员签字齐全（A 票项目总工签发、B 票项目经理签发） □“e 基建”每日站班会召开情况（站班会照片、录音）、风控平台八项步骤及到位监督照片已上传。 □勘察记录内容及签字齐全、正确		
作业人员	□“三种人”是否具备资格。 □现场所有施工作业人员已完成入库（作业票人员均已备案）。 □工作负责人认真开展站班会交底并上传安全系统。 □安全监护人员到岗到位（同一作业票包含多个作业点，每个作业点必须设置安全监护人） □配备个人安全防护用品，经检验合格，齐全、完好。 □作业人员是否清楚当天的工作任务、危险点（可现场抽查 1～2 人）。 □施工项目部关键人员、专业分包班组关键人员到岗并履职。 □现场“三交”“三查”工作情况已落实。 □起重作业有专人指挥		
机械及工器具检查	□现场使用的吊车、钻机、挖掘机完成进场报审。 □吊车、挖掘机司机完成准入并考试合格。 □汽车式起重机作业前支好全部支腿，支腿按规程要求加垫木。 □链条葫芦、手扳葫芦、吊钩式滑车装置的吊钩和起重作业使用的吊钩有防止脱钩的保险装置。 □绞磨、卷扬机放置稳定，锚固可靠，受力前方不得有人，拉磨尾绳人员不得位于锚桩前面或站在绳圈内。 □现场未使用达到报废标准或超出检验期的安全工器具。劳务分包单位不得自备施工机械设备或安全工器具。 □施工机械、用电设备的转动部位有防护罩。 □现场的机械设备完好、整洁，有机械状态标牌和安全操作规程牌齐全。 □电气装置及机械设备应有防雨设施。 □特种设备依法取得使用登记证书并定期检验，自制工器具经检测试验合格		
安全文明布置及作业环境条件	□所有作业区域应设置隔离围栏，坑边按要求设置硬质围栏并安装牢固且悬挂安全标志牌。 □现场临时用电规范，临时用电做到配备有漏电保安器，无漏电保安器的作业现场，禁止用电施工，必须做到“一机一闸一保护”，配电箱内接线图、检查表、电工信息完整。 □机电设备装置完整、绝缘良好、接地可靠。 □现场配备灭火器、垃圾桶、医药急救箱。 □电缆架空敷设或地埋敷设。 □导线高空锚线设置二道保护措施。 □现场是否有临近带电体（有临近带电体，防控措施已落实）。 □现场已复核风险变化，如有补充控制措施。 □有高风险作业，已落实挂牌许可要求。 □生产和施工场所按规定配备消防器材		
现场防疫	□施工现场入口有人员登记及测温设施，人员个人防护、入场测温、现场消毒等落实防疫措施；新入场人员已提供核酸证明		
现场资料	□现场有施工方案已报审并完成全员交底，现场有施工方案及图纸。 □劳务分包单位不得自备施工机械设备或安全工器具。 □施工方案编审批符合要求		

续表

其他	□专业承包单位是否派驻项目部关键人员在现场。 □根据施工项目部上报的计划及班组配置计划配备足够监理人员满足驻队监理要求，对有关作业落实安全旁站。 □开展现场巡查，对现场发现的无计划作业及时制止并发工程暂停令，并报业主项目部。 □作业现场实际执行情况与施工安全管控措施、施工方案相符。 □对作业现场检查发现的问题及时下发监理通知单整改，及时查纠违章		
现场检查人		检查时间	月　日　时　分
现场负责人			

表 2－13　　包保人员签到表

塔号		作业时间	
作业内容		风险等级	
到岗到位人员		（签字）	
分管领导（一级）			
二级	业主项目经理（安全专责）		
	总监（专业监理、安全监理）		
	施工项目经理（项目总工、施工项目部安全专责人）		
三级	监理员		
	施工项目部安全专责人		
四级、五级	作业层班组长		
	作业层班组安全员		
	作业层班组质检员		

五、结果评析

工程立足安全管理措施精细化、措施执行简单化改进基建施工安全管理方式、方法，制定检查开工许可卡，使建设、监理、施工单位三位一体有机配合，安全预控管理能力和安全管理措施的执行力得以大幅提升；安全文明施工管理状况得以明显改善，创建了绿色施工环境，确保了施工安全“零事故”。

安全管理教育培训工作，常抓不懈，一是努力实现安全教育的“制度化”“通俗化”和“人性化”，扎实提高建设、监理、施工单位三方安全责任主体的安全防范意识、安全风险识别和控制能力；二是强化安全责任意识，形成主动、自觉抓安全的“我要安全”的管理格局。

第十四节 “望闻问切”管控模式保安全

密州扩建工程典型经验案例

【摘 要】创新采用“望闻问切”管控模式，让安全监督生威发力，确保施工现场安全可控在控。一是问题导向“望”，以洞察秋毫的眼力，对现场安全状态精准扫描。二是融入嵌入“闻”，以侧耳倾听的专注力，对现场作业人员的意见和诉求精准定位。三是掌握情况“问”，以打破砂锅问到底的胆力，开展随机口头考问、书面《安规》考试、调查，对薄弱环节精准制导。四是推动整改“切”中要害，发现问题，不等不靠，对关键问题精准发力，采取有力措施督促整改，注重整改实效。

【关键词】安全监督；“望闻问切”

一、背景描述

电网是国家重要的基础设施、战略设施，保障电力供应事关人民福祉、社会稳定、经济发展。国家电网有限公司始终坚持以人民为中心的发展思想，以“大国重器”和“顶梁柱、顶得住”的责任担当，有力保障大电网安全稳定运行。当前，电网结构性矛盾、系统性风险不断积聚，电力系统安全运行的压力明显增大；公司安全基础还不够牢固，各类违章现象仍不断反复，人身事故还没有得到有效杜绝，安全生产形势依然复杂严峻。

面对艰巨繁重的任务，我们更要认真贯彻习近平总书记关于安全生产的重要论述，始终遵循“安全第一、预防为主、综合治理”安全生产方针，严格遵守安全生产法各项要求，以对自己负责、对同事负责、对电网负责的态度，筑牢、守住安全生产底线、红线，深刻吸取系统内外事故教训，坚决遏制防范各类安全事故，从严、从实、从细抓好各项安全生产工作，攻坚夯牢安全生产根基，逐级压实安全责任，助推安全风险精准化管控，确保现场作业安全“可控、能控、在控”。

二、创新亮点

（一）密集巡查，事故隐患早发现

积极主动掌握发现现场风险、隐患和事故苗头，做出综合分析。经常深入作业现场，每天不定时巡查现场，在检查中像医生看病一样认真，对那些细小的危险源、安全隐患绝不放过，要把自己练成“透视眼”“火眼金睛”，通过全面仔细的查找，把存在于作业现场的隐患排除掉。同时，还要严查人的不安全行为，狠抓反违章作业和违章指挥，从

源头上根治病灶。

（二）风险研判，事前预防抓源头

抽出每周一晚上的时间，组织各参建单位召开周安全风险分析会，审查下周作业风险。施工单位工作负责人对照施工方案和现场勘察记录，重点分析作业现场关键风险点和管控措施，各项目部审查补充，使每项作业风险排查与施工方案深度融合，管控措施更精准。

（三）现场推演，施工作业重辨识

坚持“现场为王”，常态化开展计划前“施工推演”，针对扩建工程临近带电体多的特点，组织监理及施工单位在现场开展“施工推演”，结合实际情况，优化停电方案，针对近电、带电作业等高风险作业坚持“先降后控”，将每一次安全措施细化落实到现场，切实做到将安全风险管控要求传达到施工班组，克服安全管理“中梗阻”。

（四）提升认知，沉浸式教育绷紧弦

树立安全“饭碗”意识、“违章就是事故”的理念，充分利用班前会、开工会开展违章案例警示教育，把基层班组“三问”列入议程，不断提升班组自主安全意识。建立作业现场党员安全责任区、示范岗，发挥好模范作用。组织开展班组安全日观摩、安全微党课宣讲进一线、“头雁领航”在现场等系列活动，实现党员带头无违章、党员带头查违章、党员身边无违章。

三、主要提升措施和做法

（一）练成“CT 眼”，“望”表知里发现问题

要观其行，以洞察秋毫的眼力，对现场安全状态“精准扫描”。一是现场人员准入“精准扫描”。每天第一时间登录安全风险管控平台检查当日工作计划情况，对涉及的分包单位、分包工作人员严格审查，重点检查企业准入信息录入、人员信息录入、人员安全准入考试情况、是否有效准入等，未经准入的分包企业、分包工作人员严禁进入作业现场，并进行严肃追责。二是施工现场作业票“精准扫描”。检查现场所有作业人员是否在施工作业票上签字确认；检查作业票填写是否按时、正确、规范、齐全，现场作业人员与工作票人数是否对应一致；人员变更是否履行变更手续，作业票开工、终结时间填写是否正确、按时等。三是现场安全措施布置“精准扫描”。重点检查现场是否按照作业票及施工方案安全措施要求在现场正确做好各类安全措施，包括硬质安全围栏设置是否规范、安全标示牌数量是否充足、设置是否正确；绝缘手套、绝缘靴、全方位安全带是否配备齐全且合格有效，试验合格标签是否粘贴牢靠，不超试验日期；对恶劣天气下的作业检查是否配备测风仪、温湿度计；现场视频监控设备开启是否规范。四是人员到岗到位“精准扫描”。二级及以上高风险作业，提前汇报公司下发风险预警通知单，领导到岗到位安全督导，各级部门领导、安全专责全部下沉一线，全员、全程认

真安全履责。

（二）聆听“顺风耳”，“闻”声索迹融入嵌入

要闻其言，以侧耳倾听的专注力，对现场作业人员的心声“精准定位”。一是“零距离”倾听现场人员心声。深入作业现场“把脉问诊”，了解作业人员现场工作岗位设置和工作环境，随机开展面对面交流，重点关注作业人员的生活情况、工作压力等。二是对作业前站班会进行旁听。开展“我来参加站班会”活动，对施工单位的工作前站班会进行旁听指导，真正掌握安全管理工作在工程建设一线的落实情况，打通安全管控措施“落不下去”的堵点。对工作过程中的危险点进行分析，叮嘱现场作业人员做好现场安全防护措施，提高自身的安全意识和自我保护意识。要求施工队伍成员一定要按《安规》行事，按规程办事。三是通过座谈、个别交谈等，了解作业人员安全意识是否强、对现场安全工作是否重视、是否有好的经验做法等，了解作业人员对现场安全的意见和诉求，为加强安全管理工作提供第一手资料。对照问题深入思考，拿出回复意见，在座谈会上充分讨论，共同探索开展安全管理工作的新思路。四是发布问卷，以无记名问卷调查的形式全面了解作业人员的工作、生活、思想等情况，全面了解掌握一线作业人员在安全方面遇到的问题，对安全管理工作的意见和建议，以便拿出更加具体的办法措施，有针对性地解决好实际问题，确保安全管理工作取得实效。

（三）多点“婆婆嘴”，“问”询发声找准根源

要询问提问追问，以打破砂锅问到底的胆力，对薄弱环节精准制导。一是现场考问作业人员是否知悉工作风险点、相应防范措施。面对严峻的安全形势，有效防范遏制安全事故发生，既要加大责任主体的压力，又要当好“婆婆嘴”，对看到的和检查出的问题及隐患，要及时找相关人员谈谈话、提出防范要求，情况严重的要直接约谈相关负责人、下发整改通知单，严抓严管，督促问题和隐患得到及时处理。二是现场考问是否了解近期安全事故通报内容，从问中见微知著、掌握情况，以更有效地进行安全教育。

（四）常念“紧箍咒”，“切”中要害推动整改

要反复琢磨，以一针见血的魄力，对关键问题精准发力。对在“望闻问”中发现的问题，不等不靠，采取有力措施督促整改，“条条有落实、件件有着落”，注重实效，确保安全隐患问题“有一条销一条”。一是狠抓整改。针对发现的隐患整治任务，细化重点问题清单，提出工作措施，拿出“当下改”“立即改”的具体举措。二是推动落实。坚持小切口、实举措、准发力、保实效的整治思路，找准每个问题的切入点，逐一明确目标任务、责任人、时间表和路线图，狠抓落实，逐条逐项推进落实，对存在的隐患进行逐一复查销号。

四、结果评析

通过“望闻问切”安全管控机制在密州扩建工程建设过程中的应用，实现了电网建

设现场业主、监理、施工三个项目部安全管控能力的增强，在工程管理实践中取得了良好的效果，具有推广价值。

一是安全弦进一步紧绷。通过检查、倾听和考问，强化了作业人员的“饭碗”意识，提高了全员“安全第一”的固化思维，牢固树立起了“不出问题是硬道理”的理念。“婆婆嘴”常讲常念，把“严”的信号传递到神经末梢，彻底整治“只要不发生事故、不造成影响就无所谓”的“大题小做”的危险思想。

二是反违章进一步强化。以“党员三带反违章”为引领，落实“一处有违章、全站齐排查”的工作思路，应用“一单二表三平台”，坚持“小题大做”；应用AI识别分析技术和安全违章识别算法模型，筑牢安全违章检查和现场人员行为管控“防火墙”。

三是预见性进一步加强。入场安全培训分工种、分专业，不搞“大杂烩”、不做无用功；着力打造安全交底和体验区，结合三维实景“沉浸式”体验，上好进场前安全教育“基本课”，从源头抓牢安全管控。

第十五节　着力提升“五力”　确保安全零事故

沭河500kV输变电工程典型经验案例

【摘　要】全面贯彻党中央、国务院关于安全生产的决策部署，牢固树立安全发展理念，沭河500kV输变电工程牢牢坚持安全第一、预防为主、综合治理的方针不动摇，着力提升“五力”，确保了工程安全零事故目标的实现。强化“党建+安全”工作融合落地，建立党员包保机制，构建“双重安全防火墙”，提升旗帜领航“驱动力”；积极开展安全日、安全生产月等专项活动，实现安全文化建设有效落地实施，提升文化赋能“新活力”；对《国网山东省电力公司建设公司安全责任清单》进行宣贯学习，明确岗位职责，开工前组织制定安全检查“八必查”清单，压实责任提升“执行力”；充分利用基建工程全过程数字化管控平台、“e安全”、关键风险点App等信息化系统，创新实践“一表三绑定”，强化信息化应用，着力提升“穿透力”；定期组织开展应急知识问答竞赛和应急演练活动，不断提升“战斗力”。

【关键词】“党建+安全”；零事故

一、背景描述

习近平总书记多次就安全生产工作作出重要指示，突出强调坚持以人民为中心的发展思想，统筹发展和安全，始终保持如履薄冰的高度警觉，做好安全生产各项工作，绝不能麻痹大意、掉以轻心。按照“谁主管谁负责”的要求，抓好近期国家电网有限公司和省公司系列安全文件及安规学习，严格关键人员到位履职，严格执行“双准入”要求，把好队伍和人员进场关。针对工程实际，加强管理，精心安排，认真部署，细化措施，明确工作重点、步骤和要求，全过程落实安全主体责任，切实把保障作业人员安全作为工作的出发点和落脚点，严谨细致地抓好安全各项工作，牢守安全生命线。

二、存在问题及分析

（1）部分参建人员特别是一些关键管理人员，仍然认识不到做好安全工作的极端重要性，参与安全管理的积极性和主动性需要提高。

（2）从事基建施工人员文化素质偏低。由于建筑施工是传统行业，作业环境差、体力劳动大，参与施工人员普遍存在人员年龄大、文化水平不高的实际情况。

（3）安全责任不落实。部分管理人员对安全责任落实还停留在到岗就行，现场监督管控流于形式。安全监督检查走过场，管理执行力和穿透力不足，没有“一竿子插到底”，“老好人”的思想顽疾依然盛行，安全责任层层衰减，存在“沙滩流水不到头”等问题。

（4）一些单位超承载力承揽项目，以包代管、包而不管问题突出，甚至存在违规分包、违法转包等行为，存在分包人员工作能力弱化、安全意识淡化情况。

（5）一些项目监理人员配备不足，技能水平不高，不能准确审核安全技术措施或者专项施工方案，不能及时发现作业现场存在的安全事故隐患并督促整改，作业单元管控长效机制落实不到位。

三、改进措施及创新做法

（1）旗帜领航汇聚“驱动力”。组建“项目部＋党支部”，构建“双重安全防火墙”，划分“党员安全责任田”，组织党员带头查违章，建立党员包保机制，对违章较多的班组和个人进行定点帮扶；强化“党建＋安全”工作融合落地，为公司安全发展和电网建设注入“红色动力”。针对线路工程高风险点多面广的实际情况，临时党支部充分发挥党支部战斗堡垒作用和党员先锋模范作用，组织项目部党员同志深入调查作业环境，积极协调设计、施工单位，通过采用旋挖钻机代替人工挖孔的方法，将22处三级风险降为9处；党员突击队主动协调公路建设单位，在岚罗高速公路通车前完成跨越施工，成功将3处四级风险（按照新的风险定级标准现在为二级）降为三级风险。施工现场如图2－43所示。

（2）文化赋能注入“新活力”。业主项目部先后开展了“两抓两筑牢”（抓专题片事故案例学习，筑牢安全责任意识，抓风险隐患排查整治，筑牢安全基础）、“知风险、防事故、守底线”等主题安全日活动。在复工准备阶段，按照公司安全监察部统一部署，组织现场开展了“安全生产＋党建”固本创优专项安全日活动；近期又组织开展了“落实安全责任、推动安全发展”全国第20个安全生产月主题活动，集中学习宣贯《输变电工程建设施工安全风险管理规程》《输变电工程建设安全文明施工规程》等新规程。工作现场如图2－44所示。

图 2-43　施工现场影像资料

图 2-44　开展“安全日”工作现场影像资料

图 2-45　《安全责任清单》学习界面截图

（3）压实责任强化“执行力”。在项目管理一部统一安排下，对《国网山东省电力公司建设公司安全责任清单》（以下简称《安全责任清单》，如图 2-45 所示）进行宣贯学习，重点对业主项目部安全责任清单（12 项）、业主项目经理安全责任清单（11 项）、业主项目部安全专责安全责任清单（10 项）、业主项目部质量专责安全责任清单（7 项）内容进行了学习讨论，明确岗位职责，以责任清单结合工程实际情况，统筹安排现场管理工作。业主项目部组织梳理现场安全管控常见典型问题，开工前组织制定安全检查“八必查”清单（查作业层班组建设情况；查风险管控、安全强制措施落实情况；查现场隐患、反违章情况；查安全事故、安全文件学习掌握情况；查安全文明施工措施落实情况；查防灾避险应急管理情况；查信息化手段应用情况；查检查问题整改闭环及反复情况），同时，每月月底根据工程进展情况和下月工作计划，下发《月度安全重点工作清单》（如图 2-46 所示）明确每月安全管理重点工作，月底依据安全检查“八必查”清单和《月度安全重点工作清单》开展安全检查，检查情况在工程月度例会上通过 PPT 点评。通过压实责任，明确工作重点，实现了各项要求有效落地。

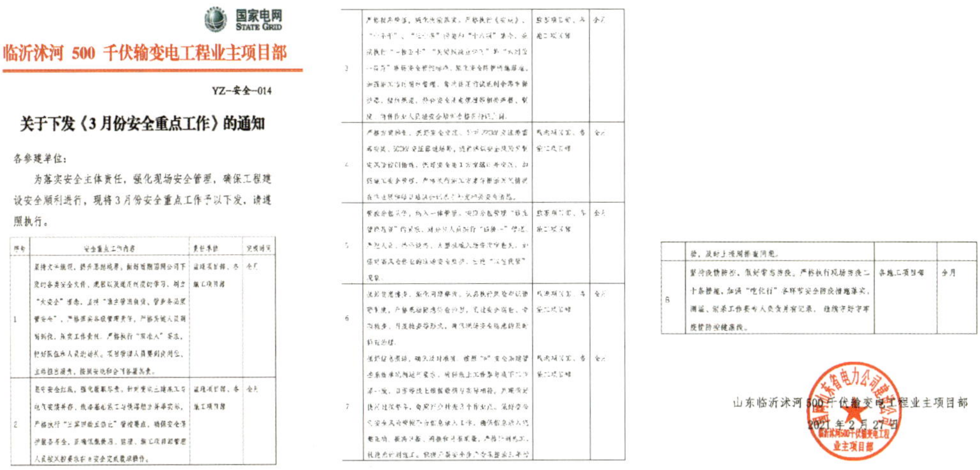

国家电网
STATE GRID

临沂沭河 500 千伏输变电工程业主项目部

YZ-安全-014

关于下发《3月份安全重点工作》的通知

各参建单位：

为落实安全主体责任，强化现场安全管理，确保工程建设安全顺利进行，现将3月份安全重点工作予以下发，请遵照执行。

序号	安全重点工作内容	责任单位	完成时间
1	[illegible]	监理项目部、各施工项目部	全月
2	[illegible]	监理项目部、各施工项目部	全月
3	[illegible]	监理项目部、各施工项目部	全月
4	[illegible]	监理项目部、各施工项目部	全月
5	[illegible]	监理项目部、各施工项目部	全月
6	[illegible]	监理项目部、各施工项目部	全月
7	[illegible] …及时上报周排查问题。	监理项目部、各施工项目部	全月
8	坚持疫情防控，做好常态防疫。严格执行现场防疫二十条措施，加强"吃住行"各环节安全防疫措施落实，测温、消杀工作要专人负责并有记录，继续守好守牢疫情防控健康线。	各施工项目部	全月

山东临沂沭河 500 千伏输变电工程业主项目部

2021 年 2 月 27 日

图 2-46　《月度安全重点工作清单》

（4）信息化应用，提升“穿透力”。充分利用基建工程全过程数字化管控平台，“e 安全”，关键风险点 App 等信息化手段，每日对作业计划、作业风险、人员信息等情况进行实时查看实时掌握。针对前段时间发现的驻队监理履职不到位、作业单元管控长效机制落实不到位等问题，按照项目管理一部现场安全管理“一表三绑定”（一是班组骨干和分包人员绑定；二是驻队监理和作业层班组绑定；三是视频监控和作业风险绑定）典型做法，建立《现场安全管控一张表》，表格内容涵盖每日风险作业信息，班组骨干、驻队监理和作业人员配置信息等内容，确保业主项目部对施工计划、队伍、人员、现场信息全面准确掌握。同时业主项目部利用《现场安全管控一张表》，每日对现场安全管控各要素落实情况进行监督检查，有效提升了现场管理的“穿透力”。工作资料如图 2-47 所示。

图 2-47　“一表三绑定”工作资料

（5）应急演练彰显“战斗力”。严格落实应急处置预案要求，根据工程进展情况，及时组织开展应急知识问答竞赛和应急演练活动。开工前，组织全体参建单位开展了新型冠状病毒传染病防控应急演练和应急知识抢答竞赛活动；汛期来临前，组织开展了防汛应急演练；春季组织开展了消防应急演练，近期将组织夏季防汛、防暑等应急演练，如图 2－48 所示。通过一系列应急演练相关活动的开展，切实提高了各级人员的应急处置意识和应急处置能力。

图 2－48　应急演练现场照片

四、总结评析

通过以上措施，确保了沭河 500kV 输变电工程安全顺利进行，实现了安全零事故的目标，达到了以下效果：

一是安全培训一贯到底。通过举办全员安全大讲堂、知识竞赛、人人上讲台、应急演练等活动，施工队伍共同参与，多措并举，实现了安全培训“一贯到底”，有效提升了作业人员的素质。

二是安全措施一交到底。严格执行三级交底制度，每日组织站班会和现场交底，对交底内容进行不定期问答。将“安全理念、安全要求、安全措施贯彻到现场拿扳手拧螺钉的人身上，落实到了现场拿铁锹锄土的人身上”。

三是安全违章一查到底。通过定期开展查禁违章和隐患排查治理，对查禁问题进行处罚。通过开展“无违章”活动，评选“无违章员工”“反违章先进个人”“无违章班组”，起到了引导示范作用。

四是安全管控一抓到底。通过规范工作票、接地线使用及现场看板，推行安全管理

“二十四节气表”，梳理三级及以上风险作业，制定风险防控措施及到位监督计划，确保了各项安全措施落实执行到位。

第十六节　建立健全“四个管住”机制 全力保障现场作业人身安全

密州500kV变电站扩建工程安全管理岗位问答

【摘　要】严格落实“两个一”“四个管住”要求，创新采用“望闻问切”安全管控模式和“一表三绑定”管控措施，常态化开展“我来参加站班会”活动，针对扩建工程安全风险高、管控难度大的难题，策划“五严格、五禁止”安全管控措施，研究应用“基于雷达探测的变电站设备吊装安全管控系统”，用行动践行“不出问题才是硬道理”。

【关键词】输变电工程；密州500kV变电站扩建工程；“四个管住”

1. 问题：为保证工程安全优质高效进行，公司严格落实“四个管住”要求，具体指什么？

回答：

“四个管住”即“管住计划、管住队伍、管住人员、管住现场”，其四个要素——计划、队伍、人员、现场彼此联系、相互融合。“四个管住”就是紧紧围绕这四个要素，综合运用管理和技术手段，在关键环节协同发力、严格管控，切实规范施工作业组织管理，实现作业风险全过程可控、能控、在控。

2. 问题：管住计划是控制风险的源头，就其重要性进行进一步阐述。

回答：

计划管理是建立和维持良好生产作业秩序的前提，各级管理者根据任务进展、作业风险情况，科学组织施工、管理等资源力量投入，针对性部署安全防范措施，实现对作业风险的有效防控。管住计划就是要求各级管理人员抓牢作业计划这一龙头，通过严格的计划管控，做到对作业组织管理的超前谋划、超前准备，强化作业计划编审批管理，准确辨识、评估作业风险，合理制定风险控制措施，实现风险的超前预防和事故防范关口前移，为“管住队伍、管住人员、管住现场”提供管理和资源的源头保障。

3. 问题：建设公司如何确保在密州500kV变电站扩建工程建设中确保计划管控到位？

回答：

一是推进计划管控“标准化、规范化、模板化”。制定了管控流程、标准要求和模板，确保计划管控标准、规范。二是推进风险预控“压降、提级、优化”。严格执行安全风险督察周例会制度，做到“安全无假日”。三是推进计划管控“四监督、一停工”。坚持“无计划不作业”，坚决做到发现一起、处理一起、通报一起。

4. 问题：请介绍“管住队伍”与“管住人员”的区别。

回答：

管住队伍是基础。管住队伍就是充分运用法治化和市场化手段，通过建立公平、公正、公开的安全准入和退出机制，对施工队伍实行作业全过程安全资信评价。管住人员就是通过建立完善的人员安全准入、评价、奖惩、退出等制度规范体系，对各类作业人员实施严格的安全准入考试、违章记分管控和安全激励约束，强化全方位、全过程的监督管理，做到“知信行合一”，切实增强作业人员主动安全意识和能力。总之，管住人员着眼于细事、小事，而管住队伍着眼于整体。

5. 问题：请介绍“管住队伍”在山东密州 500kV 变电站扩建工程中的重点工作内容。

回答：

一是队伍准入。依托安全生产风险管控平台，建立健全作业队伍安全资信数据库，在进场前对外部施工队伍实施安全资信审核、准入、报备管理，把好队伍安全准入关。

二是考核退出。建立健全“约谈”“说清楚”等过程管控制度，依据违章记分、安全记录等评价结果，对作业队伍安全管控情况进行动态纠偏。

6. 问题：保障“四个管住”顺利落地，应有哪些支撑体系？

回答：

一是安全督查队伍建设。开展安全督查人员业务培训，提高履责意识和督查质效。

二是风险管控平台建设。深化安全生产风险管控平台建设应用，加快安全监督力量与风控平台功能深度融合。

三是数字化安全管控智能终端应用。研发主动感知型智能安全工器具，加快推进数字化工作票建设，强化作业全过程、全要素管控。

7. 问题：“管住现场”是核心，那么在山东密州 500kV 变电站扩建工程中如何保障管住现场？

回答：

全面执行现场安全标准化作业。严格执行“十不干”“六到位一规范”及“全封闭硬隔离”等安全标准化措施，实施“7+1”作业全流程控制。通过关键风险点 App、安全督查 App、高清视频终端，实现对人员核实、工器具检查、安措布置、许可开工、安全交底、作业监护、工作验收与终结、危险点控制 7 个关键节点和 1 个危险点控制流程的全程痕迹化管控。

8. 问题：山东密州 500kV 变电站扩建工程对于管住现场的创新手段有哪些？

回答：

一是练成“CT眼”，“望”表知里发现问题；二是聆听“顺风耳”，“闻”声索迹融入嵌入；三是多点“婆婆嘴”，“问”询发声找准根源；四是常念“紧箍咒”，“切”中要害推动整改。

9. 问题：简单谈一谈实施“四个管住”的目的和意义。

回答：

安全是电力企业生产作业的主旋律。“安全生产风险管控平台”以作业计划和风险管控为主线，建立了各个作业环节的标准化管控举措，帮助电力企业管住计划、管住队伍、管住人员、管住现场，筑牢生产作业的安全屏障。

10. 问题：请介绍实施安全管理的目标。

回答：

实施安全管理的目标可以总结为“八不”：不发生六级及以上人身事件；不发生因工程建设引起的六级以上电网及设备事件；不发生六级及以上施工机械设备事件；不发生火灾事故；不发生环境污染事件；不发生负主要责任的一般交通事故；不发生寄件信息安全事件；不发生对公司造成影响的安全稳定事件。

第十七节　创新安全管理“五个一”　加强安全文明施工

郓城扩工程安全管理岗位问答

【摘　要】创新安全管理“五个一”理念，加强安全文明施工，为项目高质量发展保驾护航。一是安全培训“一贯到底”；二是安全措施“一交到底”；三是安全违章“一查到底”；四是安全管控“一抓到底”；五是安全责任“一担到底”。

【关键词】造价管理；工程结算

1. 问题：安全管理工作的主要目标是什么？

回答：

总体目标共分为八个方面：一是不发生六级以上人身事件；二是不发生六级以上施工机械设备事件；三是不发生环境污染事件；四是不发生因为工程建设而引起的六级以上电网和设备事件；五是不发生火灾事故；六是不发生基建信息安全事件；七是不发生负主要责任的一般交通事故；八是不发生对公司造成不良影响的安全稳定事件。

2. 问题：安全管理的主要内容包含哪些方面？

回答：

充分建立以“管理行为规范化、分析总结制度化、风险识别程序化、过程管控专业化、隐患排查常态化、评价考核标准化”为核心的工作机制；正确认识并且处理好安全与质量、进度、成本之间的关系，牢固树立“安全就是进度、安全就是质量、安全就是效益”的工作理念，全面、全员、全方位、全过程开展安全管理工作，坚决不碰触生命安全红线，避免发生各类安全事故，守住施工安全底线。

3. 问题：线路基础施工阶段的安全管理要点是什么？

回答：

以如下阶段为例，具体要点为：

（1）施工前：要编制施工作业指导书，编审批手续齐全，并在施工前进行交底和做好现场监护工作，已交底的措施未经审批人同意，不得擅自变更。

（2）施工用机械运行前：检查机械性能，满足施工要求，主要受力工具应符合技术检验标准，并附带许用荷载标志。

（3）一般土石方开挖时：如需堆放材料机械，必须经设计计算确定放坡系数，必要时采取支护措施，挖土区域设置警戒线，各种机械、车辆严禁在基础边缘 2m 内行驶及停放。

4. 问题：线路塔杆施工安全阶段的安全管理工作的要点是什么？

回答：

以如下阶段为例，具体要点为：

（1）塔杆施工前应编写专项施工方案。工程技术负责人应向所有参加施工作业人员进行安全交底，指明作业过程中的危险点及安全注意事项，起重区域现场设立安全警戒区。

（2）施工用机械、工器具经试运行，检查性能完好，满足使用要求。所有设备及工器具要进行定期维护保养。起重设备应具备专业机构出具的检验合格证和起重机安装质量检测报告。

5. 问题：线路放线施工阶段的安全管理工作要点有哪些？

回答：

线路放线施工阶段涉及停电跨越施工、带电跨越施工等难度较高的工程环节，以如下阶段为例，具体要点为：

（1）作业前必须对三级及以上作业风险进行复测，填写《施工作业风险现场复测单》报送监理审核。牵张放线及附件安装时，填写《安全施工作业票》，作业前通知监理旁站。按作业项目区域平面定置图要求进行施工作业现场布置，起重区域设置安全警戒区。

（2）施工用机械、设备、工器具经试运行，检查性能完好，满足使用的要求，并要保证定期维护保养，操作人员及指挥人员要熟悉起重设备性能，严禁超负荷吊装工作。

（3）跨越公路、铁路、航道作业，编制专项工作方案（含安全技术措施），附安全验算结果，再经施工企业技术、质量、安全等职能部门审核，施工企业总工程师审批，并由项目总监理工程师签字后，由施工项目部总工程师交底，由具备相应资质的专业队伍在专职安全管理人员现场监督下进行施工。

6. 问题：变电站土建工作中的质量管理要点是什么？

回答：

一是要在施工现场的永久围墙没有建成投入使用前，全站围墙侧设置封闭式栅栏，实现全站封闭式管理；二是要对施工现场的排水设施进行全面规划，排水沟的截面及坡度要经计算最终确定，其设置位置不得妨碍交通；三是施工现场敷设的能源管线不得任意切割或移动。如需切割或移动，必须事先办理审批手续；四是施工现场及其周围的悬崖、陡坎、深坑及危险场所等均应设防护设施及警告标志；五是施工用变压器户外安装，周边设置高度不低于 1.7m 的栅栏，并在栅栏的明显部位应悬挂“止步、高压危险！”的警告标志等。

7. 问题：变电站土建工作中的基础施工安全管理要点有哪些？

回答：

下面列举几点说明：一是在人工挖孔桩施工时，桩基孔内人员应正确佩戴安全帽，设置应急软爬梯供人员上下井，使用安全可靠的电动葫芦、吊笼，不得使用麻绳和尼龙吊挂或脚踏井壁凸缘上下；二是在桩间净距小于 2.5m 时，须采用间隔开挖的施工顺序；三是每日开工前检测井下的有毒、有害气体，并有相应的安全措施等。

8. 问题：房屋建筑施工安全管理工作应注意哪些要点？

回答：

一是模板工程按工序进行，支撑结构不得使用腐朽、扭裂、劈裂的材料，遵守高处作业的相关规定；二是进行预埋焊接或切割工作时，操作人员应穿戴专用工作服、佩戴防护手套等符合专业防护要求的劳动保护用品；三是混凝土搅拌系统开车前应进行检查，运行中严禁用铁铲深入滚筒内扒料；四是进行油漆喷涂时，要戴防护面罩；五是脚手架工程制定专项的安全技术措施，搭设完成后经过检查验收才可使用，并确保有效实施和运行等。

9. 问题：构架安装安全管理要点有哪些？

回答：

一是构架组装、安装前必须编制组吊装专项作业指导书，并报相关部门审批，经批准后方可实施；二是安装工程开工前必须进行安全、技术、质量三级交底；三是特殊作业工种必须持证上岗；四是构件起吊必须由专人指挥，起吊前应详细检查绑扎点、吊具、地锚、缆风绳及补强措施等是否准确无误；五是现场工作人员必须熟悉指挥信号，并确定一人为吊装指挥，“紧急停止”信号不论谁发出都应执行；六是进入现场的所有人员必须正确佩戴安全帽，登高人员必须系牢安全带；七是结构吊装过程中，非工作人员未经许可不得进入吊装现场，吊件回转范围内严禁有人逗留，严禁在吊件下方作业。

10. 问题：在进行高压实验时，要注意哪些方面？

回答：

一是要注意高压试验设备和被试设备的接地端或外壳应可靠接地；二是进行高压试验时，应明确试验负责人，试验人员不得少于两人；三是现场高压试验区域应设置遮栏或围栏，向外悬挂“止步，高压危险！”的安全标志牌；四是高压试验开始时，要通知周围施工人员正在进行高压试验，避免发生意外事故；五是电气设备在进行耐压试验前，应测定绝缘电阻；六是高压引线的接线应牢固，并采用专用的高压试验线，试验中的高压引线及高压带电部件至临近物体及遮栏的距离应符合安全规定；七是合闸前应先检查接线表计倍率，量程、调压器零位及仪表的开始状态均正确无误。

第十八节　建立临时党支部　确保工程“零事故”

贝州 500kV 输变电工程安全管理岗位问答

【摘　要】贝州 500kV 输变电工程的建成投运，优化了山东电网结构，满足了德州中心供电区负荷增长的急切需求。在工程建设现场深入开展“党员带头不违章、党员带头查违章、党员身边无违章”专项活动，充分发挥党员先锋模范作用，确保工程“零缺陷”“零问题”移交。

【关键词】输变电工程；贝州变电工程；绿色建造

案例背景：

贝州变电站是山东第 51 座 500kV 变电站，位于德州市武城县。全站总占地面积 3.86ha，总建筑面积 882m^2。本期安装 100 万 kVA 变压器 1 组，采用钢芯铝绞线，新建 500kV 进线 3 回、220kV 出线 6 回、铁塔 74 基。

1. 问题：关于党员带头查违章活动，公司具体如何落实？

回答：

电网五级、六级、七级风险相对较多，安全压力相较往年大。公司开展“党员带头不违章、党员带头查违章、党员身边无违章”争做安全先锋活动，此次活动也是为了强化党建统领、落地推行“党建＋安全”模式生产的直接效果。

2. 问题：举办此次“党员带头不违章、党员带头查违章、党员身边无违章”专项活动，具体有哪些收效和好处？

回答：

党员现场抓安全。在现场监督管控工作中，党员认真负责，强化安全责任落实，狠抓违章治理，督促施工班组在班前班后会、安全危险点作业交底、施工人员安全工器具等方面进行严格的监督检查，严格按照现场“十不干”的管理工作要求，以“无违章员工、无违章班组”为抓手，严格执行十八项反措，坚决做到“三杜绝三防范”以及“四个不发生”，夯实一线安全工作基础。

3. 问题：此次活动具体有哪些收获？

回答：

一是加强了组织建设，党组织在推动企业发展上具有政治引导、凝聚人心、化解矛盾、整合资源等独特的优势；二是加强队伍建设，以加强党员员工思想政治工作为先导，着力营造重视企业党建工作的氛围；三是加强制度建设，建立健全“党员无违章、党员身边无违章”的制度体系，充分发挥党员的先锋模范带头作用，带头帮扶安全意识淡薄的员工，在生产中当先锋、打头阵、保安全。

4. 问题：在活动开展过程中，有哪些难点或者注意事项？又是如何克服的？

回答：

在活动开展过程中，因为党员不仅要做好自身的事情，还要督促和监督身边的人做好事，那么在工作中难免会出现“人情债”，所以在开始的时候，还是会有不少同志抹不开面子，不敢真查真管，导致很多安全问题被忽视。也会有一些同志觉得委屈，因为别人违章，导致自己被连带追责，支部约谈，公开检讨，罚负积分，还会连累自己过去一年拿不到任何奖项。这对于这些问题，归根结底是“心太软”，还是要从思想上正视问题，之所以设置这样的连带责任，不是为了处罚而处罚，也不是为了难为谁，明确安全生产的底线思维，也讲清楚安全生产的重要性，从思想上扭转，安全绝不是个人的事情，而是每个人的事情。

5. 问题：在活动开展过程中，遇到的最大问题是什么？

回答：

一是党员集中学习时间不够，电力行业的工作性质决定推行不定时工作制，在生产任务繁忙时常常要连续作业，导致党员教育培训时间难以保证；二是组织党员学习的跨度较大，人员也较为分散，而党支部集中学习的跨度很大、很难集中，致使党员教育工作存在“走过场”的现象。

6. 问题：此次活动的背景因素是什么？

回答：

公司通过不断推进“一体四翼”建设，加强本级党组织建设和党员日常管理，增强党员的责任心和荣誉感，引领党员自觉践行党员标准，立足岗位，创先争优，促进企业生产经营中心工作效益效率提升，成为当前基层党建工作研究探索实践的课题。

7. 问题：此次活动取得了哪些经验？

回答：

抓制度建设，明确党建工作责任制。一是加强指导。公司党委加强对基层党建工作的指导，针对每一项工作，及时制作推进表，细化落实措施，明确时间节点和具体责任人。二是完善制度。对于发现问题但没有及时检查提醒的党员，进行处罚。敦促广大党员干部以身作则，积极监督。

8. 问题：此次活动的工作思路是什么？

回答：

引入“项目化”管理手段，实现管控科学化。通过引入现代管理理念进行“课题化设计、项目化管理、工程式推进”，引导结对双方围绕电网建设、安全生产、优质服务、党建和精神文明建设等重点工作，选定符合工作需求、能够发挥各自优势的项目，按照每年“制订一份实施计划、解决一个实际问题”的思路开展工作，确保“任务精确分解、过程精细管理、结果精准控制”。

9. 问题：加强党的建设的现实意义是什么？

回答：

一是落实全面从严治党的需要。党要管党，必须从严治党，只有这样才能经受长期执政的考验，才能化解精神懈怠的危险、脱离群众的危险和消极腐败的危险。不明确责任，不落实责任，不追究责任，从严治党是做不到的。

二是破解现实问题的需要。服务型党组织建设的提出，则是加强从严治党的具体抓手。当前，在基层党建工作中，存在着党的路线方针政策未能得到有效贯彻、党建工作的方式方法和手段显得较为单一等问题，需要通过服务型党组织建设的持续推进，在现实中解决、改善这些问题。

三是适应改革发展的需要。当前，公司面临着深化改革要求，党组织发挥作用的途径、党建工作的方式方法也面临着一系列新的问题。国企传统的管理理念、方法与手段必须随之调整，由此也就要求党建工作必须与之相适应。而发挥党支部、党小组的作用，能使各种工作真正得到延伸、落地。

10. 问题：对于此次活动的分析和思考有哪些？

回答：

党组织凝聚力得到提升。通过结合公司中心工作开展基层党组织建设，形成党员争当服务先锋、支部战斗堡垒加强、党组织战斗力加强的目标；使服务型党组织建设始终围绕中心开展、实现以党建促进工作的目标；使党建工作有了落脚点和具体抓手，更加贴近实际工作、更加贴近一线、更加贴近职工群众；使党员干部切实增强全面从严治党的思想自觉和行动自觉，努力为实现“十四五”良好开局提供坚强保证。

第十九节 “三算四验五禁止” 推动工程安全建设

沭河 500kV 输变电工程安全管理类岗位问答

【摘　要】沭河 500kV 输变电工程、智圣—沭河—巨峰 500kV 线路工程，整体规模为山东省近8年来最大，是国家“西电东送”战略的重要消纳通道，也是山东省政府2020年度重点工程。推动工程安全优质高效建设。严格执行“三算四验五禁止”“两个一”要求和驻队监理、安全总监制度，全线100%使用起重机组塔，创新实施“一表三绑定”等安全管控措施，确保了安全稳定局面。

【关键词】沭河500kV输变电工程；“三算四验五禁止”

1. 问题：简单介绍特高压输变电安全管理现状。

回答：

输变电工程是电力输电线路建设与变压器安装工程的一个统称，其在工程建设过程中主要被分为输电线路与变电站两部分。因为输变电工程建设本身存在施工范围广且相对较为分散、施工人员结构的配置相对较为复杂、交叉作业相对较为频繁等诸多特点，也就致使施工企业、电力用户乃至整个社会，都对输变电工程建设的安全性提出了较高的要求。虽然现阶段我国在输电变工程建设过程中积累了不少的宝贵经验，但是在很多输变电工程建设中安全管理工作仍然暴露出不少的问题，强化安全管理工作仍然任重而道远。

2. 问题：针对特高压输变电工程，常见的安全管理问题主要有哪些？

回答：

参与施工建设的施工人员本身的职业素质参差不齐，很多处于基层一线的施工人员流动性过大，以至于持续性的安全培训工作难以发挥应有的效用，安全控制意识淡薄，也就导致了安全违章事故频频发生，安全责任难以履行落实到位，进一步给安全管理工作的顺利开展增加了难度。在输变电工程施工过程中，使用的机械设备也很多，并且绝大多数工作都是临电、近电作业，这些重大危险源的存在都进一步加强了输变电工程安全事故的发生。

3. 问题：针对特高压输变电存在的问题，公司具体做了哪些措施？

回答：

公司严格执行“三算四验五禁止”“两个一”要求和驻队监理、安全总监制度，全线100%使用起重机组塔，创新实施“一表三绑定”等安全管控措施。工程于2020年6月20日开工建设，历经16个月建成投运，业主项目部及全体参建人员不等不靠、奋勇拼搏，多措并举、奋力攻坚，安全优质高效推进工程建设，确保了工程顺利贯通。

4. 问题：简单介绍“三算四验五禁止”的具体内容。

回答：

“三算”指的是加强施工技术方案管理三步走，一是拉线必须经过计算校核；二是地锚必须经过计算校核；三是临近带电体作业安全距离必须经过计算校核。“四验”指的是加强作业关键环节验收把关步骤。第一拉线投入使用必须通过验收；第二地锚投入使用前必须通过验收；第三索道投入使用前必须通过验收；第四组塔架线作业前地脚螺栓必须通过验收。“五禁止”指的是加强施工过程管控，第一在有限空间等条件下作业，禁止不满足通风及防护要求；第二组塔架线等高空作业，禁止不适用攀登自锁器及速差自控。第三乘坐船舶或水上作业，禁止不穿戴救生装备；第四紧断线平移导线挂线，禁止不交替平移子导线；第五组立铁塔起立抱杆作业，禁止使用正装法。

5. 问题：简单介绍“三算”的实施要求（以拉线必须经过计算校核为例）。

回答：

一是涉及拉线的施工方案，应严格履行编审批手续；二是施工作业中是否使用拉线，应由施工项目部方案编制人根据实际情况及规程规范计算确定；三是施工项目部方案编制人应根据拉线受力情况，选择相应安全系数进行计算，并考虑钢丝绳安全系数确定规格，留有足够的裕度；四是拉线的计算书、布设方式及要求应由施工项目部方案编制人在施工方案中予以明确。

6. 问题：简单介绍“四验”的实施要求（以拉线投入使用前必须通过验收为例）。

回答：

一是施工单位、施工项目部均应建立机具管理台账，施工项目部安全员组织对其使用的钢丝绳进行经常性维护保养并每年进行检查，专业监理工程师组织对计划投入使用的钢丝绳进行入场前审查；二是拉线进入作业点前，由施工作业层班组负责人、班组技术员按照施工技术方案要求对拉线规格、数量、外观等进行核查、验收，专业监理工程师进行复验；三是拉线投入使用前，施工作业层班组负责人、班组安全员、班组技术员应按照施工技术方案要求对拉线对地夹角，马鞍螺栓配置规格、数量是否与钢丝绳匹配及安装方式等进行核查、验收，安全监理工程师或监理员进行复验；四是施工作业中，施工作业层班组安全员、班组技术员应按照施工技术方案要求对拉线状态不间断进行监控，安全监理工程师或监理员对作业过程和拉线状态进行巡视检查；五是上述各环节验收不通过，不得开展后续作业。

7. 问题：简单介绍“五禁止”的实施要求（以在有限空间等条件下作业，禁止不满足通风及防护要求为例）。

回答：

一是施工作业层班组技术员提出，施工项目部技术员复核后，报施工项目部项目总工在风险清册中明确有限空间作业范围，避免有限空间作业遗漏。二是有限空间下作业（包含但不限于线路基坑、电缆管沟、变压器器身等），施工作业层班组负责人负责领用通风检测设备。三是人工掏挖基础、挖孔桩作业，施工作业层班组负责人负责领用深基坑作业一体化装置。四是岩石基础爆破作业，应在公司明确的“强制应用地域、推广应用地域”采用二氧化碳致裂工法，其他地域积极推广应用。

8. 问题：“三算四验五禁止”的必要性是什么？

回答：

架防治安全事故重复发生，是当前输变电工程施工安全管理的重中之重。初步统计，国家电网有限公司自2005年以来发生的输变电工程施工安全事故近80%系重复发生。为深刻吸取事故教训，国家电网有限公司基建部对近年输变电工程安全事故直接原因进行了梳理，决定对拉线地锚作业、索道作业、组塔架线作业临近带电体作业、有限空间作业、乘坐船舶或水上作业等六类作业中的高危环节，从施工技术方案、关键环节验收、施工过程管控方面实施安全强制措施，也就是输变电工程施工“三算四验五禁止”安全强制措施。

9. 问题：关于“三算四验五禁止”安全强制措施，难点在于“三算”，以紧线张力为例，谈谈如何计算？

回答：

第一步，首先计算紧线操作塔紧线侧这一档的水平张力 H：

$$H=\frac{L^2W}{8f\cos\varphi}$$

式中：L 为档距；W 为导地线每米自重；f 为紧线档的观测弧垂特别强调是观测弧垂，不是竣工弧垂）；φ 为紧线档挂点之间的高差角，$\varphi=\arctan(h/l)$，h 是挂点高差，后续计算需要用到，h 取正值。

第二步，计算紧线档小平视弧垂 f_x：

$$f_x=f\left(1-\frac{h}{4f}\right)^2$$

计算紧线张力 T：

当紧线操作塔较低时（这个高低比较，是针对本档），紧线张力 $T=H+Wf_x$

当紧线操作塔较高时（这个高低比较，是针对本档），紧线张力 $T=H+W(f_x+h)$

10. 问题：本次沭河500kV输变电工程在安全管理方面获得了哪些经验？

回答：

在安全管理上，建立起以安全责任制为核心的一整套安全保证制度，完善现行的安全管理制度、规定、标准，以严格的制度、严密的组织、严肃的态度、严明的纪律作为安全管理总体要求，建立健全一套完整、简洁、实用、可操作性强的程序性文件。在管理层面上，建立安全责任制、岗位安全职责规范、安全工作奖惩规定、各级领导和管理人员到岗到位规定等一系列管理型制度文件。在现场安全管理方面，应当从防止人身事故、电网事故、设备事故和信息事故四个方面来建立健全完善的保障安全的现场操作制度和运行维护制度。

第三章 质量管理典型案例

第一节 多措并举提升竣工验收消缺效率

聊城南 500kV 输变电工程典型经验案例

【摘 要】为提高工程设备安装质量和现场管理，及时消除工程存在的缺陷，实现设备安全、稳定运行，聊城南输变电工程采取通过借鉴已送电工程竣工验收问题消除的经验，强化项目管理团队验收消缺管控责任和意识，抓实施工过程质量管控，做实施工单位三级自检和建设单位竣工预验收工作，开展工程试点验收、阶段性工程验收、单位工程复验，减少后期验收检查问题的数量。坚持“标本兼治、关口前移”的缺陷管理原则，将验收消缺方案应用到聊城南 500kV 输变电工程各个验收阶段，实现工程建设整体质量的提升。

【关键词】输电线路工程；地脚螺栓；紧固防卸；成品保护

一、背景描述

近年来，主网架输变电工程建设规模及速度迅速增长，但建设工期要求却在逐步缩短，在工程建设管理单位及设计、施工、监理等参建单位现有规模及人员承载力难以同步快速提升的情况下，工程建设质量水平出现了下降。严重的甚至会出现施工单位“以包代管”、设备材料“参差不齐”等问题。工程建设质量问题不能及时发现或发现后不能及时整改，会导致工程投运后质量问题频发，严重威胁电网主干网架的安全运行，直接威胁施工人员的生命安全。由此可见，输变电工程建设质量水平亟须提升，务必将问题缺陷消除在工程建设阶段，保证工程安全投产运行。

二、创新亮点

（1）提高设备安装质量和现场管理，加强设备材料质量检测，及时消除工程存在的缺陷，实现设备安全、稳定运行，采取通过借鉴已送电工程竣工验收问题消除的经验，强化项目管理团队验收消缺管控责任和意识。

（2）坚持“标本兼治、关口前移”，抓实分项、分部、单位工程等过程验收，提高施工单位三级验收、建设单位竣工预验收质量。创新开展工程试点验收、阶段性工程验收、单位工程复验，实现工程建设整体质量的提升，着力打造“零缺陷”验收工程。

（3）坚持“三统一”原则，即权责统一、标准统一、程序统一。“权责统一”是指严格落实各专业组人员责任制，按照各自职责范围开展验收工作；“标准统一”是指执行统一验收标准，编制竣工预验收方案及验收卡，细化验收内容，量化验收细则，在验收中逐项执行，确保验收质量；“程序统一”是指遵循统一的验收流程，每天验收工作结束后组织召开反馈会，及时反馈验收情况。

三、主要做法

（一）开展多层级多阶段验收

编制《聊城南 500kV 输变电工程整体验收工作方案》、竣工预验收标准验收卡，确定验收组织、验收实施、验收要求、履约考核等各项内容，从单位工程验收开始，系统指导聊城南工程整体验收工作。

1. 加强设备材料质量检测

依据《全过程技术监督精益化管理实施细则》《十八项反措》《变电专业可研/初设审查标准监督卡（试行）》等制度标准，结合公司工作实际，由业主委托山东电科院开展电气性能监督检测、电气设备金属监督检测等。其中电气性能检测不合格 1 项 4 件，发现问题后，及时联系物资供应商和施工单位进行整改，整改后复验直至合格。

2. 开展工程试点验收

以样板引路、试点先行模式，邀请检修公司、信通公司提前介入，在现场抽取一区一段开展验收（变电站选择一个区域，线路选择一个耐张段），通过试点验收，消除同类缺陷，打造区段样板。

3. 开展阶段性工程验收

项目管理二部组织部门级专家提前介入，开展了工程投运前的阶段性检查验收，梳理了查缺、消缺流程及过程验收考核制度。结合近两年投产工程的验收缺陷类型和经验教训，不留死角地进行了一次“过筛式”摸排检查。

4. 开展单位工程复验

公司组织公司级专家对已验收完成的 5 项单位工程进行复验，进一步抓实分项、分部、单位工程等过程验收。核查是否按照《在建输变电工程质量验收统一表式应用计划统计表》全面应用《输变电工程施工质量验收统一表式（试行）》，以及在验收过程中是否严格实施输变电工程施工质量强制措施等方面的情况。

5. 严格开展竣工预验收

公司组织信通公司、物资公司、电科院、检修公司、环水保机构及各参建单位组成6个专业检查组开展了竣工预验收工作，坚持"三统一"的原则，实现了"三首次"的突破。核查施工单位完成三级自检及自检报告、监理单位完成初检报告及工程质量评估报告、设备的技术资料及试验报告。编制竣工预验收方案，明确人员分工、验收范围及内容，结合工程实际制定竣工预验收卡、验收卡，持卡进行竣工预验收，逐项核实确认并签字，明确验收结论。"标本兼治、关口前移"，严格落实"五必检六必验"等强制措施，通过以上各级验收，让缺陷问题早暴露、早消除。

（二）严控验收消缺质量

工程验收期间组织设计、监理、施工、设备厂家等单位应准备足够的力量在限期内消除缺陷，对验收部门提供的缺陷清单逐条答复，按期完成缺陷处理工作。

1. 明确验收方案及考核办法

编制《聊城南工程验收考核意见》，明确工程验收消缺要求和履约责任。以"小缺陷2天内解决，大缺陷2天内确定方案，零缺陷投产"为目标，开展验收消缺工作。验收消缺期间，共发出消缺联系单12份，供应商考核意见单3份，通过考核提升消缺质量。

2. 紧盯竣工验收消缺效率

创建"聊城南工程消缺群"，将各级验收的汇总版缺陷及整改情况进行每日通报，并在项目部通过"工程消缺进度牌"公示晾晒，对各参建单位及各供应商的缺陷条数和消缺比例进行排名。严格执行"每日销号"制度，每日16:00准时召开消缺协调会，各单位对照汇总缺陷一一反馈缺陷整改情况和新增缺陷的整改计划，责任单位明确整改时间和责任人，监理项目部紧盯整改进度和复验进度，业主项目部及时协调解决疑难问题，特别是设备供应商问题，根据缺陷情况及时通知供应商增加售后人员。

3. 加强与各单位沟通协调

加强与检修公司、信通公司、电科院等单位以及上级单位的联系，充分沟通、对接验收要点、验收标准、消缺方案，共同推进验收消缺工作高效开展。

四、结果评价

聊城南500kV输变电工程包括聊城南500kV变电站新建工程（征地面积57.37亩，本期安装1000MVA主变压器1组）、聊城南—东阿500kV线路工程（新建铁塔203基，线路路径长度85km）、聊城南—聊城电厂500kV线路工程（新建铁塔136基，线路路径长度 53km）。通过开展以上多层级多阶段验收和严控验收消缺质量系列措施，各级验收效果大大提升，在工程竣工验收中发现缺陷问题数量实现历史最低。

（一）聊城南变电站工程

1. 施工单位验收问题

完成班组级验收，缺陷56条，施工28条、厂家28条。完成项目级验收，缺陷55

条，施工 25 条、厂家 30 条。完成公司级验收，缺陷 59 条，施工 21 条、问题 38 条。

2. 监理单位验收问题

完成监理验收，缺陷 33 条，土建 16 条、资料 3 条、电气 14 条。

3. 业主单位验收问题

完成业主验收，缺陷 27 条，土建 9 条、资料 5 条、电气 13 条。

4. 检修公司验收问题

检修公司验收缺陷 92 条，土建问题 10 条、电气问题 16 条、厂家问题 64 条、设计 2 条，组织各参建单位按期完成消缺工作。

（二）聊城南—聊城电厂线路工程

1. 施工单位（部分缺陷立查立消）验收问题

完成班组级验收，缺陷 16 条。完成项目级验收，缺陷 8 条。完成公司级验收，缺陷 8 条。

2. 监理单位验收问题

完成监理验收，缺陷 17 条。

3. 业主单位验收问题

完成业主验收，缺陷 10 条。

4. 检修公司验收问题

检修公司验收 0 缺陷。

（三）聊城南—东阿线路工程

1. 施工单位（部分缺陷立查立消）

完成班组级验收，缺陷 18 条。完成项目级验收，缺陷 8 条。完成公司级验收，缺陷 8 条。

2. 监理单位

完成监理验收，缺陷 48 条。

3. 业主单位

完成业主验收，缺陷 19 条。

4. 检修公司

检修公司验收 0 缺陷。

第二节 加强物资监造、验收、检测与监督

聊城南输变电工程典型经验案例

【摘 要】工程建设期间不断加强物资的驻厂监造、开箱验收、设备材料质量检测、

专项技术监督，有效提高了工程物资质量管控水平。驻厂监造中及时发现主变压器局部放电问题 1 项，开箱验收中发现较大质量问题 2 项，开展了 17 项 123 件设备材料质量检测工作、11 项 219 件金属专项技术监督工作，率先开展变压器橡胶密封制品性能检查、线路瓷绝缘子、导线、地线等送检工作以及全过程技术监督，工程累计开展监督检测项目最全、最多，做到了设备隐患的早发现、早消除。

【关键词】物资监造；到货验收；设备材料检测；技术监督

一、背景描述

电力设备为社会现代化提供了能源供应保障，而且电力设备也在不断地完善，推进我国现代化发展的进程，电力设备的稳定和安全是重要保障。建设本质安全电网，是关系企业长治久安的重大战略任务。设备是电网安全生产的物质基础。在输变电工程建设中，电力设备物资作为重要的载体，其质量水平直接影响投运后电力系统的安全稳定可靠运行。

电网是资产密集型企业，设备资产占比高达 85%。在电力设备安装前，有效发现和解决安装前设备质量问题，是把好工程质量的第一道关，是开展物资质量全过程监督的首要任务。聊城南输变电工程作为聊城地区重要的枢纽变电站工程，是聊城地区唯一列入省重点工程的项目，是山东电网 500kV 主网架的重要组成部分。对进一步完善山东电网网架结构，加强山东电网西部末端电网，增强受端电网电压支撑，满足山东西部经济社会快速发展及电力负荷增长需求，确保迎峰度夏电力供应具有重要的意义；同时，可为郑济高铁、雄商高铁提供可靠的电力保障。该工程设备种类多、数量大，如何聚焦本质安全内核，做好设备安装前物资监造、到货验收、设备材料检测和技术监督质量把控第一关将极为重要。

二、存在问题

一是工程驻厂物资监造人员往往水平能力不一，当前实际情况是一个厂家的驻厂监造往往比较固定，客观上存在一定的风险性，对设备是否满足出厂条件判定影响较大。

二是现场监理项目部负责组织开展物资到货验收，由于到货验收涉及物资种类多、数量大，往往在实际验收过程中存在到场验收把关不严的现象。

三是按照国家电网有限公司设备材料检测要求，现场执行过程中对材料的理解和把握不足，在实际执行工程时往往存在设备材料检测不全的情况。

四是当前技术监督涉及金属监督、电气性能监督等监督内容，技术监督实施单位大多为支撑单位（电科院等单位），对于发现的问题常常采取重整改轻处罚的考核方式，在实际技术监督出现问题时，实施单位由于缺乏相应的合同关系，往往出现对问题厂商的考核不严的现象。

三、问题分析

一是针对现场主要设备监造工作，驻厂监造人员相对固定，水平难以确定，监造在现场的工作能力水平和态度将直接影响现场设备监造质量；二是物资到货验收时，监理项目部负责具体组织，在实际执行过程中往往存在对于到货验收物资把关不严不细的情况，有时只是留存于形式，造成到货验收质量不高；三是不同的设备厂家，其供应设备材料的质量往往存在差异，有些厂家往往抱有侥幸心理，在设备材料质量抽检上投机取巧，企图蒙混过关；四是针对到场物资，当技术监督发现问题后，往往只是要求厂家进行整改，整改后进行送检，对问题厂家的考核有时疏于按照合同要求进行管理。

四、改进措施和方法

（一）主动介入关键点见证

供应商生产资质不能完全代表具体产品的生产能力，电网设备供应商存在一家企业生产多种设备类型、型号的情况。因此要对厂家做好全流程设备质量管控，关键点见证是其中较为重要的一项工作。物资设备监造是把好入网设备质量的第一关，将质量监督关口前移到生产制造环节是必不可少的一项措施。工程项目部提高标准，多措并举深入开展重要物资设备质量监造关键点见证工作，加强设备监造抽检管理，全方位管控入网物资设备质量。编制《电力设备关键点见证工作清单》，进一步提高规范化和标准化作业水平；开展集中培训年度典型质量案例学习等活动，提升并见证项目部人员的专业素质和技能技术的整体水平；强化对驻厂监造组的监督，在见证期间严格现场监造工作纪律，反馈监造表现至物资公司，督促监造组提升监造质量。

（二）做细做实到货验收

编制《到货验收管控工作指引》，明确了“风险有哪些”“风险由谁管控、怎样管控”这两大关键点，让过程管控更加精准。成立物资到货验收专班，业主、监理、施工、运检及设计人员参与，严格按照材料要求和技术标准，对各批次到货物资实行“随到随检”，对型号、工艺及相关证书认真检测，做到精益、精细，并对发现的问题和不足，及时与供货商约谈，指出短板、症结或缺陷，协同物资公司有关部门认真整改或做“退货”处理，确保到货物资质量无瑕疵，并且严格按照合同进行供货。

（三）全方位设备材料检测

严格按照《国家电网有限公司关于加强输变电工程设备材料质量检测工作的通知》（国家电网基建〔2020〕531 号）相关要求，编制工程《输变电设备材料质量检测工作明细》。按输变电工程设备材料质量检测要求，编制工程设备材料质量检测计划表，为设备材料检测工作的进行打下坚实基础。针对设备材料检测发现的问题上报省公司建设部，严格合同履约考核。

（四）严格技术监督问题考核

加强技术监督范围、实施分工、监督费用、检测标准和质量判定，依据文件学习和宣贯。严格按照基建里程碑计划和工作方案要求，编制专项技术监督里程碑计划。加强痕迹管理，现场检测或送检前，根据工程进度，及时编制工作联系单。强化问题考核力度，严格执行技术监督方案中的检测项目，对发现的问题由供应商签字确认，并及时做好问题整改，复测合格后方可签章上报。对于问题供应商，业主项目部形成专项通报文件上报公司及物资有关管理部门。

五、结果评析

（一）抓实关键点见证

在工程开工前，业主项目部组织对主要设备制造厂家的生产及试验能力、工艺控制等开展综合评估，分析供应商存在的潜在风险，制定应对措施。在设备出厂前，驻厂监造质量是设备到货验收前需要把控的第一道关，其直接决定了设备是否满足设备出厂要求。在设备生产过程中，协同物资公司监造组落实差异化管控措施，强化设备生产关键风险点管控。在出厂验收环节，配合组织赴厂验收。现场业主项目部通过主动介入关键重要设备见证工作，在主变关键点见证中发现主变压器局部放电问题 1 项，有效避免了对后续安装质量的影响，扣紧了设备出厂的第一把锁。

（二）做细到货验收

工程到货期间，现场业主项目部依托到货验收工作规定，在到货验收前组织召开到货验收启动会，梳理到货验收资料，编制到货验收检查表，严格按照规定流程开箱检查，按照合同和技术规范书要求进行逐项核对梳理，共计发现较大质量问题 2 项，并及时督促厂家完成问题整改，为后续设备安装打下了较好基础，有效发挥了到货验收专门协同作用。

（三）全方位开展检测和监督

通过对技术监督范围、实施分工、监督费用、检测标准和质量判定依据文件的学习和宣贯，重点关注对变压器、组合电器重要设备及关键部件的专项监督工作。在工程建设中，业主项目部严格开展设备材料检测，开展了 17 项 123 件设备材料质量检测工作、11 项 219 件金属专项技术监督工作，率先开展变压器橡胶密封制品性能检查、线路瓷绝缘子、导线、地线等送检工作以及全过程技术监督，工程累计开展监督检测项目最全、最多，做到了设备隐患的早发现、早消除。针对发现问题，下发整改通报至所在公司，有效发挥了合同的效力。

第三节　基坑验收有诀窍，提高质量保安全

研制用于测量挖孔基础坑深及扩底的装置典型经验案例

【摘　要】近些年来，挖孔桩基础广泛运用在输变电工程中，特别是在扩底的桩基施工中，挖孔桩施工更有其优越性。目前，针对挖孔桩基础广泛采用拴绳测量坑深，往往需要多人辅助操作，耗时耗力，难以有效测量坑深，更测不出扩底尺寸；采用人工下孔测量扩底尺寸，难以保障人员安全。针对这一点，采用一种有效测量坑深和扩底的装置能够高效快捷地实现基坑测量，尤其是带扩底的挖孔桩基础。

【关键词】挖孔桩基础；带扩底；测量装置

一、背景描述

挖孔桩具有机具设备简单、施工操作方便、占用场地小等优点。因此，近些年广泛运用在输变电工程中，特别是在扩底的桩基施工中，挖孔桩施工更有其优越性，挖孔桩基础验收如图 3-1 所示。据统计，500kV 送出工程（威海段）工程 432 基基础中，挖孔桩基础 198 基占 46%，其中带扩底的挖孔桩基础 52 基，占 12%，如图 3-2 所示。

图 3-1　挖孔桩基础验收

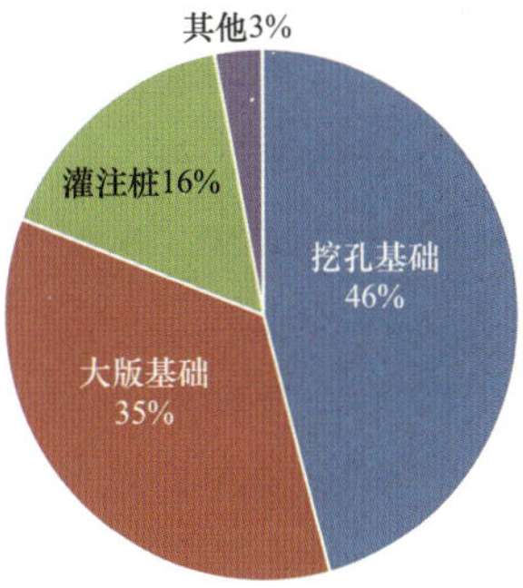

图 3-2　国核示范 500kV 送出工程（威海段）基础类型占比

目前，针对挖孔桩基础广泛采用拴绳测量坑深，往往需要多人辅助操作，耗时耗力，难以有效测量坑深，更测不出扩底尺寸；采用人工下孔测量扩底尺寸，难以保障人员安全。

二、创新亮点

针对这一需求，提出研制挖孔基础坑深及扩底测量装置，其检测精度达到毫秒级，测量误差在±10mm 以内，满足验收规范要求，提高监理验收效率，确保人员安全，从而进一步提高工程建设质量。

三、主要做法

在公司领导的大力支持下，迅速组建技术力量雄厚的研究小组，由工程建设领军人才担任 QC 小组组长，包括高级工程师 3 人，对本创新提供 1.5 万元的研究经费。通过确定课题、目标可行性论证、确定总体方案、制定对策、对策实施等步骤实现装置制作。

（一）确定课题

通过中国知网、中国专利数据库、国内知识产权信息平台——佰腾科技等网站，针对“测量挖孔基础坑深及扩底”这一问题进行检索，为了达到充分借鉴现有技术的目的，结合工程现场情况及课题思路，确定检索词为“挖孔/扩底/扩大头/测量/塔尺/标尺”。

【专利题目】一种人工挖孔桩桩径及扩大头直径简易测量装置

【摘　要】本实用新型公开了一种人工挖孔桩桩径及扩大头直径简易测量装置，包括基础持力层和立杆：所述立杆的前侧设置有壳体，所述壳体的内腔设置有水平测量机构，所述水平测量机构包括贯穿壳体两侧的两个水平测量杆，所述水平测量杆的表面设置有刻度标记，所述水平测量杆远离壳体的一侧固定连接有固定板，前侧水平测量杆的背表面固定连接有 T 形限位条。本实用新型通过将立杆插入基础持力层的内部，随后通过壳体和弹簧的配合使用，使得水平测量杆远离壳体的一侧与基础持力层的内壁相接触，最终使用者将两个水平测量杆表面的刻度值与壳体和固定管的长度相加，即可达到测量准确和使用便捷高效的目的。

该专利在本体结构、原理和操作方法等方面具备参考价值，故决定将该项技术作为研究的参考方向。

经过充分的分析和讨论，小组成员提出研制一种便于携带或可插接的尺杆，尺杆底端装设用于测量孔径和扩底尺寸的装置，从而解决对扩底尺寸进行测量和检查的需求。最终小组成员一致认为将《研制用于测量挖孔基础坑深及扩底的装置》作为本次活动的课题。

（二）目标可行性论证

（1）验收规范 GB 50233—2014《110kV～750kV 架空输电线路施工及验收规范》指出挖孔成孔的负偏差不得大于 50mm，在同类钢卷尺测量中，其 10m 测量误差可达 5.0mm，因此，本课题设计测量误差小于±10mm 的装置，完全可以实现。

（2）公司人员技术力量雄厚，活动也得到了公司领导的大力支持，活动资金完全能够得到保证。

通过上述各方面分析，研制用于测量挖孔基础坑深及扩底尺寸设备在人员、技术、资金等方面具备了充分的条件。经过努力，相信一定可以实现目标。

（三）确定总体方案

1. 提出总体方案选择

通过创新思路，小组针对课题目标“成功研制检测精度达到毫米级的挖孔基础坑深及扩底测量装置”（如图 3－3 所示），集思广益，收集了大量的资料，充分利用“头脑风暴法”，对所研制产品的性能进行了分析，提出了如下两套总体方案：一是借鉴文献，通过水平测量杆测量孔径方案，研制水平杆式测量坑深及扩底测量装置；二是借鉴老人拐杖支撑腿形状研制伸缩腿式测量挖孔基础坑深及扩底测量装置。总体方案创新性和独立性分析见表 3－1。

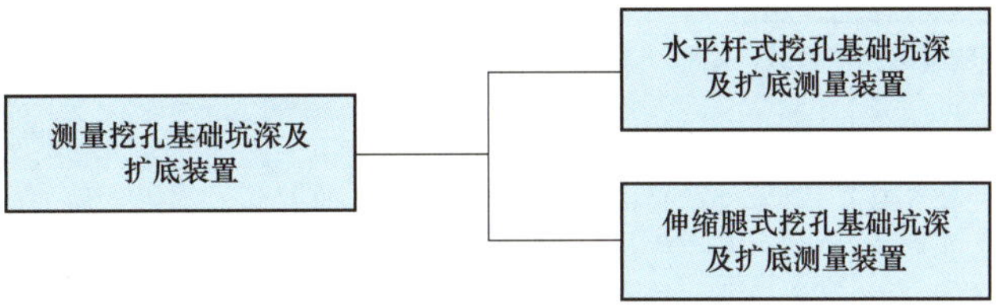

图 3－3　测量挖孔基础坑深及扩底装置

表 3－1　总体方案创新性和独立性分析表

方案	方案一 水平杆式挖孔基础坑深及扩底测量装置	方案二 伸缩腿式挖孔基础坑深及扩底测量装置
图例	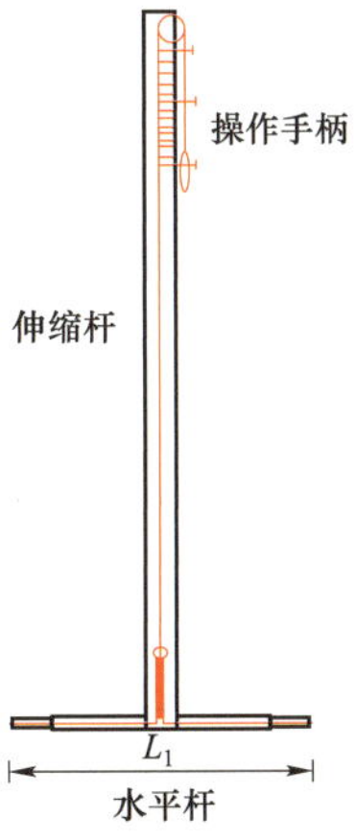	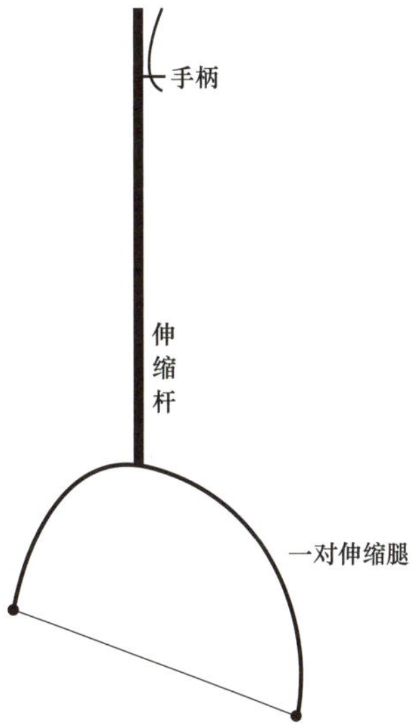

续表

创新性分析	借鉴文献测绳测量原理与文献水平测量杆原理，在此基础上添加伸缩杆，通过水平杆水平方向伸展，实现对坑孔和扩底直径测量，通过伸缩杆实现深度测量	借鉴文献测绳测量原理与老人拐杖支持腿外形，研制具有伸展功能的伸缩腿，通过下压伸缩杆或手柄，使得伸缩腿向孔底内壁移动，实现对坑孔和扩底直径测量，通过伸缩杆实现深度测量
独立性分析	采用水平测量杆，通过受力弹簧横向运动，实现测量孔径	采用伸缩腿，通过下压伸缩杆或手柄，实现对孔径测量
原理及意义	采用受力弹簧横向移动的方式，往往受到弹簧性能的限制，并且弹簧运动至内壁，将持续施力于测量杆，导致水平杆不宜提出孔洞，降低使用性、安全性，给维修带来不便	采用伸缩腿的方式通过施加压力，使得两腿向四周伸展至内壁，达到测量目的，提出时两臂自然回收下垂，便于使用，具有较高实用价值
结论	以上两种总体方案具有创新性、相对的独立性	

2. 方案分析选择

总体方案选择见表 3－2。

表 3－2　总体方案选择表

选择依据	检测精度达到毫米级，测量误差满足±10mm 以内		选择方式	现场测量
序号	方案	结构分析	精度偏差分析	是否选择
1	水平杆式挖孔基础坑深及扩底测量设备	借鉴文献采用受力弹簧横向移动的方式，实现对坑孔和扩底测量，制作方便，便于携带	满足测量精度要求具有挑战性	选择
2	伸缩腿式挖孔基础坑深及扩底测量设备	采用伸缩腿的方式通过施加压力，使得两腿向四周伸展至内壁，达到测量目的，提出时两臂自然回收下垂，便于使用，制作难度较大	要满足精度要求具有挑战性	不选择

通过表 3－2 的对比，可以看出要实现检测精度达到毫米级，且具有较好实用性、安全性，方案一明显优于方案二，因此选择水平杆式挖孔基础坑深及扩底测量设备。

3. 对总体方案分解选择

小组成员对水平杆式挖孔基础坑深及扩底尺寸测量装置按照功能进行分解，分解为伸缩杆结构、水平杆结构、连接方式、测量方式共四个主要部分，如图 3－4 所示。

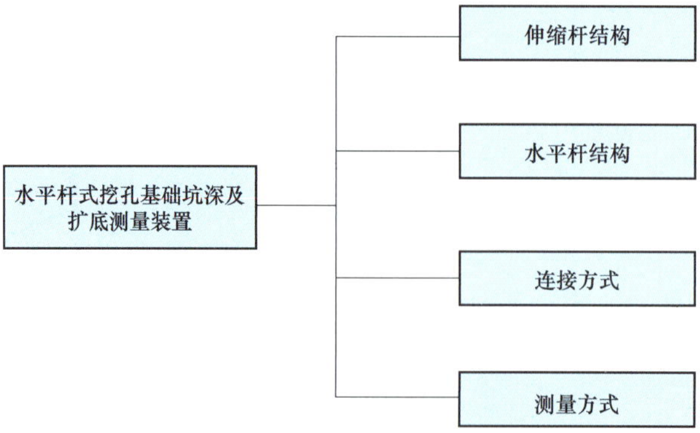

图 3－4　总体方案分解系统图

通过从安全可靠性、经济适用性及便携性等多方面进行比较选择，最终确定最佳方案，如图 3－5 所示。

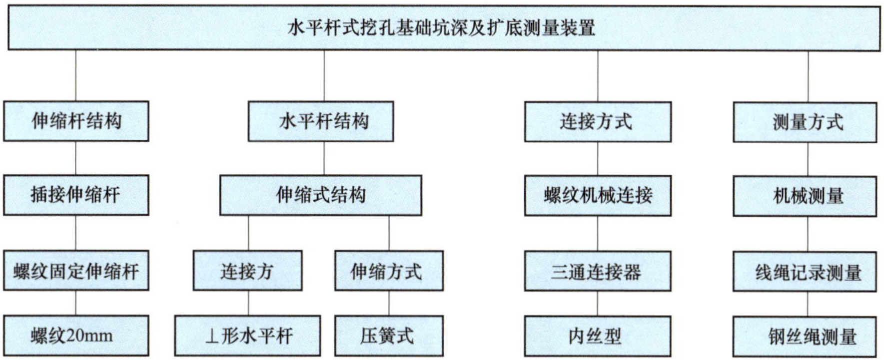

图 3－5　总体方案

（四）制定对策

有了最佳方案，小组根据 5W1H 的原则制定了活动对策表，见表 3－3。

表 3－3　对　策　表

序号	对策	目标	措施	地点	负责人	完成时间
1	制作伸缩杆插接组合两侧固定	可载重 100kg 的负荷，满足精度要求	（1）按照设备功能需要，设计结构图； （2）加工制作伸缩杆； （3）进行组装测试	加工车间	×××	2022－04－12—2022－04－14
2	⊥水平杆制作	能够水平移动，实现测量要求；有足够的稳定性，结构简单，便于实现	（1）加工安装合金型水平杆； （2）进行拉伸范围测试	加工车间	×××	2022－04－16
3	螺纹连接装置	连接牢固；可拆卸，方便维修调整	（1）组装连接； （2）进行载重、拆卸测试	加工车间	×××	2022－04－20—2022－04－22
4	制作压簧，安装钢丝绳测量装置	满足测量精度；承受弹簧拉力	（1）安装弹簧和钢丝绳； （2）进行测量、拉伸测试	加工车间	×××	2022－04－24—2022－04－28
5	组装与测试	设备组装后，可载重 100kg 的负荷；实现坑深及扩底测量，满足精度要求	（1）将各部分进行组装； （2）组织完成后测试其载重、测量范围和稳定性等各项指标	加工车间、施工现场	×××	2022－05－16—2022－05－20

（五）对策实施

小组成员根据课题目标和辅助车各种功能的需要设计出了结构图，如图 3－6 所示。

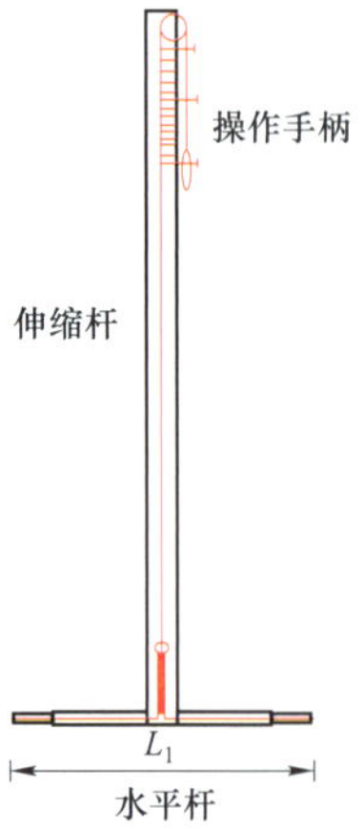

图 3－6　设备结构图

按照确定的最佳方案，结合设备结构图，通过材料采购、加工、组装，最终成功研制设备，如图 3－7 所示。

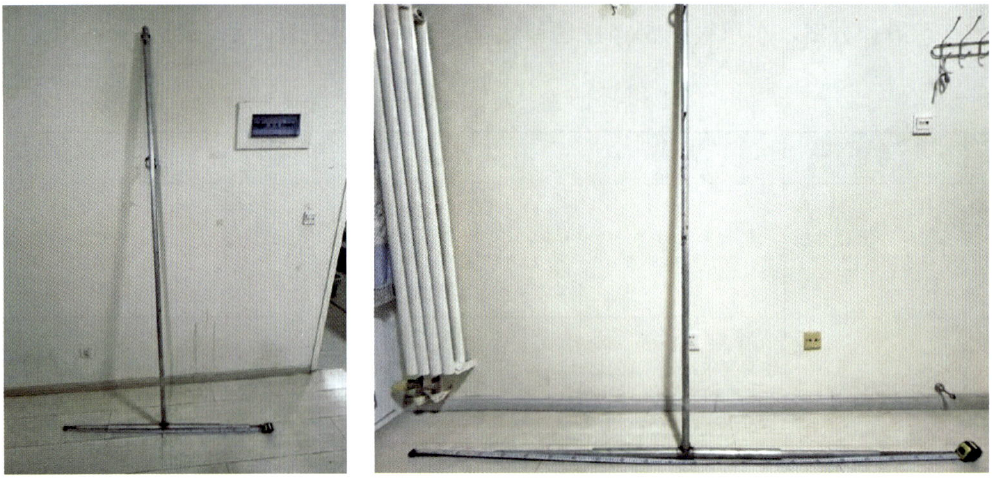

图 3－7　设备实物图

设备组装完成后，小组成员对载重能力、测量范围、精度等性能指标进行了模拟试验。模拟试验统计见表 3－4。

表 3－4　模拟试验统计表

试验次数	1	2	3	…	29	30
负载（100kg）	√	√	√	…	√	√
测量范围（1000～4000mm）	√	√	√	…	√	√
测量精度	√	√	√	…	√	√
装卸性能	√	√	√	…	√	√
备注	装卸方便、测量精度满足要求					

结论：经过以上几种测试，水平杆式挖孔基础坑深及扩底测量设备各项性能全部满足既定目标，可以用于实际工程。

四、结果评价

在 2022 年 5 月至 8 月国核示范送出工程挖孔基础验收时，小组将研制成功的水平杆式挖孔基础坑深及扩底测量设备投入到工程施工中，验证其使用效果，并在每次使用过程中对各工程挖孔基础测量数据进行记录，结果见表 3－5。

表 3－5　　实施后设备测量统计表

类型	次数	1	2	3	4	5	6	7	8	9	10
坑深 6510mm	测量值（mm）	6510	6509	6509	6510	6508	6512	6510	6511	6511	6506
	误差（mm）	0	－1	－1	0	－2	2	0	1	1	－4
孔径 1405mm	测量值（mm）	1400	1403	1399	1399	1398	1401	1396	1397	1397	1396
	误差（mm）	－5	－2	－6	－6	－7	－4	－9	－8	－8	－9
扩底直径 2000mm	测量值（mm）	1998	1994	1996	1994	1993	1991	1995	1996	1997	1995
	误差（mm）	－2	－6	－4	－6	－7	－9	－5	－4	－3	－5
扩底高度 1101mm	测量值（mm）	1099	1101	1100	1098	1103	1105	1098	1096	1106	1103
	误差（mm）	－2	0	－1	－3	2	4	－3	－5	5	2

使用水平杆式挖孔基础坑深及扩底测量设备进行挖孔桩坑深及扩底尺寸验收，避免人工下孔测量，满足精度要求，大幅提高施工质量。至此，初步实现了研发目标。

1. 社会效益

挖孔基础坑深及扩底测量设备的应用，为挖孔基础验收提供了安全保障。避免了验收过程中发生人员伤亡，进一步提高了基础质量，有效防范由于基坑尺寸不合格引起的杆塔倾倒和电网运行安全事件，为架空线路安全运行的可靠性、稳定性提供了有力保障，大大降低了线路安全事故风险。

2. 经济效益

本次研制挖孔基础坑深及扩底测量设备总费用为 1.5 万元。其应用全面推进了国家电网有限公司倡导的机械化施工要求，大幅提升了基坑验收效率，节省了验收时间（每个挖孔基础验收节约 0.3h，每个带扩底的挖孔基础验收节约 0.7h，工程累计节省 $0.3\times432\times0.34+0.7\times432\times0.12=80.35$h，按每日 8h 的工作时长测算，约 10 天），避免了人工下孔测量及使用深基坑作业一体化装置，节约了施工工期，节约施工监理验收成本约 10 天 × 0.35 万元/天 − 1.5 万元 = 2 万元，取得了良好的经济效益。

第四节　强化创新成果应用，助推关键设备“无尘化”安装

研制充气式 GIS 安装防尘棚典型经验案例

【摘　要】为全面推进变电站 GIS 设备“无尘化”安装，提升关键设备安装质量，解决传统厂房式防尘车间造价高、搭建和拆除耗时长等问题，建设公司工程监理管理部创新研制充气式 GIS 安装防尘棚。其采用自保持式充气柱为结构骨架，利用 TPU 透明防水布为棚布结构，密封性好，可轻易达到“无尘化”安装要求的百万级洁净度，充气式防尘棚质量小、体积小，放气后可折叠存放在小汽车的后备箱内，便于携带转场。传统厂房式 GIS 安装防尘车间采用钢结构，利用彩钢板为维护结构，整体质量较大，其安装拆除需要动用起重机械才能完成，安装耗时较长，且移动困难。以上缺陷严重制约了防尘室在现场的应用。与其相比，充气式 GIS 安装防尘棚的结构形式新颖、独特，且能更好地满足“无尘化”安装要求。

【关键词】充气式；GIS 安装；防尘棚；无尘化

一、背景描述

GIS 设备通常布置在户外，其安装对作业环境要求极为严格，如在安装过程中有尘埃、异物和水分进入 GIS 内部，将会显著降低其绝缘性能，极易导致投运后绝缘击穿、气体泄漏等故障，影响电网的运行可靠性。《国家电网有限公司十八项电网重大反事故措施》规定，“GIS、罐式断路器和 500kV 及以上电压等级的柱式断路器安装过程中，必须采取有效的防尘措施”。

目前，施工现场的防尘室（棚）主要有钢结构组合式防尘棚和可移动式装配车间等几种形式，其共同缺点包括：造价高，从几十万元到上百万元不等；搭建和拆除耗时较长；需要提前设计专用的轨道，增加较多的土建工程量。以上缺陷严重制约了防尘室在现场的应用，因此，研制一种适用性好、造价低、搭建拆除快且能保证安装环境洁净度要求的 GIS 安装防尘棚，是推广 GIS“无尘化”安装的迫切需求。传统可移动式装配车间如图 3－8 所示，传统钢结构组合式防尘棚如图 3－9 所示。

图 3-8　传统可移动式装配车间

图 3-9　传统钢结构组合式防尘棚

二、创新亮点

（一）关键技术特点

充气式 GIS 安装防尘棚设计思路新颖、独特，从根本上解决了 GIS“无尘化”安装这一难题，具备以下几个突出的关键技术特点：

（1）密封性好。可轻易达到“无尘化”安装要求的百万级洁净度。

（2）质量小、体积小。质量约为 40kg，折叠后可以放在小汽车的后备箱内。

（3）便于安装、造价低。用气泵 4min 可完成搭建，一次充气可保持 15 天不用补气，能重复利用，造价不及厂房式防尘棚的 1%。

（二）技术创新点

充气式 GIS 安装防尘棚具备创新性、安全性、灵活性等先进特点，各项技术性能指标均达到了预期目标。

（1）创新性。该成果采用自保持式充气柱作为结构骨架，气柱骨架利用夹网布高频热合制成，且为一连通的整体，利用充气泵进行充气，安装简单快捷、携带方便，设计思路新颖、创新性较强。

（2）安全性。该成果利用的夹网布、TPU 防水棚布、PVC 材质的地板革均具有良好的绝缘性能，且防尘棚自重轻、携带方便，具有良好的实用性和安全性。

（3）灵活性。该成果采用电动充气泵进行充气安装，4～5min 即可安装完毕，操作简单、方便灵活；该成果可根据不同规格型号的 GIS 进行量身定做，适用于多种型号的 GIS 设备安装，具有良好的灵活性。

三、主要做法

（一）查新

工程监理管理部委托山东省科学院情报所开展了科技查新工作，并出具了科技查新报告，查新报告编号：201715310619，在现有的检索领域内未检索出密切相关文献，并对部分生产商家和互联网及相关资料的查询，分析对比结论为：目前未发现有厂家生产、销售过此类产品。

（二）设定目标及可行性分析

课题小组设定的量化目标可为防尘棚提供百万级以上的洁净度（百万级：0.5μm 粒径的悬浮粒子 35200000pc/m^3，1μm 粒径的悬浮粒子 8320000pc/m^3，5μm 粒径的悬浮粒子 293000pc/m^3）。

课题小组联合山东泰开高压开关有限公司，在其生产车间搭建实验场地，其试验车间为封闭空间，通过配置风淋系统、空调系统，调节空间环境，使其达到百万级以上洁净度，关闭风淋系统、空调系统，每隔 4h 测量其密闭空间的空气洁净度，累计 40h 后，密闭空间的洁净度仍满足百万级要求。小组由公司经理担任课题顾问、工程建设领军人才担任小组组长，活动得到了领导的大力支持，特别是新方法、新技术的改进，活动资金完全能够得到保证。

通过以上分析，研制充气式 GIS 安装防尘棚在人员、技术、材料、资金方面具备了充分的条件。经过努力，相信一定可以实现目标。

（三）技术方案

充气式 GIS 安装防尘棚是一种 GIS 设备安装防尘装置，由于 GIS 在现场的安装主要是主母线和分支母线对接，因此该成果设计成由母线对接作业面的无尘化防护，由气柱骨架、外棚布和地板革组成。气柱骨架为一连通的整体，采用夹网布高频热合制成，具有较好的拉伸、撕裂强度和优良的绝缘、阻燃性能，可以一次充气成型，反复充放气使用；骨架下部设置有充气口和放气口，充气口上设置有逆止阀，确保漏气率小于 0.5%/天。骨架上装有拉环，可以作固定和移动之用。外棚布上预留了进气口，可以根据需要向棚内充入经净化调温的干燥空气，使棚内保持微正压状态。充气式防尘棚正面、侧面示意图分别如图 3－10、图 3－11 所示。

自保持式充气柱结构骨架：气柱骨架为一连通的整体，采用夹网布高频热合制成，具有较好的拉伸、撕裂强度和优良的绝缘、阻燃性能，可以一次充气成型，反复充放气使用。气柱骨架包括前侧气柱骨架、后侧骨架和顶部气柱骨架，前侧气柱骨架和后侧气柱骨架之间通过顶部气柱骨架相连，前侧气柱骨架、后侧气柱骨架和顶部气柱骨架相互连通，前侧气柱骨架上设置有充气口和放气口，充气口上设置有逆止阀。用气泵 4min 即可完成搭建，防尘棚本身质量较小，约为 40kg，放气后可折叠存放在小汽车的后备箱内，便于携带转场。

气柱骨架加工图如图 3－12 所示，气柱骨架实物图如图 3－13 所示。

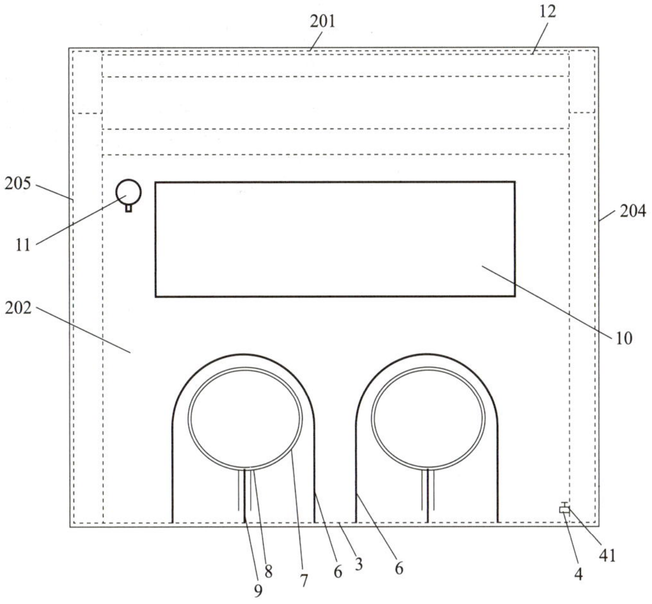

图 3－10　充气式防尘棚正面示意图

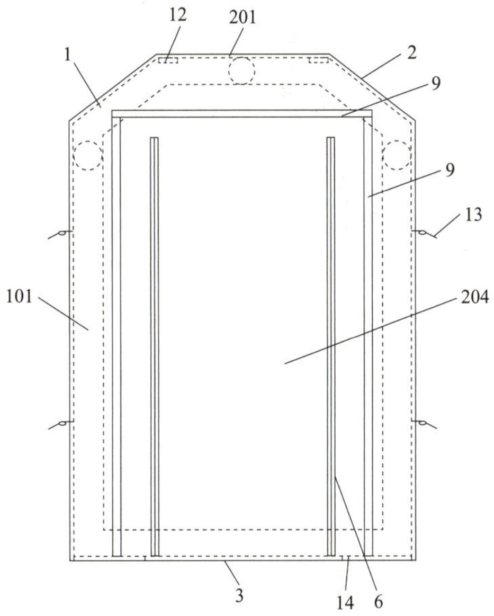

图 3－11　充气式防尘棚侧面示意图

图 3-12　气柱骨架加工图

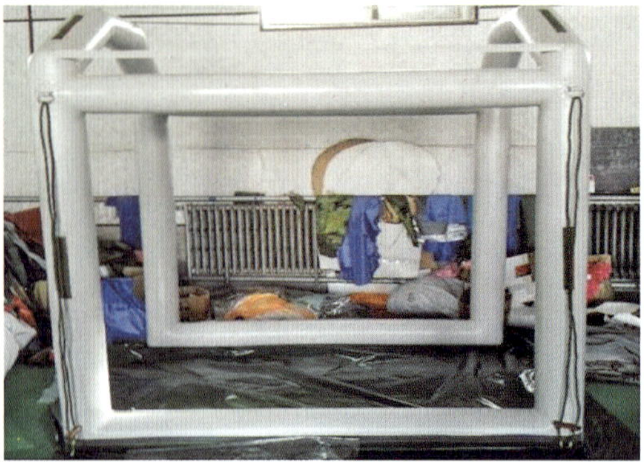

图 3-13　气柱骨架实物图

可拆卸的外棚布和地板革：外棚布可拆卸式地设置在气柱骨架的外侧，地板革通过粘扣设置在气柱骨架的下部。外棚布包括顶面棚布、左侧棚布、右侧棚布、前侧棚布和后侧棚布，由 TPU 透明防水棚布（如图 3-14 所示）制成，其表面经过密封性处理，保证良好的气密性和采光性能，左侧棚布和右侧棚布的下部前后两端分别设置有用于连接 GIS 的密封袖口，左侧棚布和右侧棚布上的密封袖口对称设置，每个密封袖口的末端分别设置有紧固件，每个密封袖口的下部开口，且通过粘扣相连，左侧棚布和右侧棚布的底部向棚内延伸 50cm，与地板革（如图 3-15 所示）通过粘扣相连，便于重复更换，可轻易达到“无尘化”安装要求的百万级洁净度。

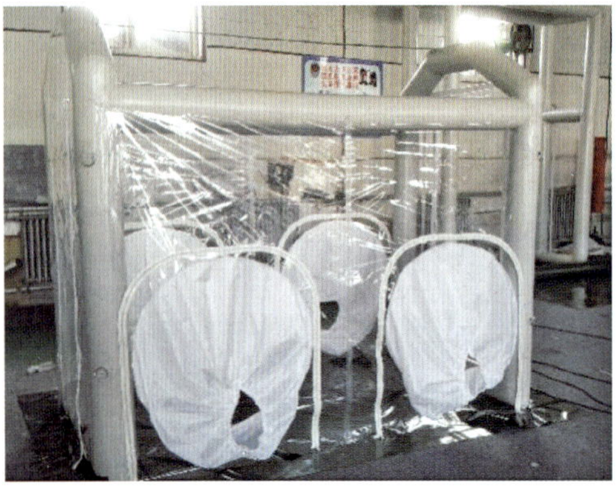

图 3-14　TPU 外棚布实物图

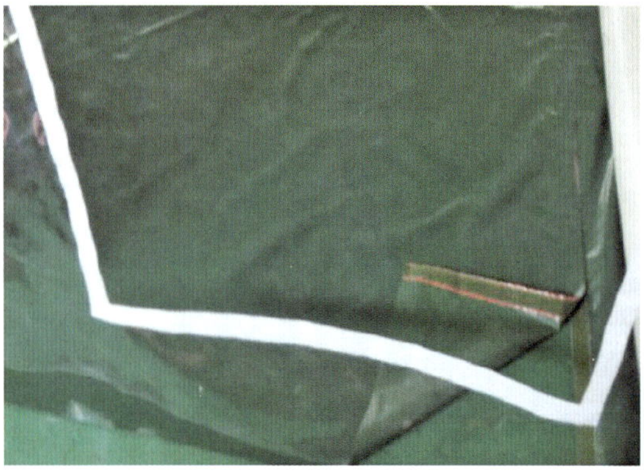

图 3-15　地板革实物图

（四）推广应用情况

本成果已在聊城东阿、临沂智圣 500kV 变电站等 20 余项工程施工中推广应用，从根本上解决了厂房式 GIS 安装防尘车间存在的各项难题，为 GIS 安装提供了高洁净度的环境保障。本成果提供了封闭的洁净作业空间，能够可靠保持百万级洁净度，为 GIS 安装提供了有力的环境保障。具有安装简单快捷、质量小、放气后体积小、携带方便、可重复利用等多种优点，具有在行业内全面推广应用的前景。充气式防尘棚现场应用图如

图 3－16 所示，充气式防尘棚转场图如图 3－17 所示。

本发明成果的结构形式新颖、独特，可根据不同电压等级项目、不同规格型号的 GIS 设备进行量身定做，适用范围广，具有较广的技术通用性和广阔的推广应用前景。

图 3－16　充气式防尘棚现场应用图

图 3－17　充气式防尘棚转场图

四、结果评析

（一）安全效益

该成果的应用，为 GIS 安装提供了高洁净度的环境保障。其搭建时间短、移动方便，有效防止灰尘和潮气进入待安装的 GIS 内部，减少和消除 GIS 发生内部放电和短路的概率，提高了 GIS 设备安装质量，有效减少了由于工程建设原因引起的设备缺陷和电网运行故障，为 GIS 设备运行的安全性、可靠性提供了有力保障，大大降低了事故风险。

（二）经济效益

该成果的应用，全面推进了国家电网有限公司倡导的 GIS“无尘化”安装工作，应用的工程项目全部一次性通过耐压试验，避免了因试验不合格带来的设备解体检查，减少了施工工期（15 天），节约施工成本约 157.5 万元（15 天×0.35 万元/天×30 个项目＝157.5 万元）。同时，大幅降低了工程投运后设备故障率，初步估算每年可节省 GIS 设备维修费约 200 万元（20 万元/次×10 次＝200 万元，注：按发生 GIS 跳闸 10 次计算，主要原因为设备内异物和绝缘件质量问题），带来了良好的经济效益。随着充气式防尘棚在 GIS 安装环节的全面推广应用，节约的费用将会更多，经济效益会更加显著。

（三）社会效益

成果填补了国内电力设备安装防尘领域的空白，成功解决了传统防尘室造价高、搭建和拆除耗时长等弊端，全面推进了国家电网有限公司倡导的 GIS“无尘化”安装工作，提高了电气设备安装质量，提升了供电可靠性，取得了一定的社会效益。

第五节　创新质量管控手段，提升变电站模块化建设水平

装配式变电站工程典型经验案例

【摘　要】为落实能源转型发展、新型电力系统建设、绿色建造、智能建造等新要求，国家电网有限公司印发了基建“六精四化”三年行动计划，全面推广“模块化”建设方式，装配式变电站主要建筑物均采用钢结构形式，楼板系统采用钢梁、压型钢板和钢筋混凝土组合楼板。目前，部分装配式变电站钢结构建筑物楼层净高存在偏差，难以达到国家电网有限公司达标投产及创优要求，亟须提高装配式变电站组合楼板楼层净高合格率，从而提升工程整体质量。

【关键词】装配式；钢结构；模块化；变电站；组合楼板

一、背景描述

随着装配式变电站全面推广，其主要建筑物多采用钢结构形式，建筑物楼板系统多采用钢梁、压型钢板和钢筋混凝土组合楼板。根据 Q/GDW 11688—2017《变电站装配式钢结构建筑施工验收规范》要求，建筑物层高允许偏差±10mm。目前，装配式钢结构变电站建筑物楼层净高多存在较大偏差，难以满足规范要求。为贯彻国家电网有限公司“一次成优、自然成优、过程创优”理念，落实公司质量提升专项行动，抓重点、补短板、强弱项，持续提升工程建设质量工艺水平，确保监理工程“零缺陷”移交，实现工程达标创优目标，继续创新质量管控手段，提高装配式变电站楼层净高合格率，提升变电站模块化建设水平。

二、存在问题

为掌握装配式变电站组合楼板楼层净高情况，公司工程监理管理部深入聊城龙山 220kV 变电站等工程现场对组合楼板楼层净高合格情况进行摸底调查，共测量楼层净高点数 300 个，楼层净高合格率仅为 75.3%，距离国家电网有限公司创优要求还有一定差距。工程监理管理部对造成楼层净高不合格的问题类型进行分类统计，并绘制了楼层净高问题类型情况排列图，如图 3－18 所示。

由排列图可以看出，其中存在“组合楼板下挠过大”（如图 3－19、图 3－20 所示）、“压型钢板标高偏差大”两类问题的共 62 个，占总数的 83.78%，距离国家电网有限公司创优要求还存在一定差距，故确定其为主要症结。工程监理管理部组织了研讨会，利用头脑风暴法分析找出问题的症结所在，确认改进和解决问题的方向，从而为设定目标提

供有力依据。

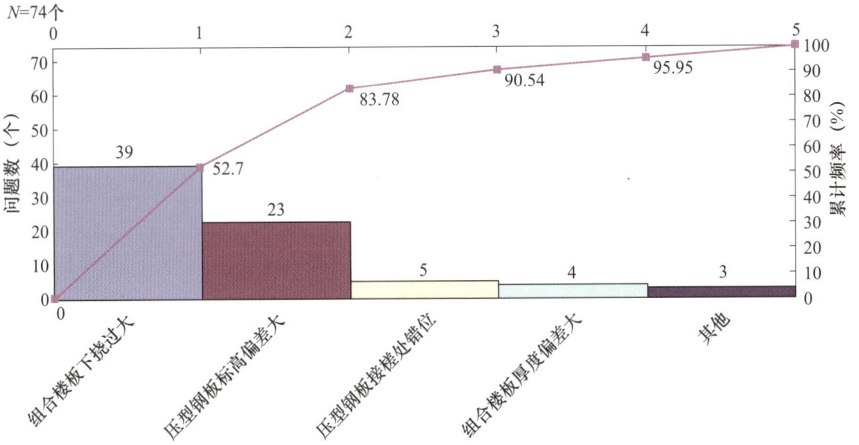

图 3-18　楼层净高问题分类排列图

图 3-19　组合楼板下挠过大现场图

图 3-20　组合楼板下挠过大现场返工图

三、问题分析

监理项目部针对装配式变电站“组合楼板下挠过大”“压型钢板标高偏差大”主要症结进行了原因分析，组织了座谈和讨论，利用头脑风暴法共梳理出 9 项末端原因，并绘制了关联图（如图 3-21 所示）。末端原因包括施工人员踩踏钢筋、材料集中堆放、设备安装过早、楼板支撑系统未验算、加工机械精度低、焊接收缩变形、钢板厚度较薄、人员未培训交底、开孔未设置加强措施共 9 部分内容。

工程监理管理部结合关联图对“组合楼板下挠过大”“压型钢板标高偏差大”问题进行原因分析，制定了确定主要原因计划表（见表 3-6），分别运用现场检查、实测统计、调查分析等方法对 9 项末端原因进行逐条确认。

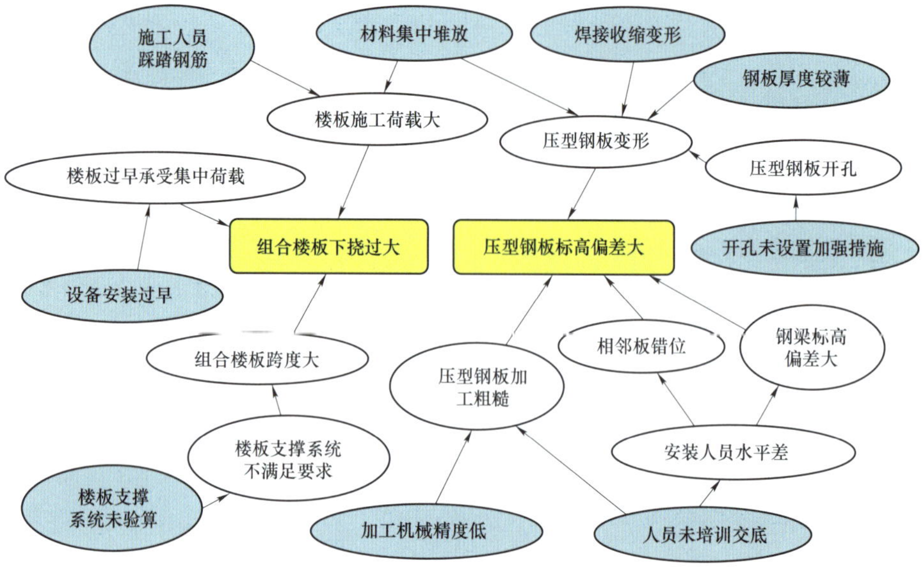

图 3-21　原因分析关联图

表 3-6　　确定主要原因计划表

序号	末端原因	确认内容	确认方法	确认标准	负责人	确认时间
1	施工人员踩踏钢筋	检查施工人员是否踩踏钢筋	现场检查	铺设马道或木板进行作业，禁止施工人员直接踩踏钢筋	专业监理工程师	2021-03-20
2	材料集中堆放	检查施工材料是否集中堆放	现场检查	楼板施工集中荷载是否超过允许承压荷载 1.0kN/m^2	专业监理工程师	2021-03-20
3	设备安装过早	检查设备安装时楼板混凝土强度	现场检查	检查混凝土是否 100%达到设计强度，再进行设备安装	专业监理工程师	2021-03-20
4	楼板支撑系统未验算	检查楼板支撑系统是否经过受力计算	现场检查	楼板支撑系统是否满足荷载要求	专业监理工程师	2021-03-22
5	加工机械精度低	检查压型钢板加工机械精度	调查分析	压型钢板加工精度是否达到设计要求	专业监理工程师	2021-03-22
6	焊接收缩变形	检查现场压型钢板、钢梁安装标高情况	现场检查	现场压型钢板、钢梁标高偏差小于 10mm	专业监理工程师	2021-03-29
7	钢板厚度较薄	检查压型钢板厚度	实测统计	压型钢板厚度不应小于 0.5mm	专业监理工程师	2021-03-29
8	人员未培训交底	检查人员培训交底记录	调查分析	施工人员应经培训合格，并参加技术交底	专业监理工程师	2021-04-02
9	开孔未设置加强措施	检查压型钢板开孔情况	现场检查	压型钢板开孔应采取加强措施	专业监理工程师	2021-04-02

工程监理管理部组织现场监理人员对装配式变电站综合楼施工现场和施工方案进行检查，发现施工现场综合楼组合楼板支撑系统不满足荷载要求，施工方案中未对楼板支撑系统受力情况进行验算，造成组合楼板下挠达 70mm。综合楼压型钢板栓钉采用一次

顺序焊接，栓钉焊接时收缩变形导致压型钢板标高发生变化。现场监理人员对压型钢板开孔情况进行现场检查发现现场开孔后混凝土浇筑前，施工单位未对开孔部位采取加强措施，开孔对压型钢板标高造成一定程度的影响。最终确定了 3 条主要因素，分别为楼板支撑系统未验算、焊接收缩变形、开孔未设置加强措施。

四、改进措施和方法

（一）设定目标

工程监理管理部根据现场调查结果，利用头脑风暴法分析找出问题的症结所在，深入分析统计数据，明确课题改进程度，如果将“组合楼板下挠过大”“压型钢板标高偏差大”两项主要问题全部解决，则合格率为(300－74＋62)/300＝96%。如果能将两项主要问题解决 90%，则合格率为(300－74＋62×90%)/300＝93.93%＞93.5%。

因此，我们共同制定活动目标，将装配式变电站组合楼板楼层净高合格率由 75.3%提升至 93.5%，解决合格率低的问题，实现工程创优目标。

（二）改进措施及做法

一是采用满堂脚手架，通过 PKPM 软件进行受力验算。混凝土浇筑前，组合楼板采用满堂脚手架进行支撑，工程监理管理部成员采用 PKPM 软件对楼板支撑系统进行受力验算（如图 3－22 所示）。通过输入立杆间距、荷载参数、楼板厚度、混凝土强度等级、钢筋型号等技术参数，验算压型钢板挠度、抗弯强度、抗剪强度及立杆稳定性。混凝土浇筑前，监理项目部严格按照经审批的施工方案对满堂脚手架进行验收，核查立杆间距、扫地杆和压型钢板标高等参数。混凝土浇筑后，监理项目部重新复查压型钢板标高，检查标高偏差是否符合规范要求。满堂脚手架验收合格牌如图 3－23 所示。

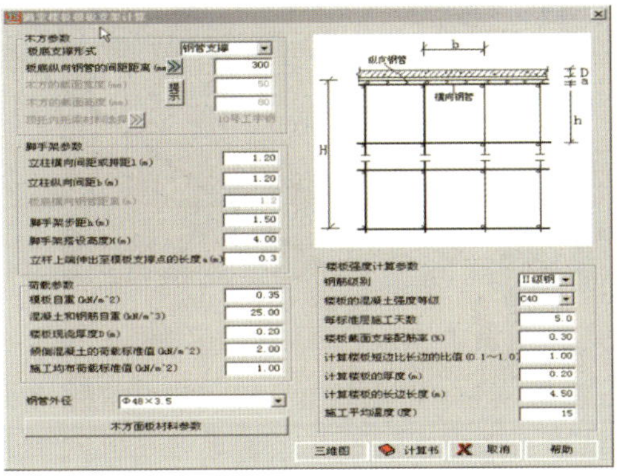

图 3－22　PKPM 软件满堂脚手架支撑系统技术参数

图 3－23　满堂脚手架验收合格牌

二是栓钉焊接采用双人对称施焊。监理项目部督促施工项目部开展钢结构栓钉焊接施工技术交底（如图 3－24 所示），焊接特种作业人员持证上岗。栓钉采用双人对称施焊

（如图 3－25 所示），使焊件受热均匀，最大幅度地降低焊接变形。经分析，采用双人对称施焊，能够将焊接收缩变形控制在 10mm 以内，效果显著。

图 3－24　焊接施工技术交底

图 3－25　双人对称施焊

三是对边长大于 300mm 的孔洞四周采取加强措施。监理项目部针对边长大于 300mm 的孔洞采取加强措施，绘制示意图（如图 3－26 所示）。采用角钢制作洞口加强框（如图 3－27 所示），用栓钉焊接安装在预留孔洞处，提升预留洞口四周压型钢板强度，确保混凝土浇筑时组合楼板不发生变形。孔洞周围采取加强措施，提升洞口四周压型钢板强度，将孔洞周围压型钢板标高偏差控制在 10mm 以内，对策目标实现。

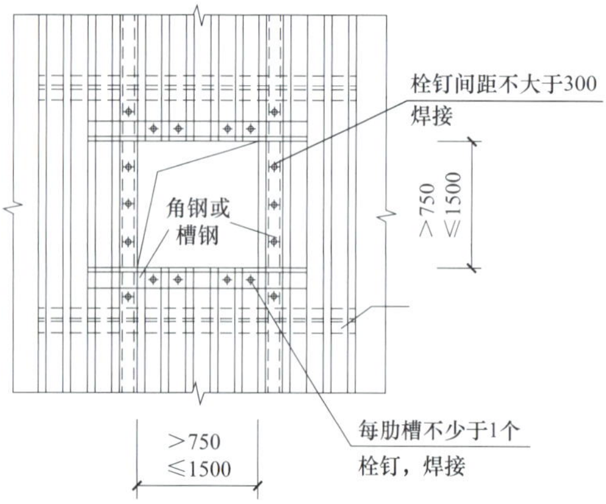

图 3－26　孔洞加强措施示意图

图 3－27　孔洞加强框实物图

五、结果评析

（一）目标检查

通过严格的 PDCA 循环，建设公司工程监理管理部将上述创新措施在临沂艾山 220kV 变电站、临沂温河 220kV 变电站等 5 项装配式变电站工程中推广应用，工程监理管理部对组合楼板楼层净高 300 个点进行了检查统计（见表 3－7），其中楼层净高合格的数量为287个，合格率为95.67%。

表3－7　　装配式变电站组合楼板楼层净高情况统计表

序号	工程名称	楼层净高检查点数（个）	楼层净高合格点数（个）	合格率（%）
1	临沂艾山220kV变电工程	80	78	97.50
2	临沂温河220kV变电工程	80	77	96.25
3	日照裴家110kV变电工程	50	47	94.00
4	齐河双湖110kV变电工程	50	47	94.00
5	曹县常乐集35kV变电工程	40	38	95.00
合计		300	287	95.67

通过改进举措的实施，将装配式变电站组合楼板楼层净高合格率提升至95.67%，实现了预期目标。

（二）效益分析

通过创新质量管控手段，提高了装配式变电站组合楼板楼层净高合格率，有效减少了因楼层净高不合格造成的返工及修复处理次数，节省施工成本约3.5万元，贯彻了“一次成优、过程创优”理念，提高了经济效益。成果的应用，实现了工程安全可靠、质量优良、工艺先进、环保节约的工程建设目标，提升了装配式变电站模块化建设水平，为后续工程创优工作打下了坚实基础。同时，确保了变电站设备在“全寿命周期”内安全运行，带来良好的社会效益。

第六节　基于实测实量的输变电工程建设全过程质量管理

输变电工程质量管控管理创新典型经验案例

【摘　要】为强化输变电工程项目管理部在施工全过程的质量管控，提升项目管理部质量管理水平，建立输变电工程实测实量管理制度体系，创新实测实量技术手段，利用“互联网＋”、无人机等先进技术开展实测实量和数据存储，利用“微视频”等方式开展质量检测技术培训，为输变电工程现场质量控制提供理论指导，进一步规范现场质量检测作业行为。

【关键词】实测实量；输变电工程；质量管理

一、背景描述

为深入践行国家质量强国战略，贯彻国家电网有限公司质量强网要求，国家电网有限公司基建部下发了《关于进一步加强输变电工程质量管控重点举措的通知》，明确了质量管控的核心理念，牢固树立“百年大计、质量第一”意识，坚持安全、优质、经济、绿色、高效的电网发展理念，着力推进电网高质量发展。明确了质量管控的总体目标，各级管控责任有效落实，质量通病问题有效治理，整体质量水平稳步提升。明确了质量管控的总体思路，强化过程管控，完善管控机制，严肃考核问责，制定了“八个抓实”重点举措。

随着智能电网的不断发展，停滞不前的工程质量管控手段成为当前工程管理的薄弱环节。公司从创新实测实量质量管控手段入手，推动“八个抓实”重点举措在公司监理的电网工程施工一线落地实施，解决当前质量过程管控不严、质量验收把关不到位等突出问题，实现“一次成优、过程创优”总体目标。

二、创新亮点

实测实量是质量管理的手段与基础，通过构建“金字塔”式实测实量管理构架，升级项目部专业化检测设备；采取多种形式开展实测实量专项培训，突出抓好现场质量验收“三实管理”；实行质量验收负责人实名制备案，规范验收数据实测实量及实时记录；各级验收人员到工程现场对实体质量进行实测实量，实时记录验收数据，确保验收数据真实、可追溯，提升工程监理全过程质量管理水平。

公司引入“全面质量管理”理念，着重强调“三全一多”即全员、全过程、全企业及多种多样的科学方法，建立基于实测实量的全过程质量管理模式，开展了一系列特色做法。基于 BIM、“互联网+”和大数据技术，建立工程数据库，实现信息规范保存和共享。

三、主要做法

（一）建立完善工程实测实量管理制度体系

按照“一级抓一级，层层抓落实，责任全覆盖”的原则构建实测实量管理体系，通过前一级质量管理岗位对后一级质量管理岗位的提前介入、全过程管理和部分参与，实现一层管理一层。公司完善以安全监察部、项目管理部、专业室、监理项目部四个层级组成的“金字塔”式实测实量管理构架（如图 3–28 所示），明晰各层级的职责和工作界面，加强相邻层级间的关联和制约关系，确保质量管理信息“上传下达”的顺畅，从而实现质量责任层层落实、逐级监管。进一步规范输变电工程实体质量实测实量程序、操作方法、数据处理等具体步骤和要求，编制输变电工程实测实量项目清单，指导工程管理人员规范开展实体质量检测工作。

（二）升级工程项目部专业化检测设备

工程质量实测实量是电网建设的重要组成部分，工程现场通常由施工人员及监理人员对建筑物、设备、材料的相关数据进行检测，检测设备的精准度及操作便利性直接影响着电网工程质量控制的合理性和质量评价的准确性。电网建设过程中实际检测操作人

员往往由于缺乏经验，难以对检测设备进行规范操作和对检测数据的有效性进行准确判

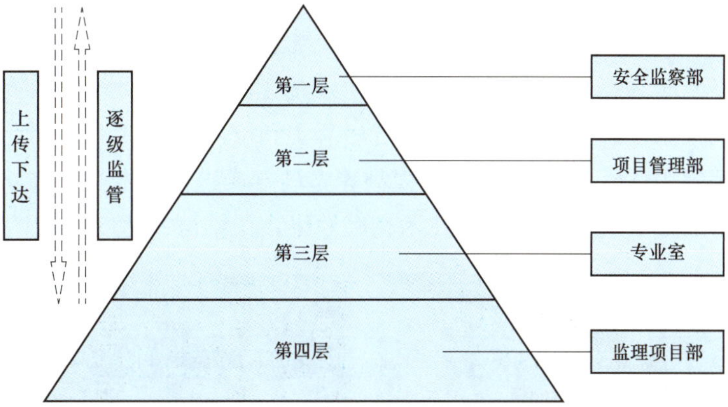

图 3－28　“金字塔”式实测实量管理构架图

断，通过升级项目部专业化检测设备可有效补偿人员经验缺乏方面的不足，突破传统看、摸、数的常规检验方式，提高检测工作效率。建设公司结合输变电工程实测实量工作需要，编制《输变电工程实测实量常用设备清单》，明确监理项目部常用检测设备配置标准。工程现场借助数显混凝土强度回弹仪、数显游标卡尺、数字式接地电阻测试仪等新型设备，直接获取测量数据，避免人工读数误差；采用钢筋保护层厚度测试仪，在不破坏混凝土构件的情况下快速测量钢筋保护层厚度；采用无人机进行线路杆塔工程验收，搜集多视角多维度的图像资料，提升验收工作效率和准确性，如图 3－29 所示。

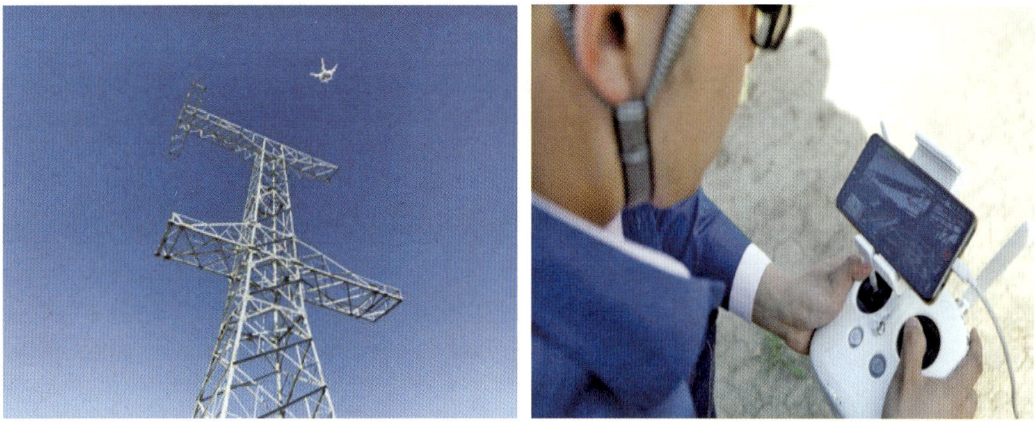

图 3－29　采用无人机进行线路杆塔工程验收

（三）开展多种形式的专项培训，抓实专业队伍建设

制度和措施的完善工作最终要依靠人员的投入来实现，因此必须提高相关人员的专业素质和业务水平。检测知识培训以电网建设现场为主体，实施“参与式”培训，使监理人员不仅学以致用，而且用以致学。采用项目总监、专业监理工程师、监理员三个岗

位“角色轮换法”，识别培训对象的从业能力，丰富培训对象的工作经历，增进培训对象对各项目部检测管理工作的了解，扩展监理人员的知识面，使其在工作中做到人尽其才、才尽其能。公司针对专业化检测设备和工器具，将工器具演示操作过程制成“微视频”并刻录光盘，下发至各在建工程参建单位，供现场工程管理人员学习，提高工程一线人员实测实量技术水平，确保工程质量管理责任落实到位，如图 3－30 所示。公司创新技术交底形式，采用 BIM、三维动画、微视频等先进方式进行技术交底，将关键工序实测实量具体要求形象地表现出来，提高技术交底效果，三维可视化交底如图 3－31 所示。

图 3－30　检测工器具使用培训

图 3－31　三维可视化交底

（四）强化逐级质量验收和验收负责人实名制备案

公司不断完善项目组织机构，细化过程验收职责，过程质量验收实行专人专岗专责，固化验收人员，根据文件中人员组成要求，从业主、监理、施工三个项目部调配人员；实行验收记录人员签字备案制度，开工前业主项目部组织监理项目部总监理工程师、专业监理工程师以及施工项目部项目经理、项目总工、质检员、班组长等质量管理人员预留签字印迹，过程验收中随时抽查、比对验收人员签字，避免代签现象，强化工程质量“痕迹”管理，按“谁检查谁签字、谁签字谁负责”的原则，强化施工过程质量管控责任落实到人，保证验收可追溯。

分项工程验收由专业监理工程师组织，施工单位项目专职质检员、项目技术负责人配合，监理人员和施工检测人员参加。分项工程所含的检验批均应符合合格质量的规定、质量验收记录应完整。

分部工程由总监理工程师组织施工单位项目负责人和项目技术负责人等进行验收。勘察、设计单位项目负责人和施工单位技术、质量部门负责人须参加地基与基础分部工程的验收。设计单位项目负责人和施工单位技术、质量部门负责人须参加主体结构的验收。

单位工程由建设单位项目负责人组织监理、施工、设计、勘察等单位项目负责人进行验收。单位工程质量验收在所含分部工程均验收合格的基础上，施工单位自检合格，并向监理项目部提交完整的质量资料后进行，有关安全及功能的检测资料应完整。

（五）建立工程数据库，实现信息规范保存和共享

公司以各项目部标准化管理为基础，利用二维码技术，创新建立输电线路工程杆塔信息库（如图 3－32 所示），使电网建设检测环节管理定量化、科学化，检测岗位工作标准化，让各阶段检测人员能快速直观地明确工作标准、工作方法和工作深度，提升检测效率。

为进一步提升输变电工程监理全过程质量验收管理水平，建设公司借助先进的“互联网＋”技术，以智能手机为载体，研发输变电工程标准化（监理）验收管理系统（如图 3－33 所示）。该系统是基于移动终端的信息采集、数据分析系统，解决传统验收模式存在的“验收检查项目缺项、工程施工缺陷未及时发现、验收报告整理时效性差”等问题。

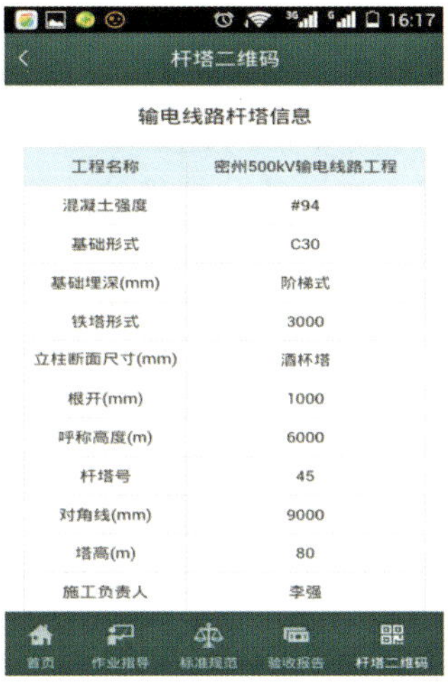

图 3－32　杆塔二维码信息库

图 3－33　标准化验收管理系统

四、结果评析

（一）管理效益

通过项目的实施，监理人员的实测实量技术水平和业务综合素质均得到大幅提高，质量意识和管理水平明显增强。能够及时发现施工过程中的问题并能跟踪改进，以往工程实测实量、质量验收工作中存在的漏洞基本得到避免。监理工作能力的提高，进一步规范了参建单位的行为，促进了工程质量大幅提升。公司工程监理管理部持续改进，凭借“主动、高效、协同”的服务品质，为电网建设提供更专业、更精细、更高效的工程建设服务，赢得了建设单位的高度认可，提升了专业话语权。

（二）经济效益

通过项目的实施，工程项目实现了工程质量验收一次合格率达 100%，减少了工程返工带来的不必要的经济投入，节约了工程成本，为参建单位带来良好的经济效益。推行

基于实测实量的输变电工程全过程质量管理，促进了监理行为规范化、监理资料标准化，实现了工程资料归档合格率达100%，节约了企业经营成本，取得显著的经济效益。

第七节 强化“隐蔽工程阳光化” 确保工程施工质量

输变电工程典型经验案例

【摘　要】为进一步强化工程施工质量，提高输变电工程质量管理水平，加强隐蔽工程验收管理，避免因隐蔽工程施工质量不过关造成经济损失以及资源浪费，杜绝以往竣工验收过程中发现的各类隐蔽工程质量问题，彻底解决隐蔽工程书面档案资料产生不及时、不真实、不公开等问题。在正常隐蔽工程验收工作的基础上，通过制定具备可操作性的命名规则，采用摄影、摄像等手段将隐蔽工程隐蔽前后的状况以及隐蔽过程进行系统性记录，使隐蔽不可见的工序状况得以直观反映和保存，以达到在工程结束后对隐蔽工程施工质量和工程量进行追溯的目的，做到“隐蔽工程阳光化”，从根本上提升工程质量管理水平，确保工程质量。

【关键词】输变电工程；隐蔽工程阳光化

一、背景描述

“百年大计、质量第一”，这是我国建筑工程领域非常熟悉的一句口号，也是我国工程质量的根本要求，而随着质量越来越受到重视，“百年大计、质量第一”不仅仅是建筑工程领域的质量目标和要求，更是一个国家质量发展的目标和要求。党的十九大报告指出，我国经济已由高速增长阶段转向高质量发展阶段，正处在转变发展方式、优化经济结构、转换增长动力的攻关期。在这样的一个关键时期，建设现代化经济体系，必须把发展经济的着力点放在实体经济上，把提高供给体系质量作为主攻方向，显著增强我国经济质量优势。质量，既是我国经济发展新阶段的显著特征，也是新阶段经济发展的核心理念，还是新阶段经济改革的主攻方向，其重要性可见一斑。质量管理是建筑施工的生命，同时也是建筑施工的根本保证，建筑工程隐蔽工程质量控制直接关系到整个工程的建设质量，因此，做好隐蔽工程管理，在整个建筑工程质量管理中显得尤为重要。

二、创新亮点

一是根据不同工程划定“隐蔽工程阳光化”的范围，对验收程序、表格确定、阳光化深度、照片选点、照片数量、资料传递流程、资料归存等方面进行严格规定，并制定具体实施办法。

二是结合工程设计图纸，对每一项隐蔽工程进行策划，确定隐蔽具体部位、数量、规格以及每个隐蔽点的编号规则等，同时明确隐蔽工程的施工要求及验收注意事项。

三是按阶段将隐蔽工程阳光化的电子照片报送公司总部资料库，形成管理经验。形成的“隐蔽工程阳光化”资料，不仅显示详细的日期、时间、工序节点等信息，而且通俗易懂，具有可追溯性。由公司层面对报送的隐蔽工程档案资料进行不定期审查，确保每项工程的隐蔽工程质量验收全面、真实、有效。

四是结合月度质量检查及工程各阶段的中间验收，对隐蔽工程全过程质量管控工作成果进行检查验收。

三、主要做法

一是精密策划体现“指导性”。积极开展工作策划，参建单位在工程开工前结合工程实际，根据设计图纸文件及工程项目划分表中列举的施工工序，梳理出隐蔽工程清单。针对清单中每项隐蔽工序涉及的内容、范围及数量，结合规程规范、标准工艺等文件要求明确质量控制措施及验收注意事项，对隐蔽工程数码照片拍摄要求、数量以及每个隐蔽点的编号及命名规则等进行针对性策划，从而实现隐蔽工程质量管控的工作程序及内容、数码照片命名规则、拍摄选点及数量，到最终资料存档形成“资料数据库”等各项工作流程的具体操作，形成系统性的管理制度及实施办法。

二是分工协作明确“能动性”。业主项目部监督监理、施工项目部开展隐蔽工程全过程质量管控工作，定期对隐蔽工程工作成效进行审查通报，结合月度质量检查及工程各阶段的中间验收。监理项目部按照隐蔽工程全过程质量管控数码照片采集要求完成所有数码照片的采集、整理、归档、命名工作；监督施工项目部完成隐蔽工程全过程质量管控所有部位的数码照片拍摄，对审核施工项目部报送的隐蔽工程数码照片进行汇总存档；在隐蔽工程隐蔽前组织监理专业人员进行检查验收，验收完成后安排监理人员进行数码照片同步采集。施工项目部在每项隐蔽工程施工前，有针对性地对现场具体施工人员进行技术交底，重点针对数码照片拍摄命名规则、标记方法、数码照片拍摄数量进行说明；每项隐蔽工程完成验收后，本着“谁施工、谁拍照”的原则，指派具体施工人员负责现场隐蔽工程数码照片拍摄，包括按照命名规则进行现场标记、数码照片采集等。设计、勘察单位参加地基验槽等重要隐蔽工程的验收，在隐蔽工程验收记录中签章确认，对出现的问题从设计角度及时提出处理意见。生产运行单位在工程第一次工地例会时提交拟参加的隐蔽工程验收清单，并及时参加验收。现场施工如图 3－34 所示。

三是压实责任强化“实施性”。每项隐蔽工程隐蔽前，监理项目部下发“监理工作联系单”，明确隐蔽工程数码照片拍摄要求、数量以及每个隐蔽点的编号规则等，同时明确隐蔽工程的质量控制措施及验收注意事项。施工项目部按照“监理工作联系单”要求，开展隐蔽工程施工作业，作业完成后完成自检，按照命名规则要求需要进行标记的还应及时完成现场标记。完成自检后向监理项目部申请验收，验收通过后，根据隐蔽工程数码照片采集具体分工，各自完成数码照片采集。每项隐蔽工程应按照要求单独建立文件夹进行存档，每周进行梳理汇总，建立隐蔽工程全过程质量管控数码照片“资料数据库”，每张数码照片应有拍摄具体时间、部位，并明确主题。施工项目部现场施工图如图 3－35 所示。

图 3－34　现场施工图

图 3－35　施工项目部现场施工图

四是多级联动提升“效率性”。根据不同施工阶段，将各自工程项目的隐蔽工程阳光化“资料数据库”电子照片（如图 3－36 所示）及时报送至公司总部，每张照片显示详细的日期、时间、工序节点等信息，公司层面对各工程项目报送的隐蔽工程档案资料进行集中审查、评比，重点检查隐蔽工程质量验收工作是否全面，是否涵盖本阶段所有的隐蔽项目，根据照片内容检查现场隐蔽工程施工质量是否满足规程规范要求，确保每项工程隐蔽工程质量验收全面、真实、有效，具有可追溯性。

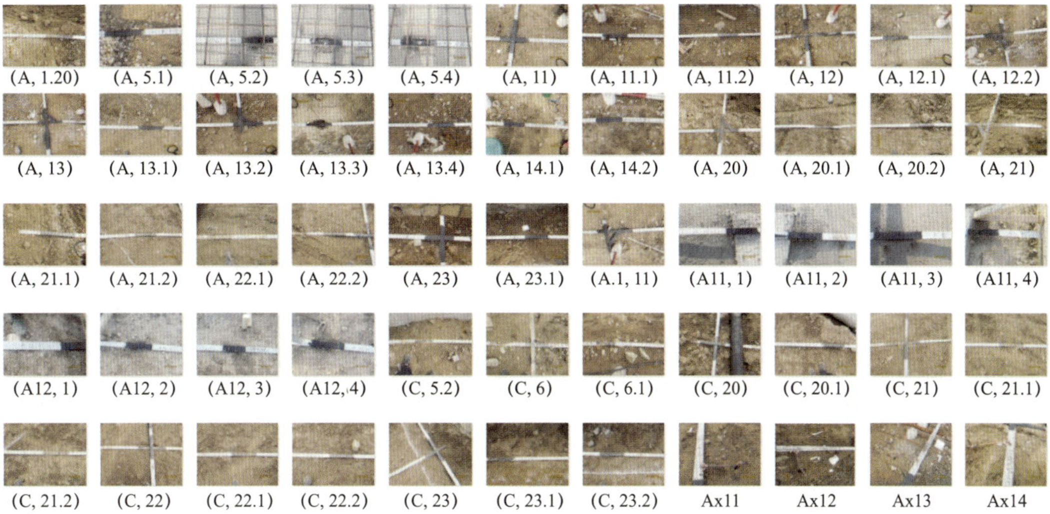

图 3－36 现场施工留存

四、实施效果

“隐蔽工程阳光化”在工程建设管理中的实施和应用，加强了电网建设工程现场业主、监理、施工三个项目部对隐蔽工程质量管控的主观能动性，工程质量管理进一步提升，质量管理标准化程序进一步优化完善，在输变电工程管理实践中取得了良好的效果，具有推广价值。

一是提高了隐蔽工程质量管理的可追溯性。所有隐蔽部位通过影像资料进行佐证，对可能发生质量问题的部位，通过查询对应的影像资料进行反追溯，提高了质量问题整改效率，为质量整改提供依据，也提高了质量追溯性。

二是完善了隐蔽工程质量管理的标准化流程。对隐蔽工程质量管理进行系统化梳理，确保了验收环节不漏项，做到了隐蔽工程质量管控有策划、有手抓、有成果。

三是强化了隐蔽工程质量管理质量控制措施的落实。通过对隐蔽工程项目影像资料的收集，采用照片方式形象地反映了每一项隐蔽工程的施工质量，提高了规程规范执行、设计图纸落地、标准工艺应用、通病防治、强制性条文执行等各项质量管理要求的落实。

四是降低了隐蔽工程质量管理质量问题发生率。对工程质量管理中最可能出现问题的部位进行可视化，将隐蔽项目“晒一晒”，有效减少质量问题的发生。

第八节　严把“五关”　确保工程质量零缺陷

沭河输变电工程典型经验案例

【摘　要】临沂沭河（莒南）500kV 输变电工程坚持以工程总体规划为引领，建立健全质量管理体系，落实各级质量管理责任，以责任关、开工关、检查关、到货关、验收关的落实为抓手，以关键环节和关键设备质量管控为重点，强化质量管控，严格执行工程建设强制性条文，持续提升工程质量和工艺水平。工程建设过程中，因包含多个 500kV 单体工程，工程体量大，交叉作业多，作业高峰期施工人员达 600 余人，线路施工跨越铁路、公路、电力线路达 78 次，线路途经之地人口稠密，带电作业多，靠近带电设备和线路的作业也很多，工程建设管理任务繁重，需要做的工作相当多，质量过程管控、质量巡查工作尤其艰巨。项目部人员坚持把好质量关键管控要点，严格实施“五必检六必验”质量强制措施，以严把“五关”作为管理方式，全面落实安全质量技术标准、管理标准、工作流程和各级责任。建立体系，数据管控。以责任到人、质量缺陷手册等为抓手，层层梳理到位，真正做到责任均落实、缺陷不留手的良性工作氛围，确保了工程质量管得住、控得稳、出得精品。

【关键词】输变电工程；工程质量管理举措

一、背景描述

临沂沭河（莒南）500kV 输变电工程是山东省近 8 年来一次性投运规模最大的 500kV 输变电工程，是山东省政府 2020 年重点工程，还是国家“西电东送”的重要消纳通道。它包含着沭河变电站新建工程、沭河—兰陵线路工程、智圣—沭河线路工程、沭河—巨峰线路工程 4 个 500kV 单体工程，共计新增变电容量 2000MVA，新建 500kV 线路 6 回、长度共计 185.79×2km，新建铁塔 449 基。而且工程扩建部分涉及 ±800kV 沂南特高压换流站，500kV 兰陵变电站、巨峰变电站，工程体量大，交叉作业多，新冠肺炎疫情反复，入夏后暴雨、强对流等特殊天气频频掣肘，台风“烟花”侵袭，工程建设期间的质量直接决定着后期的运行质量，需要管理人员增强质控意识，落实质量管理的责任，并加大设计审查力度，强化质量问题的整治方式，避免各类不良问题的发生。

二、存在问题

一是质量管理责任落实不到位。
二是人员质量意识薄弱。
三是质量通病屡见不鲜。
四是物资到货时间动态化。

三、问题分析

一是相关负责人对质量主体责任的理解不深入，仅仅按照表面的内容照本宣科，对自己要负责的任务不明了，而且五方责任主体在实施过程中易遇到第一责任人不明、责任权重不清等尴尬和阻力。

二是很多施工人员虽然具有多年的工作经验，操作熟练，但容易产生懈怠心理，凭借老经验老方法完成工作，导致很多已经更新的工艺工法没有得到实施，质量达不到现有标准的要求，学习意识不强，质量管理薄弱。

三是经过多年的累积，很多质量方面的问题依然没有得到改善，积贫积弱，凡是头一次甚至多次操作过的员工依然没有掌握要领，导致很多质量问题成了狗皮膏药，在工程质量问题中屡屡出现。

四是由于全球疫情以及经济形式的快速变化，很多设备原材料供应以及设备商资金等方面的问题导致物资到货时间动态变化，供应商无法给出精准的供货时间，容易导致到货时间与实际现场进度产生错位。

四、改进措施和方法

建立健全质量管理体系，落实各级质量管理责任，严抓质量过程管控，做好质量巡查工作。严格执行实测实量，深化标准工艺应用，加强质量通病防治，着力严把“五关”，确保质量零缺陷。

（一）把好“责任关”

实名验收，质量追溯。组织质量验收责任人实名备案，增强各方责任意识。工程开工前，组织签订法定代表人授权书、项目负责人质量终身责任承诺书，编制完成工程质量验收责任人实名制备案一览表，开展合同交底，对参建各方权利义务进行明确。电气安装工程开工前，组织设备厂家、施工单位签订安装分工界面协议书，细化明确安装责任界面。

（二）把好“开工关”

梳理设计质量“常见病”、竣工验收典型缺陷清单，开工前组织三维设计现场 VR 交底，坚持从源头抓工程质量，每月组织监理项目部进行施工质量点评，通过教授工法、过程控制、效果评价，一步一个印，确保工程质量管得住、控得稳、出精品。严格实施

“五必检六必验”质量强制措施，应用随身视频记录仪等技术手段，有效提高高空、深基坑等监控困难区域的质量管控质效。编制土建、电气交接标准化转序工作清册，做实做细土建、电气两大专业“交钥匙”。

（三）把好“检查关”

组织施工项目部相关技术人员对图纸进行多次反复的校核，采购相关人员要对设备材料进行质量控制，不符合质量要求的材料坚决不能使用，力争施工质量问题“发现一处，消除一处，总结一处”，确保工程各道工序高质量完成。结合质量监督检查常见问题及《质量通病防治手册》，业主项目部组织编制“质量检查八必查”清单；策划编写《输变电工程送电前检查重点工作清册》，将输变电工程（新建、扩建、线路）送电前要开展的重点工作（调度对点、设备状态检查、线路参数测试等），以手册形式予以明确，并照此开展送电前各项检查，各方签字确认，确保工程一次送电成功。

（四）把好“到货关”

组织施工项目部根据施工进度计划与技术部门材料要求，通过分析施工进度规划，检查物资数量、物资种类和物资需求等，认真核算物资数量，报送准确的物资采购计划，并不断完善出入库检验制度、物资发放制度、物资储存管理制度。明确变电设备到货验收标准，提前发函至设备厂家及监造单位进行出厂前自查；定期召开物资到货协调会，做好物资到货与现场实际进度的有效衔接。

（五）把好“验收关”

以实测实量为抓手，组织监理项目部认真梳理分项工程验收内容和验收标准数据，在施工自检和监理验收过程中严格实测实量，以实测数据评定施工质量。同时，在购置和应用材料、设备时，应严格控制质量，通过与承包商的质保单位一起进行验收，对于关键构件、设备，在制造时应做好驻厂监造和质量监控工作。在设备与材料运输之前，应认真做好质量的最终检验，对满足标准、图纸要求的开具合格证书，并将此证书当作验收资料的部分。针对典型缺陷和近期投运工程（如聊城南工程、闻韶扩建工程）验收时存在的典型问题，业主项目部联合检修公司临沂分部组织开展了两次典型预验收，实现已出现的缺陷在施工过程中消除，未出现的缺陷避免出现。

五、结果评析

（一）评价结果

通过严把“五关”质量管理体系在沭河输变电建设过程中的应用，增强了电网建设现场业主、监理、施工三个项目部的主导管控能力，业务技能水平持续提升，质量管理体系得到进一步优化完善。该体系在山东电网超高压工程管理实践中取得了良好的效果，具有推广价值。

（二）活动亮点和经验

通过业主投运前验收，最终 23 个单位工程、268 项分部工程、637 项分项工程施工质量全部符合规范和设计要求，合格率达 100%。在国网山东省电力公司检修公司组织的竣工验收中取得“零缺陷”的优异成绩。

第九节　“严密筛选，精细排查”　保障设备隐患彻底清零

聊城南工程质量管理岗位问答

【摘　要】聊城南工程严把质量关，不断加强物资的驻厂监造、开箱验收、设备材料质量检测、专项技术监督。驻厂监造中及时发现主变压器局部放电问题 1 项，开箱验收中发现较大质量问题 2 项，开展了 17 项 123 件设备材料质量检测工作、11 项 219 件金属专项技术监督工作，率先开展变压器橡胶密封制品性能检查、线路瓷绝缘子、导线、地线等送检工作以及全过程技术监督，工程累计开展监督检测项目最全、最多，做到了设备隐患的早发现、早消除。

【关键词】质量管理；设备隐患

1. 问题：质量管理的总体目标有哪些？

回答：

总体目标分为五部分，一是要保证输变电工程标准工艺应用率≥95%；二是实现工程零缺陷投运；三是实现工程达标投产及优质工程项目；四是工程使用寿命达到国家电网有限公司质量要求；五是不发生因工程建设原因而造成的六级及以上工程质量事件。

2. 问题：特高压工程的质量管理内容集中体现在哪些方面？

回答：

应严把各级质量关口，充分发挥质量监督和过程检查、全过程质量控制咨询活动的监督和促进作用，利用数字监控设备、数码照片存档等手段加强施工质量过程管控，确保实现工程质量目标；以资产全寿命周期安全、能效、成本指标最优为目标，通过现场精准施工和精湛工艺，保障工程设计和设备制造固有的防灾抗灾能力不降低。

3. 问题：线路技术施工阶段质量控制的要点有哪些？

回答：

一是要控制好隐蔽工程质量和接地工程质量；二是基础混凝土用砂、石质量要符合《普通混凝土用砂、石质量及检验方法标准》，其氯离子含量和碱活性检验应满足相关要求，并附相关检测报告；三是优先使用商品混凝土；四是线路基础外露部分及保护帽形式要全线统一；五是混凝土试块养护方式采用标准养护，试块制作数量、混凝土配合比、混凝土外加剂、基础养护及回填等执行《1000kV 架空输电线路施工及验收规范》；六是

重点对砂、石、混凝土、钢筋等原材料，垫层地基的压实系数、桩基础工程桩的桩身偏差和完整性、桩身混凝土强度的检测试验报告进行检验，必要时可采取抽样检测；七是对基础地基（换填垫层地基、预压地基、压实地基、夯实地基、复合地基等）进行质量管控，对其设计、地基承载能力、原料质量等进行把控；八是做好 42CrMo 地脚螺栓抽样、检测及质量评定管理，委托第三方检测单位进行检测。

4. 问题：组塔施工阶段的质量管理主要集中在哪些方面？

回答：

一是要把塔材的有序、及时供应，加工外观质量工艺，保障现场组塔施工连续作业作为塔材供应协调的重点工作；二是鼓励采用提高具有安全自动控制装置的落地抱杆的应用比例，鼓励采用轻型载人升降机登塔；三是同塔双回路钢管塔高强螺栓紧固必须采用电动扭矩扳手，把螺栓紧固质量作为铁塔组立质量控制的关键点；四是组塔抱杆和轻型索道（1t 及以下）配置的牵引装置优先采用液压式或双筒式牵引机械，山区优先采用分体式液压牵引机，重型索道优先采用专用索道牵引机；五是在组塔施工前，基础要经中间检查验收合格；六是塔脚板与基础面的接触，地脚螺栓要保持紧固。

5. 问题：架线施工阶段的质量管理工作要点是什么？

回答：

一是在装卸、运输、导放导地线过程中，防止导线磨损、碰伤、散股、鞭击是导地线质量控制的要点，合成绝缘子串防踩踏是绝缘子质量管控的重点；二是跳线工艺、弧垂弛度、间隔棒安装间距和断面情况、防振锤和护线条安装状况等是工艺管控的工作重点；三是导地线压接管握着力试验合格、报告齐全，导线相位排列、换位正确，导地线损伤及处理记录齐全，导地线弧垂及相间弧垂偏差满足设计要求，压接管外观质量、位置以及数量符合验收规范规定，金具连接可靠，附件齐全，安装符合要求。

6. 问题：变电站场平施工阶段质量管理工作中的重点应如何把控？

回答：

一是妥善处理地表附着物是一项政策水平要求高、沟通协调能力强的工作，如果处理不好将会给变电站建设期的工作埋下隐患；二是站外水源接入要做好输水管道防冻裂措施；三是变电站场平标高、围墙及其地基、护坡、挡土墙、排水系统的施工质量是本阶段质量管控的重点。工程要求建设管理单位委托有资质的第三方开展变电站场平变形观测，直至达到稳定状态。沉降观测记录时间应连续，沉降观测满足 0.01mm 精度的要求。

7. 问题：土建施工阶段质量管理工作的重心应如何确定？

回答：

全面管控土建施工阶段安全工作，可从以下方面开展：

（1）把主设备安装和主控综合楼交付使用作为土建施工管理的关键路径，按照“先地下后地上、先主后辅、先深后浅”的原则，组织和安排施工工序。

（2）把隐蔽工程签证、基础养护工艺时间、大体积混凝土标高控制、预埋件控制、接地体敷设、本总体策划提供的质量工艺负面清单执行情况、强制性条文执行和标准工艺推行、工艺创新成果作为土建施工质量工艺管控的重点。

（3）把国家明令禁止使用的材料作为工程土建阶段材料使用监控的重点。

（4）把相关工序、相关专业接口施工作为施工组织协调的重点，防止发生二次开挖、临近主设备安装试验进行大规模土建施工作业、断路施工或道路二次形成、建（构）筑物墙面二次开槽等情况。

（5）保障钢筋、混凝土、砂、石、粉煤灰、外加剂、拌合用水及焊材、焊剂等原材料性能证明材料齐全；现场见证取样检验合格、报告齐全，商品混凝土检验合格、报告齐全。

8. 问题：电气安装阶段质量管理的要点有哪些？

回答：

（1）坚持“先上后下、先一次后二次、先里后外、配套和附属设施先于主体投入、低电压等级先于高电压等级投入”的次序，梳理关键路径，明晰对图纸、设备、场地的需求，保证必要资源投入，管控安装施工组织。

（2）组织协调好终端塔和“零挡线”的施工在高抗就位前完成。

（3）保证设备安装的工艺时间满足设计和规程规范要求，不得随意压缩。

（4）坚持元件试验、分系统调试的项目不少，标准不降低。

（5）严把安装工艺质量，重视设备厂家应进行的培训交底，把住油设备绝缘油颗粒度等指标，把住六氟化硫气体含水量等指标，把住接地网制作、焊接可靠性，把控架空软母线、管母线、跨线、跳按线、引下线安装可靠、协调一致、美观；二次接线准确、正确、连接牢靠、美观等。

9. 问题：在现阶段的质量管理工作中，有哪些普遍存在的突出问题？

回答：

传统的建筑工程质量管理体系不适应现代化的工程管理需求。在建筑施工领域中，我国目前还没有一个完善的工程质量管理体系，因此工程管理人员在进行质量管理工作时有一定的局限性。工程质量管理人员在管理施工的组织结构时，如果没有一个比较规范的管理体制，就会在一定程度上影响工程的施工效率和项目成本，最终可能会导致建筑结构的质量不高，不能达到工程设计方案要求的标准。

10. 问题：对于提高工程质量管理工作有哪些意见和建议？

回答：

对提高施工质量的方法和措施有以下两点建议：

一是加强管理，是指在现有管理水平的基础上，针对影响工程质量品质的一些关键问题，从技术、人事制度上建立更有效的、更加科学的管理体制，明确每一个施工人员的目标责任，从而达到进一步提高管理水平的目的。

二是及时总结经验教训，要善于不断总结工作中的经验教训，其常见问题包括电气部分与土建的协调，给排水与建筑结构的协调，建筑的外表、功能与结构的关系，各种预制件、预埋件、装饰与结构的关系，施工的特点、要求，各辅助专业之间的协调等。

第十节 “五必检六必验” 确保工程质量

聊城南输变电工程质量管理岗位问答

【摘　要】公司全面实施“五必检六必验”强制措施，试点推行“标准化转序”，严肃整治“验收造假”“流于形式”“他人代签”等失职行为。编制《土建验评工作方案》《验收送电管理实施细则》，加强工序交接、隐蔽环节、验收送电质量检查，提高验收标准化水平。依托聊城南工程打造精品工程“山东样板”，推行建设单位主导、验收关口前移的竣工预验收典型模式，以点带面、示范带动电网建设整体水平提升。

【关键词】输变电工程；聊城南 500kV 输变电工程；“五必检六必验”

1. 问题：输变电工程施工“五必检六必验”质量强制措施的原则是什么？

回答：

贯彻落实住房和城乡建设部施工质量“验评分离、强化验收、完善手段、过程控制”工作方针，严格执行《中华人民共和国建筑法》《建设工程质量管理条例》、工程建设国家标准、行业标准、企业标准和《国家电网有限公司输变电工程验收管理办法》[国网（基建/3）188—2019] 等要求，进一步明确验收规则、内容、流程、责任。

2. 问题：实施输变电工程施工质量强制措施的具体入手点是什么？

回答：

为保障验收统一表式有效贯彻落实，进一步强化工程质量管控，针对设备材料进场、线路组塔架线、变电安装调试、工程转序交接、带电启动投运等重要环节，公司决定从质量检测和质量验收两个方面，推行输变电工程施工质量强制措施。

3. 问题：刚性执行质量检测的要求是什么？

回答：

一是铁塔组立或建（构）筑物主体结构施工前，基础混凝土强度必须进行第三方质量检测，且符合设计强度要求；二是线路架线前，地脚螺栓和铁塔螺栓紧固必须进行质量检测，且符合设计紧固力矩和防松、防卸要求；三是导地线压接必须进行质量检测，且符合技术标准和公司反事故措施要求；四是设备材料接收前，必须进行进场质量检测，且符合物资供货合同和技术标准要求；五是电气设备、电缆接头安装前，作业环境必须进行检测，且符合技术标准和施工方案要求。

4. 问题：请介绍一下严格履行质量验收程序“六必验”。

回答：

一是甲供物资进场时，总监监理工程师必须组织“五方”联合验收，合格后方可签证接收；二是线路基础、杆塔转序时，总监理工程必须组织分部工程验收，合格后方可转入组塔、架线阶段；三是变电土建转序时，建设单位必须组织交接验收，合格后方可转入电气安装阶段；四是电气设备内部检查时，专业建立工程师必须组织隐蔽工程验收，合格后方可进行设备封盖；五是电气设备带电前，建设单位必须组织验收，逐项核查交接试验情况，全部合格后方可开展系统调试；六是消防设施施工完毕且经建设单位自检合格后，必须报政府主管部门消防验收（备案抽查），收到验收合格意见（备案凭证）后，方可开展启动验收。

5. 问题：请介绍“五必检”实施要求中的第一项。

回答：

混凝土试件制作：施工项目部班组技术员负责制作，试件数量及养护条件应满足相关标准要求。监理项目部监理员进行见证取样，填写见证取样统计表。

试件送检：施工项目部技术员进行试件送检，监理员必须对送检过程进行见证，确保过程真实规范。检测单位的检测试验能力应与其所承接检测试验项目相匹配。

检测报告审查：施工项目部总工程师报送试件检测报告，专业监理工程师按照设计强度及规范要求对检测报告数据进行审查，并签署审查意见。

6. 问题：请介绍“五必检”实施要求中的第二项。

回答：

技术交底：施工项目部技术员到施工班组进行交底，施工班组长、质检员、作业人员必须参加。

检测仪器：应使用检定合格的紧固力矩检测仪器，施工项目部总工程师报审主要测量计量器具/试验设备检验报审表，专业监理工程审批。

地脚螺栓紧固：塔脚板安装后，作业人员应及时安装齐全螺母和垫片（垫板）；铁塔组立后，随即紧固螺母并打毛丝扣（高强螺栓除外）。

铁塔螺栓紧固：塔材安装后，作业人员应及时安装齐全螺母和垫片，采用固定扭矩扳手进行螺栓紧固，以达到设计值。施工班组质检员进行自检，专业监理工程师组织施工项目部质检员进行检查验收。

7. 问题：请介绍“六必验”实施要求中的第二项。

回答：

验收程序：总监理工程师组织；业主项目经理、质量专责，专业监理工程师，勘察单位项目负责人，设计总工程师，施工单位技术，质量部门负责人，施工项目部项目经理、总工程师、质检员等参加。

验收内容：分部工程（也可根据建设实际，划分为若干个子分部工程）是否全部施工完毕，施工单位自检结论是否合格：检验批、分项工程是否全部经过验收，结论是否合格：隐蔽工程是否全部经过验收：质量控制资料是否齐全、完整；实测实量及抽查检测项目是否合格。

问题整改：验收发现的问题，总监理工程师下发整改通知单，施工项目经理组织项目总工、质检员、施工班组长整政，总监理工程师、专业监理工程师复查确认。问题整改完毕后，总监理工程师签署分部（子分部）工程验收结论。

线路基础、杆塔分部（子分部）工程验收合格后，方可转入组塔、架线阶段。

8. 问题：请介绍“六必验”实施要求中的第四项。

回答：

作业指导书：依据厂家技术指导文件，施工项目部总工程师编制设备内检作业指导书，总监理工程师审批。施工项目部总工程师负责技术交底，施工项目部技术员、班组长、班组质检员及厂家现场服务人员参加。

隐蔽验收：设备内检 48h 前，施工项目部总工程师应书面通知专业监理工程师。专业监理工程师组织隐蔽验收，施工项目部总工程师、技术员、班组长、班组质检员及厂家现场服务负责人参加，填写隐蔽验收签证记录。

9. 问题：请介绍“六必验”实施要求中的第五项。

回答：

验收程序：设备带电前，建设单位工程管理部门负责组织验收，业主项目经理、总监理工程师、设计总工程师、施工项目经理、运行单位相关人员参加。

验收内容：交接试验是否已全部完成、结论合格，试验报告、验收记录齐全、完整：设备状态是否正常，满足带电试运行条件。

10. 问题：请介绍“六必验”实施要求中的第六项。

回答：

消防自验收：消防设施施工完毕后，建设单位工程管理部门负责人组织自验收，业主项目经理、总监理工程师、设计总工程师、施工项目经理、运行单位相关人员参加；重点检查主要设备产品报告、烟感、温感探测器安装、手动火灾报警装置、消防标识、消防通道等，填写单位（子单位）工程质量控制资料核查记录、单位（子单位）工程质量竣工验收记录等。

消防报验：严格执行《国网基建部关于进一步加强输变电工程消防设施验收管理的通知》，建设单位工程管理部门负责人组织消防报验。

第十一节　“样板引路，试点先行”　严把质量关

聊城南输变电工程质量管理岗位问答

【摘　要】公司推行样板引路，试点先行。加强施工工艺管控，制作桩基施工、管道施工等样板区，编制“质量规程执行示范要点牌及二维码”，明确质量规程执行示范要点，按要求全面应用验收统一表式；严格落实防尘及清洁措施验收管理要求，明确 GIS 安装防尘棚的技术标准。施工过程中发现质量问题并及时下发整改通知单 10 份，对“过程质量管控严重不到位”的停工整顿 1 次。

【关键词】输变电工程；“样板引路，试点先行”

1. 问题：“样板引路，试点先行”的工作思路是什么？

回答：

首先，成立样板引领实施小组，由样板实施小组确定样板工程及实施方案，交给监理单位审核。审核完成之后，由监理制订监理实施细则，实现技术交底；与此同时，实施小组完成资源配置装备、质量保证体系及保证措施、安全文明措施；与监理实施细则汇总进行技术交底，最后实现首件样板工程实施。

2. 问题：聊城南 500kV 输变电工程采用“样板引路，试点先行”的目的和意义分别是什么？

回答：

建筑工程施工管理是一项综合性的工作，高效地进行管理，可以保障质量、进度，节省成本，为公司创造利润。其中一项重要的工作内容就是施工样板的管理与实施，即“样板先行，试点引路”。施工管理坚持样板评审，会在大面积施工时少走弯路。确立统一标准，做到严密组织、科学管理、精心策划、严格要求、文明施工。“样板引路”实质是过程质量控制理论的深化与延伸：以过程控制为中心，前移质控重心，通过事先指导、事中检查、事后验收总结三个环节对重点部位及关键工序进行动态控制，分析质量形成各阶段可能出现的异常和波动，最大限度地降低质量隐患。

3. 问题：“样板引路，试点先行”对于其他特高压输变电工程是否试用，说明适用范围？

回答：

由于工程项目类别、规模等级、投资预算、建设周期、企业实力等各不相同，材料千差万别，加之施工阶段所涉及的人员工种及环境差异较大，分部分项划分复杂繁多，所以样板或首件工程的选择必须结合工程特点和施工企业实际情况，以重

点部位、关键工序和特殊过程为基础，遵循“预防为主、先导试点、全面推广”的原则。

4. 问题：聊城南 500kV 输变电工程开展“样板引路，试点先行”的管理步骤具体有哪些？

回答：

建立样板引路管理制度：样板引路施工管理制度是工程管理全过程中的重要制度之一，应阐明样板建立的原则、样板引路的工序及实施样板先行的具体管控流程。

制订施工样板计划：根据项目工程概况、建筑结构特点，及交付验收标准，从地基基础施工至内外装饰装修施工，全过程按不同分包单位、施工工序制订施工样板计划，用以指导后续样板建立策划及实施的依据。

施工样板策划：根据工程进展需求及已排定的施工样板计划，按照样板先行原则，针对具体的施工样板方案组织样板专题会、现场会，事前精细策划，集思广益，反复查阅工序相关施工规范、国标图集、设计图纸，具体到“每块砖怎么摆布，每根钢筋怎么绑扎，每个喷头怎么安装”，并最终组织联合验收。

5. 问题：聊城南 500kV 输变电工程开展“样板引路，试点先行”的实施要点是什么？

回答：

一是对于本管段单个工程，在施工过程中首先要求明确质量目标，在施工中要从工艺、工序等方面不断地钻研探索，从而一次性达到标准要求；二是每个分项工程或工种都要在开始大面积操作前做出示范样板，包括样板路基、站台、地道、涵洞等，把标准实物化，统一操作要求，明确质量目标，达到标准要求；三是施工操作过程应注意工序的优化、工艺的改进和标准化操作，通过不断探索，积累必要的管理和操作经验，提高工序的操作水平、操作质量，并做好原始质量记录；四是样板工程完工后，在积累管理和操作经验的基础上对原始质量记录加以运用，将施工工艺进行总结，并汇编成工法，统一质量标准，然后应用于全管段工程的施工。

6. 问题：聊城南 500kV 输变电工程对于样板工程验收需要重点关注哪些部分？

回答：

是否严格按照施工图纸和施工组织设计、施工安全技术措施、作业规程、质量标准保证措施等要求组织实施。

施工测量：放样是否经过复核无误。是否进行换手复核，以确保工程的可靠性，保证管段在施工中的准确性。全面质量管理推行情况，质量管理小组活动是否正常开展。质量体系是否持续有效运行。对违反规定的施工操作方法，要求施工技术人员及时采取措施指导纠正后施工。对隐蔽工程、重点部位、关键工序施工，检查值班情况，核实值班记录，确保施工过程中的有效控制。

7. 问题：聊城南 500kV 特高压输变电工程打造“样板工程”，对 GIS 设备内部微尘控制有哪些措施？

回答：

GIS 设备生产组装过程中，会产存在微尘、金属屑及毛刺，对设备安全运行威胁巨大。因此，安装过程中，一是要清除，先用砂纸打磨毛刺、棱角，然后应无尘布擦拭，最后用专用洁净吸尘器进行彻底清理；二是密封，清理干净密封槽，涂匀专用密封胶，安装好密封胶圈，确保潮气和微尘不会进入。

8. 问题：编制“质量规程执行示范要点牌及二维码”的目的和意义是什么？

回答：

相比于传统纸质资料，二维码交底方式新颖、传播快捷、制作方便、节约成本，可替代传统的资料、标识牌等，同时使安全技术交底等各类资料传播更直接、快捷。

9. 问题：简单阐述 GIS 安装防尘棚的技术标准。

回答：

GIS 安装施工时需在无风沙、无雨雪、空气相对湿度小于 80%的条件下进行，并应采取防尘、防潮措施。同时根据《输变电工程设备安装质量管理重点措施》，将防尘措施分成 5 级：抑尘、降尘、挡尘、除尘、绝尘。

10. 问题：采用“样本引路”的方式对质量管理方有哪些启示和帮助？

回答：

质量方针既是企业质量意识的体现，又是企业文化的体现。企业要根据自身实际情况和发展状况，制定出符合自身条件且具有特色的质量方针。根据制定的质量方针就可以制定质量目标，而质量目标只体现领导层的目标，还需要把它细化到具体的各职能部门和管理层。为保证质量目标顺利达成，还需要保证必要的资源供给，包括人才、设备、技术，做到人尽其才、物尽其用。

第四章　造价管理典型案例

第一节　“五强化”管控确保工程结算量准价实费清

益都扩工程造价管理典型经验案例

【摘　要】保障输变电工程结算顺利开展，提高工程结算的精准性、及时性、规范性、有效性。益都扩工程采取多种措施，通过开展工程现场交底，加强隐蔽工程验收，严肃设计变更与签证管理，落实工程量闭环管理，实现分部结算执行落地。通过事前交底明确、事中追踪落实、事后评价考核的闭环管理机制，确保现场参建各方职责落实到位、流程有序规范、内容及时准确、成效精准合规，为工程竣工结算提供有力支撑。

【关键词】输变电工程；现场交底；设计变更与签证；竣工结算

一、背景描述

输变电工程建设要协调和平衡安全、质量、进度、技术、外协与造价之间的关系，工程造价要遵循合理造价、合理依据、合理程序、精准高效控制的原则，通过精细控制造价，全力推进项目建设提质增效。

益都扩工程扩建 1×750MVA 变压器 1 台，采用单相自耦无励磁调压变压器，主变压器高、中压侧额定电压为 525/230±2×2.5%kV。主变压器高—中阻抗按 16%考虑。本期扩建主变压器预留中性点小电抗位置。工程投运后可大幅度满足潍坊西部供电区电力负荷增长需要。

二、存在问题

一是参建单位人员对现场造价内容不了解。

二是施工团队造价水平有待加强。

三是施工现场重安全、质量、进度，轻造价。

四是设计变更与签证不规范。

五是未充分发挥监理造价人员的作用。

三、问题分析

一是因参建单位的造价人员不是项目部必备常驻人员，只有到开展工程结算时，才到工程现场进行工程量核实，而在这之前他们缺少与项目部成员的沟通交流，导致项目部人员与现场造价脱节。

二是施工团队长期处于一线作业现场，注重实际技能的提升，却忽略了合同、造价等理论知识方面的培养和学习，因而有待提升。

三是施工现场以安全、质量、进度等为核心工作，只有在申请进度款或开展结算时，才会想到造价人员，最根本原因是对造价知识的认识不够深刻，常因解决现场问题而逐步偏离了后续造价原则。

四是项目设计变更与签证未征求造价人员意见，施工、设计、监理、业主项目部签署后，才流转到业主造价人员，业主造价人员对相关问题进行再次审核，发现问题后再次反馈给前端几家单位，导致设计变更与签证返工修改率较高，影响工程实施。

五是未充分认真落实项目法人责任制，充分发挥监理在投资控制管理中的作用；对于擅自超规模、超概算的行为，未严格把关、坚决制止。

四、改进措施和方法

（一）强化现场交底管控

在工程前期、建设施工、工程竣工三个阶段，各参建单位从合同管理、重点费用管理、现场资金管理、设计变更与现场签证、工程量管理、分部结算、竣工结算和造价资料归档等方面开展造价管理现场交底和落实交底工作。通过事前交底明确、事中追踪落实、事后评价考核的闭环管理机制，确保现场参建各方职责落实到位、流程有序规范、内容及时准确、成效精准合规，夯实造价管理“最后一公里”。

在《建设管理纲要》中应明确造价管理目标、造价管理内容。业主项目部代表建设管理单位履行合同权利义务，参与合同签订，负责向参建各方进行合同造价条款交底。重点对工程承包范围、价格调整、计量与支付、违约责任等造价管理相关内容进行解读，形成交底记录。

重点费用管理方面，安全文明施工费在设计阶段明确计费费率，在施工阶段明确费用预付、支付计划、使用要求及调整方式，此费用由施工方提出申请，经监理审核、业主项目部复核、建设管理单位批准后，规范、足额使用，专款专用。

现场资金管理方面，工程预付款的额度原则上不低于合同金额的 10%，不高于合同金额的 30%。业主项目部收到《工程预付款报审表》7 个工作日内完成审批并上报建设管理单位。

竣工结算方面，业主项目部组织设计、施工和监理等单位按时提交工程结算资料，收集、审核工程可研、环保、材料、设备、建贷利息等相关管理部门归口工程费用的结算资料，组织结算资料预审。

造价资料归档方面，业主项目部按照《国家电网有限公司关于印发〈国家电网有限公司电网建设项目档案管理办法〉和〈国家电网有限公司电网建设项目档案验收办法〉的通知》要求，组织现场造价资料的收集、整理、立卷及归档，确保造价资料的完整性和规范性。

（二）强化隐蔽工程管控

业主项目部应及时组织监理、设计、施工等参建单位对隐蔽工程进行验收，及时核定隐蔽工程量，确保“三量”（设计量、施工量、结算量）核查一致。参建单位造价人员参与隐蔽工程验收，加强隐蔽工程量的及时确认；对土石方、地基处理等隐蔽工程，分部结算时要根据图纸、地勘报告、地基验槽记录、自然地面测量标高方格网、开挖后的地面测量标高方格网、机械进出场记录、监理日志、施工日志等依据性资料相互校核。

（三）强化设计变更与签证管理

设计变更分为设计原因引起的和非设计原因引起的变更。设计变更及现场签证执行“一事一签审”的原则。设计原因引起的变更由设计单位出具设计变更审批单后进入审批流程。非设计原因引起的设计变更由提出单位出具设计变更联系单，交设计单位出具设计变更审批单后进入审批流程。一般设计变更发生后，业主项目部配合建设管理单位组织各单位 7 天内完成审批。重大设计变更发生后，经建设管理单位审核上报省公司级单位，由省公司级单位组织各单位 14 天内完成审批；需要国网基建部审批的重大设计变更，经省公司级单位上报请示文件，由国网基建部审批。

现场签证由施工单位提出并出具现场签证审批单。现场签证审批流程：一般签证发生后，业主项目部配合建设管理单位组织各单位 7 天内完成审批；重大签证发生后，经建设管理单位审核上报省公司级单位，由省公司级单位组织各单位 14 天内完成审批；需要国网基建部审批的重大签证，经省公司级单位上报请示文件，由国网基建部审批。

定期召开设计变更与签证专题审核会，造价人员参与设计变更方案会审，加强变更技术经济方案比选，严格执行设计变更闭环管理，拒绝将不合规变更和签证增加费用纳入工程结算。

（四）强化工程量闭环管理

开工前核实施工图和招标工程量，确定量的基础，施工中核实设计变更和签证工程量，确定量的变更，造价人员参与阶段验收及竣工验收，竣工后核实竣工图工程量，确定量的闭环。业主项目部掌握甲、乙供物资范围，及时组织设计、施工、监理项目部完成物资的清点、验收，并在“输变电工程甲供物资四方确认表”签字确认。跟踪现场剩余物资、拆旧物资的工程量。涉及甲供、乙供范围变化的物资，严格履行审批程序，明确计价原则。

（五）强化分部结算执行落地

分部结算是工程结算的有机组成部分，审定的工程量和结算金额原则上不予调整，工程结算应在分部结算相关成果汇总的基础上开展。

开展输变电工程分部结算，可推进各专业协同，促使结算工作节点前移，促进工程款支付，减轻施工单位资金垫付压力；督促设计变更、现场签证和已完工程量及时签认，确保隐蔽工程结算准确性，实现“工完、量清、价实”，提高结算工作效率。

项目开工前，业主项目部依据年度分部结算计划制订分部结算实施计划，上报建设管理单位，明确分部结算资料编制、分部结算审核时间节点。依据审定施工图预算，结合分部结算金额对工程造价变化情况实施动态监测，从“量、价、费”三方面分析实际工程造价与审定施工图预算的差异，做好过程造价的对比分析，采取针对性防控措施。

建筑工程、安装工程完工后，在工程现场召开分部结算会议，及时组织各参建单位准确核实工程量，将结算节点、结算争议前移，减少竣工结算工作量，实现由过去的“事后整改”向“事前、事中控制”转变。

五、结果评析

益都扩工程通过开展“五强化”管控方式，有效地提高了工程结算质量，缩短了结算时间，该工程投产后 11 天完成结算审核工作，上级公司下达结算批复，结算周期较《国家电网有限公司输变电工程结算管理办法》规定时限缩短 89 天。

第二节　现场造价标准化管理打造高品质电网工程

聊城南输变电工程造价管理典型经验案例

【摘　要】通过现场造价交底标准化体系的构建与实施，规范现场工程造价管理，实现输变电工程造价的高质量控制，提升现场造价管理精益化水平。通过事前交底明确、事中追踪落实、事后评价考核的闭环管理机制，确保现场参建各方职责落实到位、流程有序规范、内容及时准确、成效精准合规，夯实造价管理“最后一公里”。

【关键词】输变电工程；现场造价管理；精益化；事前交底

一、背景描述

聊城南 500kV 输变电工程是山东电网 500kV 主网架的重要组成部分。聊城南 500kV 变电站位于聊城市莘县，本期安装 1000MVA 主变压器 1 组，新建 500kV 出线 4 回、220kV

出线 9 回，线路长度 138km，铁塔 309 基，工程于 2019 年 12 月 20 日开工。该工程的建成投运，对进一步完善山东电网网架结构，加强山东电网西部末端电网，增强受端电网电压支撑，满足山东西部经济社会快速发展及电力负荷增长需求，确保今年迎峰度夏电力供应具有重要的意义；同时，可为郑济高铁、雄商高铁提供可靠的电力保障。

二、工作流程

输变电工程现场造价交底流程图如图 4－1 所示。

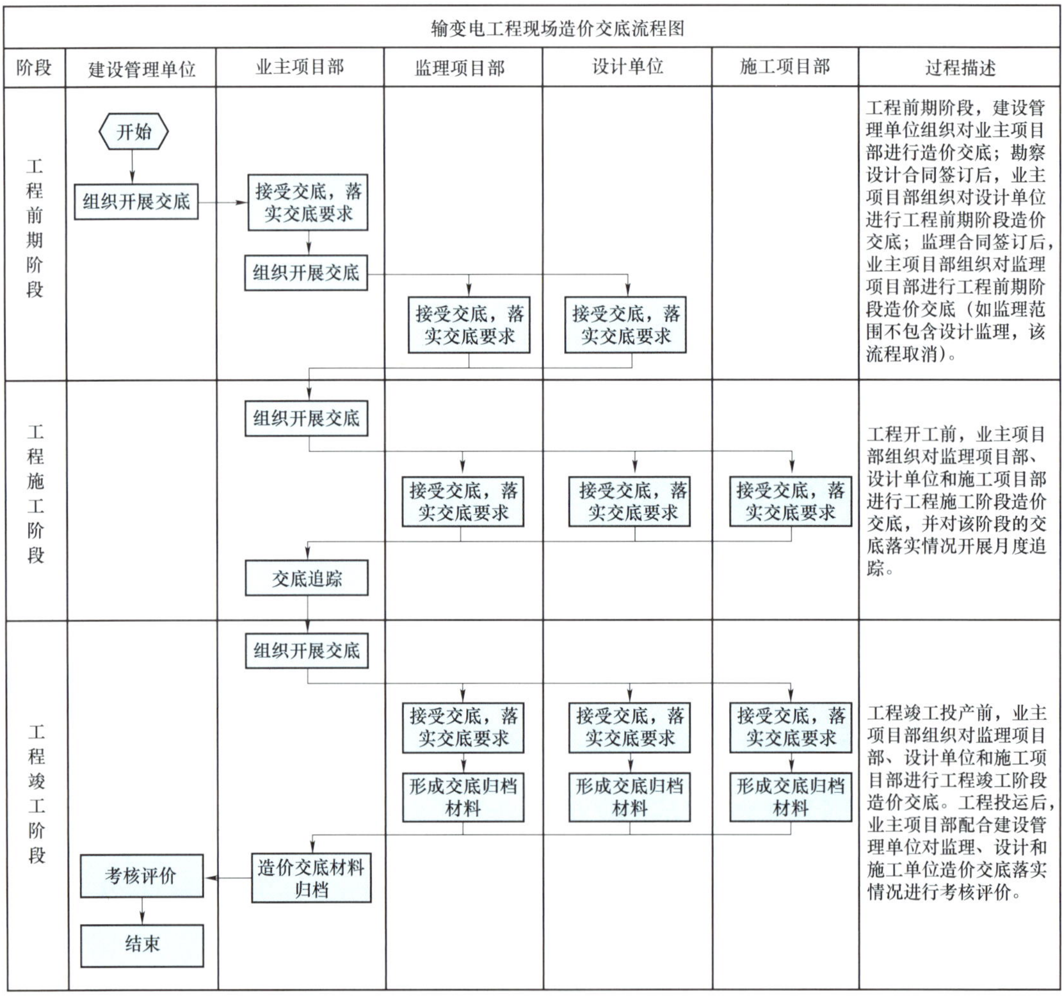

图 4－1　输变电工程现场造价交底流程图

三、现场造价管理交底主要内容

（一）现场造价管理标准化建设

现场造价管理应以合同为前提，以施工图预算为控制主线，分级控制，预算不超概算、结算不超预算，实现量准价实、过程规范。《建设管理纲要》中应明确造价管理目标、造价管理内容。《项目管理实施规划》《监理规划》等文件应依据《建设管理纲要》中提出的造价管理目标，明确现场造价控制的方法及措施。

（二）合同管理

1. 业主项目部

业主项目部代表建设管理单位履行合同权利义务。参与合同签订，负责向参建各方进行合同造价条款交底。重点对工程承包范围、价格调整、计量与支付、违约责任等造价管理相关内容进行解读，形成交底记录。在合同执行过程中，跟踪检查合同履约情况，负责参建单位的合同履约管理，配合建设管理单位对承包人合同的履约情况进行考核评价。

2. 监理项目部

监理项目部代表监理单位履行合同权利义务，监理项目部应科学、公正、独立地开展监理工作，掌握施工合同条款内容、价格调整范围、合同索赔范围、工程量清单、投标报价及综合单价调整要求，监督检查施工单位合同履约情况，协调处理工程索赔及施工合同争议、解除等事宜。

3. 设计单位

设计单位应严格履行合同条款，发生勘察设计范围调整时应履行合同变更程序。设计单位按约定开展现场服务，明确工代服务开展方式，配合现场问题处理。

4. 施工项目部

施工项目部代表施工单位履行合同权利义务。建设过程中施工单位应严格履行合同条款，如发生承包范围、工期等重大调整，应履行合同变更程序。施工项目部接受合同造价条款交底，重点掌握施工范围、投标人采购材料范围、价格调整、计量与支付及违约责任等合同造价有关条文。

（三）现场资金管理

1. 工程预付款

工程预付款的额度原则上不低于合同金额（扣除暂列金额）的 10%，不高于合同金额（扣除暂列金额）的 30%。业主项目部收到“工程预付款报审表”7 个工作日内完成审批并上报建设管理单位。

2. 工程进度款

工程进度款总额不低于已完工程价款的 70%，不高于已完工程价款的 90%。业主项目部收到“工程进度款报审表”7 个工作日内完成审批并上报建设管理单位。

3. 农民工工资

负责督办农民工工资支付。督促总承包单位开设农民工工资专用账户，并按照保障农民工工资按时足额支付的要求约定人工费用，人工费用拨付周期不得超过 1 个月。

（四）重点费用管理

1. 安全文明施工费

由安全生产费用、文明施工费用、环境保护费用三部分组成。设计阶段明确计费费率，施工阶段明确费用预付、支付计划、使用要求及调整方式。安全文明施工费由施工方提出申请，经监理审核，业主项目部复核，建设管理单位批准后，规范、足额使用，专款专用。

2. 建设场地征用及清理费

明确建设场地征用及清理界面划分，按照国家及地方有关收费政策、标准执行，坚持依据合同（协议）等支出，做到合法合规、专款专用。

3. 项目法人管理费

按“谁使用、谁负责”的原则，严格控制费用列支渠道，严禁列支与工程无关的费用，严禁套取转移、虚列支出、超标准支出。

4. 暂估价与暂列金额

暂估价与暂列金额按合同约定计算实际发生的费用。

5. 质量保证金

严格按照合同规定执行质量保证金预留、退还等内容，推行银行保函制度，缺陷责任期到期后按合同约定退还。

（五）设计变更与现场签证管理

1. 设计变更

设计变更分为设计原因引起的和非设计原因引起的变更。设计变更及现场签证执行“先签后建”的原则。设计原因引起的变更由设计单位出具设计变更审批单后进入审批流程。非设计原因引起的设计变更由提出单位出具设计变更联系单，交设计单位出具设计变更审批单后进入审批流程。一般设计变更发生后，业主项目部配合建设管理单位组织各单位 7 天内完成审批。重大设计变更发生后，经建设管理单位审核上报省公司级单位，由省公司级单位组织各单位 14 天内完成审批；需要国网基建部审批的重大设计变更，经省公司级单位上报请示文件，由国网基建部审批。

2. 现场签证

由施工单位提出并出具现场签证审批单。现场签证审批流程：一般签证发生后，业主项目部配合建设管理单位组织各单位 7 天内完成审批；重大签证发生后，经建设管理单位审核上报省公司级单位，由省公司级单位组织各单位 14 天内完成审批；需要国网基建部审批的重大签证，经省公司级单位上报请示文件，由国网基建部审批。

（六）工程量管理

1. 工程量管理

业主项目部依据审定的施工图纸、设计变更和现场签证，依据统一规则，组织施工、设计、监理单位完成完工工程量验收及审核。

2. 隐蔽工程量管理

业主项目部及时组织监理、设计、施工等单位对隐蔽工程进行验收，及时核定隐蔽工程量，确保“三量”（设计量、施工量、结算量）核查一致。

3. 物资管理

业主项目部掌握甲、乙供物资范围，及时组织设计、施工、监理项目部完成物资的清点、验收。跟踪现场剩余物资、拆旧物资的工程量。涉及甲供、乙供范围变化的物资，严格履行审批程序，明确计价原则。

（七）分部结算管理

项目开工前，业主项目部依据年度分部结算计划，制订分部结算实施计划，并上报建设管理单位，明确分部结算资料编制、分部结算审核时间节点。分部结算实施过程中，业主项目部督促施工单位按时提交分部结算资料，组织设计、监理、施工、结算审核单位完成分部结算审核。业主项目部依据审定施工图预算，结合分部结算金额对工程造价变化情况实施动态监测，从“量、价、费”三方面分析实际工程造价与审定施工图预算的差异，做好过程造价的对比分析，采取针对性防控措施。

（八）竣工结算管理

1. 结算资料收集和整理

业主项目部组织设计、施工和监理等单位按时提交工程结算资料，收集、审核工程可研、环保、材料、设备、建贷利息等相关管理部门归口工程费用结算资料，组织结算资料预审。未完工程概算不宜超过总概算的5%，未完工程应在竣工决算报告完成后6个月内建设实施完毕。

2. 结算报告的编制和报送

110kV及以下输变电工程竣工验收后30日内，220kV及以上输变电工程竣工验收后60日内，业主项目部应配合建设管理单位编制完成并上报。

3. 结算审批

220kV及以上输变电工程应在竣工投产后100日内，110kV及以下输变电工程应在竣工投产后60日内，取得省公司级单位基建管理部门工程结算审批意见。

（九）造价资料归档管理

（1）业主项目部负责组织现场造价资料的收集、整理、立卷及归档，确保造价资料的完整性和规范性。

（2）监理项目部认真做好监理工程资料的整理工作，现场留存备查，工程竣工后三个月内完成监理造价资料的收集整理，并向业主项目部提交。

（3）设计单位认真做好设计工程资料的整理工作，现场造价资料应字迹清楚、图样清晰、图表整洁，签字盖章手续完备。现场留存备查，工程竣工后三个月内完成设计造价资料的收集整理，并向业主项目部提交。

（4）施工项目部认真做好施工工程资料的整理工作，现场造价资料应为原件，内容真实、准确，与工程实际相符。

（十）考核评价管理

建设管理单位将现场造价管理纳入合同条款，业主项目部应加强设计、施工、监理合同履约管理，严格依据合同条款落实违约考核评价，同时将履约情况纳入参建单位资信评价。

四、取得成效

一是理清了各参建单位现场造价管理职责，极大地调动了现场造价管理的主动性和创造性。二是优化了工程前期、工程施工和工程竣工三个阶段现场造价管理的流程，突出了关键环节和重点内容，提升了现场造价管控能力。三是按参建单位梳理了现场造价管理的标准化模板，方便现场使用，具有很强的实用性。

第三节　电网企业以规范化为导向的输变电工程结算管理的构建与实施

国网山东建设公司典型经验案例

【摘　要】国网山东建设公司从影响输变电工程结算的焦点、难点出发，通过树立结算管理新理念、规范结算管理流程、创新结算管理手段、落实全链条跟踪保障、深化结算风险防控等方式，提出了“以规范化为导向的工程结算管理”模型，并在其他输变电工程中进行推广应用，从而加强输变电工程结算依法合规管理，确保工程结算按期规范高效完成，不断提高电网企业特高压工程结算管理的规范化水平。

【关键词】输变电工程；电网企业；结算管理；全过程管理

一、背景描述

近年来，国网山东电力不断加强电网工程投资建设力度，每年基建计划投资高达500亿元，面对如此庞大的工程项目群、结算资金量，以及众多的实施主体和中间环节，如何促进结算工作科学安排、加强关键环节管控、加快实施进度、实现规范化管理，已成为电网输变电工程建设管理中亟待解决的课题。

二、主要做法

（一）树立结算管理新理念

加强数据源管理，统一结算模板、标准，实现结算数据及依据规范准确，真实反映工程建设真实情况，做到可用、好用、实用；落实结算管理主体责任，高质高效完成结算工作；加强关键环节衔接管控，强化分析督导工作，实现工程结算的闭环管控。

（二）创新结算管理流程

强化施工图预算管理，严格贯彻落实国家电网有限公司输变电工程施工图预算管理办法；推行输变电工程建设过程结算，每月统计《在建输变电工程过程结算月度计划》，并监督计划刚性执行，汇总各参建单位在过程结算中遇到的问题、难点，形成《输变电工程结算问题沟通汇报信息表》（见表 4－1）；加强设计变更与现场签证管理，严格执行《国家电网有限公司输变电工程设计变更与现场签证管理办法》及《关于加强特高压工程设计变更与现场签证管理流程的通知》，做到“先审批后实施”；规范甲供物资规范性结算管理，工程结算中甲供设备、材料的结算量应以施工图及设计变更工程量（即竣工图工程量）为准，结算单价以物资部门提供的采购合同价格为依据；规范重点费用计列结算管理，费用支出中相关专业必须审核确认并提供合规依据、凭证；规范建设场地征用及清理费用结算管理，委托施工单位开展的建设场地征用及清理赔偿工作，应在招投标文件和合同文本中分别约定工作内容与结算方式，结算时以合同条款约定方式为准。

表 4－1　　输变电工程结算问题沟通汇报信息表

<table>
<tr><td>工程名称</td><td></td><td>初设批复文号</td><td></td></tr>
<tr><td>竣工投产时间</td><td></td><td>结算应完成时间</td><td></td></tr>
<tr><td>截至目前结算进度</td><td colspan="3"></td></tr>
<tr><td>存在的问题</td><td colspan="3"></td></tr>
<tr><td>拟采取的措施、计划完成时间</td><td colspan="3"></td></tr>
<tr><td colspan="4">审核意见：
建设管理单位：（签字并盖章）
日期：　　年　　月　　日</td></tr>
<tr><td colspan="4">审核意见：
省级公司建设管理部门：（签字并盖章）
日期：　　年　　月　　日</td></tr>
</table>

（三）创新结算管理手段

构建多视角、大纵深的工程结算分析模型，提升规范化管控水平，开展规范化分析，准确定位影响工程结算依法合规性的关键环节，依托输变电工程结算，开展工程造价分析，有效提高工程结算管理人员开展工程造价分析的能力和深度；二是加强结算计划管理，建立过程管控的专业协同机制，通过严控结算前提条件、加强结算计划管理、建立协同联系机制等关键环节管控，切实提升结算工作效率。“输变电工程结算工作月度计划”见表 4－2。

表 4-2　　输变电工程结算工作月度计划（××年××月）

序号	建设管理单位	项目名称	建设规模		实际投产时间	本月结算工作内容	结算上报/完成时间	备注
			线路长度（km）	变电容量（万 kVA）				
1	××公司	××输变电工程						
2								
3								
4								
5								

（四）落实全链条跟踪保障

一是整合工程结算资源，深入分析结算资源在各部门（单位）的分布情况，研究开发全链条结算管控工具，打通项目结算资源的流转通道，实现对输变电工程结算工作全链条资源的横向融合、纵向贯通，实现全链条一体化管理。

二是强化全链条结算依据合规性管理，逐一对结算依据的合法性、合规性、准确性、专业性进行审查，全面贯彻“依法建设”理念，全面提升结算质量。

三是积极利用信息化手段，实时报送“工程结算移交规范性控制表”（见表 4-3），有效推进结算规范化管理。

表 4-3　　工程结算移交规范性控制表

<table>
<tr><td>工程名称</td><td colspan="2"></td><td colspan="2">工程编号</td><td></td></tr>
<tr><td>开工日期</td><td colspan="2"></td><td colspan="2">竣工日期</td><td></td></tr>
<tr><td>建管单位</td><td colspan="2"></td><td colspan="2">审定结算费用（万元）</td><td></td></tr>
<tr><td>交接工程范围</td><td colspan="5"></td></tr>
<tr><td rowspan="3">交接主要内容</td><td>1</td><td>初设批复文件</td><td>□有</td><td>□否</td><td>必备项</td></tr>
<tr><td>2</td><td>工程结算报告书</td><td>□有</td><td>□否</td><td>必备项</td></tr>
<tr><td>3</td><td>工程结算资料（合同、审定结算书等，另附明细表）</td><td>□有</td><td>□否</td><td>必备项</td></tr>
<tr><td colspan="6">对本表格以上内容核对无误，工程管理部门不再发生除未完成事项外其他资金，符合决算条件，同意转至财务部门办理决算。</td></tr>
<tr><td colspan="3">建管单位建设部移交人：（签字）

建管单位建设部分管主任：（签字并盖章）
日期：</td><td colspan="3">建管单位财务部接收人：（签字）

建管单位财务部分管主任：（签字并盖章）
日期：</td></tr>
</table>

（五）深化结算风险防控

科学制定评价考核标准，按照“清晰导向”的原则，对考评方式进行精心设计，按阶段设置考查重点，提升考评效果；一键生成执行通报，在全链条输变电工程结算管控工具中开发项目执行通报一键式生成功能，建立分析报告标准模板，对数据录入和标准字段进行界定，提升督导工作效率。

三、结果评价

（一）管理效益

实施规范化输变电工程结算管理，有效提高了输变电工程结算规范化水平和效率质量，确保了工程建成后及时完成工程结算。国网山东电力投资建设的山东—河北特高压交流环网工程、临沂换流站配套送出特高压工程、聊城东阿输变电工程、菏泽桂陵输变电工程等高效规范完成工程结算，公司工程结算管理呈现出“规范、提质”的良好态势，实现了“均衡支出、均衡投产”的目标，依法合规水平显著提高。下一步计划在全省电力基建专业广泛推广应用输变电工程结算管理经验。此外，参建单位结算工作人员的专业能力和依法合规意识显著提高，积累了规范化结算管理经验，做到了“建设一个工程、培养一批人才”。

（二）经济效益

该管理创新成果经济效益计算采用单项因素直接测定法，英语缩写为MTP。MTP只适用于直接计算经济效益的单项成果，如节约投入材料项目的工、料、管理费、资金、工程费等；增加产出项目的产值、销售收入等；提高市场占有率项目的新增利润数等。

MTP的通用计算公式为

$$\mathrm{MTP}=(Q_1-Q_0)\times r-\left(\sum_{n=1}^{n}C_{\mathrm{a}}+I\right)-F$$

按MTP方法计算出的单项成果经济效益，以现行价格计算的价值量表示；Q_1：成果实施后在成果效益计算年度内的实际完成数（成果实施后工程结算实际完成天数）；Q_0：成果实施前一年度的实际数（成果实施前工程结算实际完成天数）；Q_1-Q_0：两者的差额，Q_1、Q_0可以代表定额、标准、实测数据等，可以表现为绝对数、相对数，可能是劳动量或实物量或价值量，Q_1-Q_0差量可能是劳动量或实物量或价值量，但最终必须换算为以现行价格计量的价值量；r：将非价值量Q换算成计算年度价值量所需的一系列换算用数乘积的总称。如Q是产品某原料的消耗定额时，r就等于计算年度的产品产量乘该原料的价格（按每项工程评价参与结算人员10人次，每人每天日工资200元，则$r=200\times10=2000$元）；C_{a}：所花的各种实施成果费用（无，取值为0）；I：实施成果损失费（无，取值为0）；F：非本成果实施所产生的效益。

$$\begin{aligned}E_{\mathrm{m}}&=(Q_1-Q_0)\times r-\left(\sum_{n=1}^{n}C_{\mathrm{a}}+I\right)-F\\&=(65-90)\times2000-0-0\\&=-50000\text{ 元}\end{aligned}$$

每项工程结算评价节省时间 25 天，产生 5 万元经济效益。目前该成果已在 5 项特高压工程、5 项 500kV 工程中推广实施，平均每项工程结算时间缩短 25 天，结算人工工日 250 个，按照人工日工资 200 元计算，每项工程节省费用 5 万元，10 项工程节省费用 50 万元。

（三）社会效益

促进当地经济快速发展。加快推进特高压电网建设，是山东省委、省政府和国家电网有限公司进一步推进“外电入鲁”战略的重大举措，也是缓解山东省电力供应紧张局面、保障经济社会平稳较快发展的必然选择。锡盟—山东 1000kV 特高压交流工程、榆横—潍坊 1000kV 特高压交流工程、青州换流站配套 1000kV 特高压交流工程、临沂换流站配套 1000kV 特高压交流工程顺利投运并完成规范化结算，将为全省经济、社会、环保发展提供重要保障。

（四）环境效益

“十三五”期间，在山东规划建设 5 条 1000kV 特高压交流工程（锡盟—山东、榆横—潍坊、潍坊一站一线、青州一站一线、山东扩大环网工程）和 2 条±800kV 特高压直流输电工程（上海庙—山东、扎鲁特—青州），投运 4 座特高压交流变电站（济南、潍坊、临沂、枣庄），新增变电容量 3000 万 kVA。截至 2020 年，山东电网接受省外来电将达到 3750 万 kW 左右，是之前接受外电规模的 5 倍，受电比例达到 32.9%，每年减少省内标煤消耗 7100 万 t，减排二氧化碳 2 亿 t、二氧化硫 17 万 t。

第四节　造价管理工作中的突出问题及解决措施

聊城南工程造价管理岗位问答

【摘　要】随着市场经济的不断发展，工程造价在一个工程项目中所担当的角色越来越重要。最终工程盈利与否、利润多少都与工程造价密切相关，工程造价管理贯穿整个工程施工的全过程，同时工程造价的合理规划和有效控制也是工程建设管理的重要组成部分。因此，合理规划和有效地控制建设工程造价的重要性日益凸显出来。

【关键词】造价管理；工程结算

1. 问题：造价管理工作所需具备的专业知识都有哪些？

回答：

需要明确一下工程造价的基本概念。工程造价是指输变电工程预期或实际的建造费用或价格。根据不同的建设阶段，主要分为投资估算、初步设计概算、施工图预算、工程结算和竣工决算等。

2. 问题：在“聊城南工程”的施工过程中，造价管理工作经常出现的突出问题有哪些？

回答：

在施工阶段影响造价的因素主要集中体现在如下四个方面：一是政策性的变化，包括国家发布的政策调整以及相关造价管理部门发布的费用调整等；二是物价的波动，包括设备购置费、材料费等市场价格波动引起的费用变化；三是外部环境变化，主要包括由外部因素引起的变电站站址或输电线路路径的变迁、场地征用以及清理费用的增加、重大施工组织设计或施工方案的改变等；四是物资供货的影响，主要是供货厂家的生产能力不足、设备材料无法按时供应，因而引起窝工、误工，以及后期因赶工而引起的费用增加。

3. 问题：针对上述问题，具体的解决方案是什么？

回答：

结合上述各种影响因素和突出问题，“聊城南工程”施工阶段造价管理的主要措施如下：一是坚持“政府主导，属地管理”的原则，加强与政府相关主管部门沟通汇报，争取出台相关支持政策；二是严格履行项目建设程序；三是加强资金和合同管理，严格执行资金拨付审批程序，以合同为依据，按期完成、分部结算，严禁随意摊销费用，全力降低工程建设成本；四是强化物资的供货管理，建设管理单位及时组织施工图预算审查，提前发现设计问题，加强过程管控，提高结算效率。

4. 问题：输变电工程采用的计价模式主要有哪些？

回答：

输变电工程采用的计价模式主要包括定额计价模式和工程量清单计价模式。定额计价模式是采用国家有关主管部门（如国家能源局）批准颁布实施的工程定额（如估价指标、概算定额、预算定额以及相应的费用定额等）进行的分部组合的计算方法，即通常所说的定额计价法；工程量计价模式是一种以市场定价为主的计价模式，也是目前国际通用的计价模式。该模式按照输变电工程的工程量清单计价规范，在工程量清单项目设置和工程量计算规则的基础上，针对具体的工程施工图和施工组织设计计算出每个清单项目的工程量，然后再根据统一的报价口径和报价单位自身情况计算出综合单价，最后汇总各清单综合造价得出总造价。

5. 问题：定额计价与工程量清单计价的主要差异是什么？

回答：

其主要区别在于“量”的计算依据和“价”的计算依据，具体见表 4-4。

表 4-4　　定额计价与工程量清单计价的主要差异

类目	项目名称	工程定额计算	工程量清单计算
适用范围	使用阶段	决策阶段的投资估算，设计阶段的概算、预算	招投标阶段的工程量清单报价，施工阶段和军工阶段的工程结算
工程量	工程量计量依据	电力建设工程定稿	输变电工程工程量清单计价规范
	工程量划分	定额子目	工程量清单子目

续表

类目	项目名称	工程定额计算	工程量清单计算
工程量	工程量大小	在工程实体净尺寸的基础上，才考虑合理的耗损及放坡、施工操作裕度等	按工程实体的净尺寸计算
价格	计价依据	定额计价	市场定价
	价格水平	正常条件下的社会平均水平	报价单位个体水平
	分部分项工程单价组成	直接工程费单价，包括人工费、材料费、机械费	综合单价，包括人工费、材料费、机械费、企业管理费、利润和风险费用
	措施费	直接工程费取费得出，费率相对固定	单独列出，作为竞争或非竞争性费用

6. 问题：初步设计阶段对于工程造价的影响有哪些？

回答：

初步设计阶段是整体工程设计的关键性阶段，对项目投资的影响较大，总体可以从输电线路工程和变电站工程两方面来体现。

输电线路工程：在初步设计阶段，如何采取最优路径方案，如何充分论证导线和地线、绝缘配合以及防雷设计的正确性，如何确定各种电器距离、合理选择塔杆和基础形式，如何设计通信保护更合理、更科学等方面都会直接影响线路工程初步设计阶段的造价。

变电站工程：在变电站的初步设计阶段，明确设计原则，着重论述电气主接线方案及其比选结果，说明导体和主要电气设备的选择原则、依据及结果，说明各级高压配电装置形式的选择及结果，说明各级电压出现走廊、站区自然环境因素等对电气总平面布置的影响。

7. 问题：初步设计阶段造价控制的方法有哪些？

回答：

主要是通过多方案技术经济分析，优化设计方案，参照通用造价和造价控制线，从而有效控制工程造价。目前常用的控制方法有指标法、对比法等。

8. 问题：在工程的初步设计阶段，造价概算的内容主要包括哪些方面？

回答：

初步设计概算由编制说明、总概算表、专业汇总概算表、单位工程概算表、其他费用概算表、主要技术经济指标表、建设场地征用及清理费用概算表，以及相应的附表、附件等组成。初步审计概算的编制说明要求要针对性，要具体、确切、简练、规范，其内容应包含工程概况、改（扩）建工程的建设范围、过渡措施方案及费用、编制原则及依据、概算造价水平分析、造价控制情况分析等。

9. 问题：输变电工程概算控制重点是什么？

回答：

主要包含八个方面，一是初步设计概算总投资要控制在已核准的可行性研究估算投资范围之内；二是工程建设规模应与可研核准的规模保持一致；三是初步设计概算应符合项目所在地的平均价格水平，总投资应完整反映编制时期建设项目的价格水平；四是设备的价格依次按照市场信息价格、编制期限额来设计参考价指标中的价格、编制期同类设备的合同价格编制；五是安装工程装置性材料价格按照电力行业定额管理机构所颁发的规定计算，并按照编制期限额设计参考造价指标中的价格计算材料的差价；六是建筑工程材料价格按照定额规定的原则进行计算，并按照电力行业定额管理机构颁发调整规定及项目所在地的定额（造价）管理部门发布的价格信息计算材料的差价；七是其他费用计列要严格遵守国家法律法规及国家电网有限公司相关的规章制度，合理计列拆迁赔偿、厂矿搬迁等建设场地征用及清理的工程量和费用，并提供计算依据，严禁随意估列费用；八是输变电工程其他费用项目的划分、费用构成及计算标准，要严格执行《电网工程建设预算编制与计算标准》和经电力行业定额（造价）管理部门批准可以计列的费用。

10. 问题：工程竣工之后的造价分析具有哪些意义？具体体现出哪些方面的作用？

回答：

开展造价分析工作，一是全面掌握各地区造价变化规律、特点和影响因素，为政策、标准的制定和修订奠定基础；二是总结工程建设和造价管理经验，为国家电网有限公司投资决策提供依据；三是分析成果，形成输变电工程造价控制线，从工程设计源头开展工程概算和预算双控管理，有效控制工程造价；四是监督和检查工程建设过程各环节造价管控效果，及时发现问题，提出改进措施。

第五节　“多措并举”促进工程造价管理提质增效

益都扩工程造价管理岗位问答

【摘　要】益都 500kV 变电站位于潍坊市青州市东夏镇，益都 500kV 变电站是潍坊电网的枢纽变电站，是山东电网 500kV 主网架的重要组成部分。益都扩工程创新优化各阶段的造价管理工作，从工程验收管控、设计变更与现场签证管控、工程量闭环管控、分部落地执行管控等方面采取创新优化举措，实现了工程“量准价实费清”的标准要求。

【关键词】输变电工程；造价管理；工程结算

1. 问题：“益都扩工程”的“超前策划、未雨绸缪”，在造价管理工作中主要有哪些体现？

回答：

输变电工程建设阶段按建设过程可分为决策阶段、设计阶段、招投标阶段、施工阶段、竣工阶段这五个阶段，根据输变电工程建设全过程造价管理要求，各阶段的主要管理重点如下。

决策阶段：重点是建好项目储备（库）、制订滚动建设计划，提前为规范建设、按流程建设奠定坚实基础。

设计阶段：重点是加强施工图设计评审管理，确保工程设计质量，减少设计中途变更。

招投标阶段：重点是做好招标文件的编制和审核、用好合同专用条款，合理确定双方的责任。

施工阶段：重点是落实设备、前期、生产准备等专业部门的结算责任，推进过程结算和分部结算。

竣工阶段：重点是严格遵守财经纪律和财务制度。

2. 问题："益都扩工程"结算周期较《国家电网有限公司输变电工程结算管理办法》规定时限缩短了 89 天，请问能够如此高效地完成，工程具体采用了哪些方法？

回答：

该项成果主要依托强化分部结算执行落地，建筑工程、安装工程完工后，在施工现场组织召开分部结算工作会议。及时组织各参建单位准确核实本单位工程量，将结算节点、结算争议前移，减少竣工结算工作量，从流程上节约时间成本。实现由过去的"事后整改"向"事前、事中控制"转变。工程投产后 11 天完成结算审核工作，省公司于 6 月 16 日下达结算批复，结算周期较《国家电网有限公司输变电工程结算管理办法》规定时限缩短近三个月，共计 89 天。

3. 问题：造价管理的流程是怎样的？

回答：

国家电网有限公司输变电工程的造价管理流程如图 4－2 所示。各级发展、基建、财务等部门分别负责投资估算、概预算和结算、决算管理，共同加强造价全过程管理。

4. 问题：各个阶段造价管理工作的核心分别是什么？

回答：

在不同的工程阶段，管理内容的重点也相应随之变化。

决策阶段：输变电工程决策阶段的造价管理主要内容包括投资估算、经济评价和投融资分析。

设计阶段：输变电工程的设计阶段造价管理内容主要包括初步设计概算编制与审查、初步设计审批及施工图预算编制与审查。

招投标阶段：输变电工程招投标阶段造价管理的主要内容包括招标工程量清单和招标控制价的编制和审查、投标报价的编制和审查、合同价款的约定及合同签订。加强招投标阶段的工程造价管理工作，有利于招标方节约投资，提高投资收益，择优选择承包商，从而有效降低工程造价。

施工阶段：输变电工程施工阶段的造价管理主要包括合同价款的中期支付、设计变更与签证管理、合同价款的结算、合同价款的纠纷处理、工程量管理、综合单价管理等方面的内容。

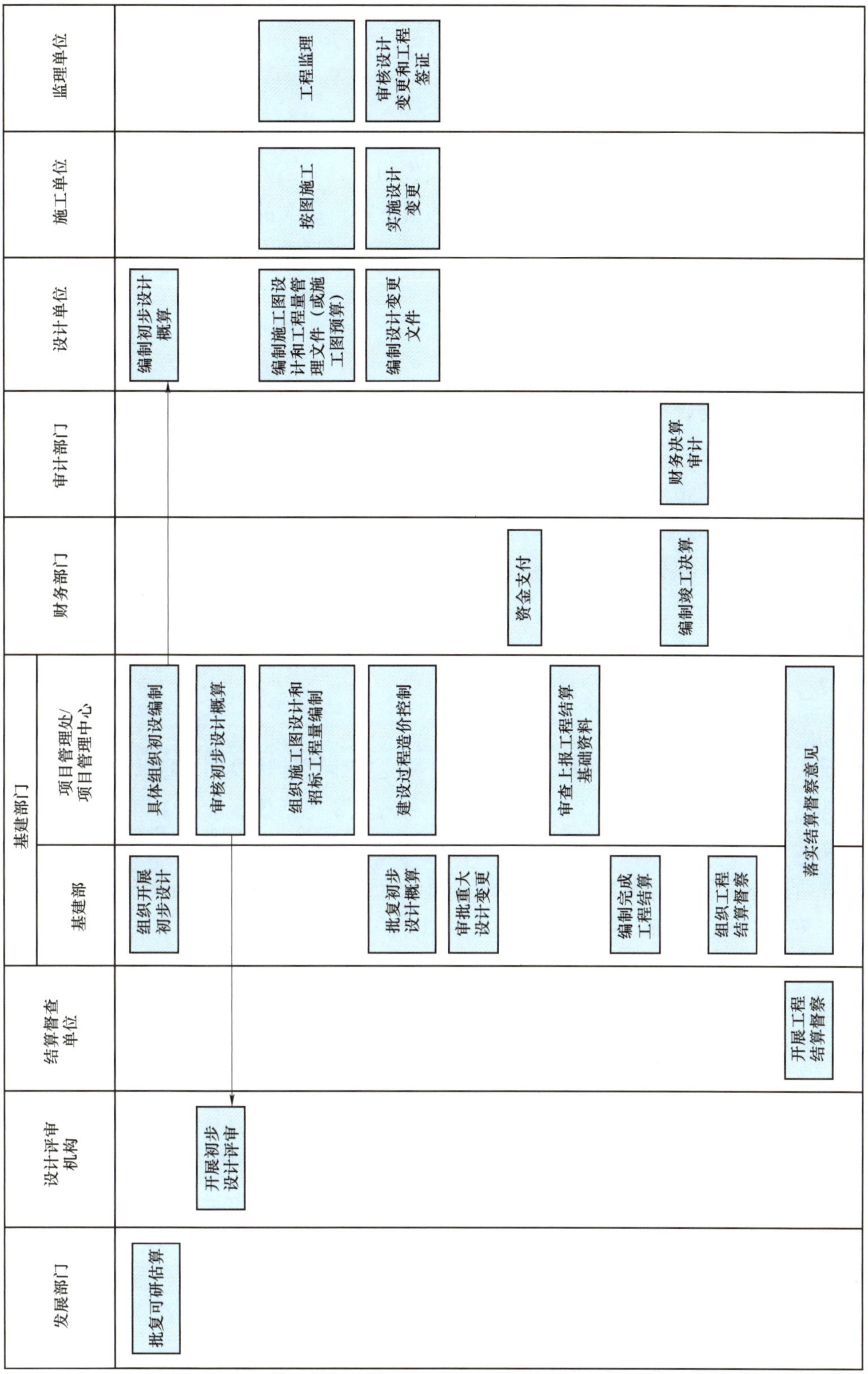

图 4－2　国家电网有限公司输变电工程的造价管理流程图

竣工阶段：输变电工程竣工阶段造价管理的主要内容包括竣工结算、保修阶段造价管理、工程造价资料归档及项目后评审。

5. 问题：造价风险管理的内容是什么？

回答：

风险管理就是指项目管理人员对可能导致损失的项目的不确定性进行预测、识别、分析、评估及有效的处置，以最低成本为项目的进行提供最大的安全保障。风险普遍存在于项目中，同时风险也将贯穿整个项目实施全过程或项目整个生命期过程，风险管理是输变电工程的重要内容。

6. 问题：对于风险而言，有哪些分类？

回答：

按风险的起因来看，风险主要源于两个方面：一个是客观风险，另一个是来自合同各方的风险。客观风险是指来自合同当事人双方无法控制或干预的风险，包括自然风险、政策以及环境风险、政治及社会风险、经济风险、意外风险等等。来自合同各方的风险包括承包商自身原因所导致的组织协调、合同技术、质量费用等方面的缺失所造成的风险；合同中决策失误、报价不当、投标文件缺陷、管理制度不健全等原因造成的风险；业主和分包商资信风险；人为风险；工程组织管理失误及战略调整带来的风险；工程资金超支或短缺带来的风险以及由于技术方面的原因所造成的风险等。

7. 问题：设计阶段的造价管理包含哪些内容？

回答：

设计阶段的造价管理主要分为两个模块，分别是初步设计阶段的造价管理和施工图设计阶段的造价管理。初步设计阶段的造价管理内容主要包括根据批准的可行性研究报告来编制初步设计说明、初步设计图、主要设备及材料表和工程概算四个方面的内容；施工图设计阶段造价管理的内容包括根据施工图设计文件、定额和费用计算的相关规定，合理编制工程施工图的预算，以及对于施工图预算的审查、对比和分析，核实施工图阶段的工程造价是否超过批准的初步设计概算，合理控制工程的整体建设成本。

8. 问题：招投标阶段的造价管理内容有哪些？

回答：

招投标阶段造价管理的主要内容包括招标文件中相关造价条款的管理、招标工程量清单的编制及审查、最高投标现价的编制及审查、投标报价的编制及审查、合同价款的约定以及合同的签订等。意在使工程有序进行，能够使招标人在拟定招标文件时，正确规范地对招标文件中关于工程量清单、投标现价等竣工结算阶段相关的材料起到良好的管控作用。

9. 问题：施工阶段造价管理的内容包含哪些方面？

回答：

施工阶段造价管理包含从施工合同的签订一直到工程竣工验收对输变电工程造价工

作的全面性管理，主要表现为施工阶段工程造价的确定和施工阶段工程造价的控制两个方面。施工阶段工程造价的确定是指按照承包人实际完成的工程量，以合同价为基础数据，同时考虑因物价的波动及其他因素所造成的造价变化，考虑设计中难以预计而在实际的施工过程中发生的设计变更及现场签证的费用，正确确定工程结算价款。施工阶段工程造价的控制是指严格按照合同的约定和国家电网有限公司的规定拨付工程预付款及进度款、有效控制设计变更、强化现场签证管理、加强工程量管理和综合单价管理、确保费用支出规范，将工程造价控制在合理的范围以内。

10. 问题：竣工阶段造价管理的工作重点应如何把控？

回答：

竣工阶段工程造价的管理应重点把握以下几个方面：

一是建设成本管理。重点针对竣工结算、决算的真实性、合理性、可靠性进行审核，保障计划外费用不流入项目成本。

二是工程结算编制依据管理。编制依据主要包括工程开工报告、竣工报告、竣工图纸、竣工验收单据；工程施工合同或施工协议书；施工图预算或招投标工程的合同标价；设计变更与现场签证；经建设单位认可的施工技术措施、技术核定单据；调试报告和施工记录；合同中规定的定额、材料价格；国家或地区新颁发的有关规定等。

第五章 技术管理典型案例

第一节 创新地脚螺栓管控措施 提升管控实效

聊城南输变电工程典型经验案例

【摘　要】近年来，多起输电线路工程安全事故是由铁塔地脚螺栓使用错误引起的，反映出地脚螺栓入库、检查、验收、领用、安装、各级检查验收管理混乱。为全力保障输变电工程安全，聊城南输变电工程进一步创新地脚螺栓全过程管控措施，显著提升管控实效。在螺栓标识、交接检测、螺母存储、班组领用、安装工艺、成品保护、检查验收等环节进行了细化，规范了工艺标准及工艺要求。在工程建设的不同阶段，对设计单位、物资供应商、施工单位、监理单位和业主单位强化了针对地脚螺栓具体的管控措施，从而实现对地脚螺栓从设计、生产到使用、验收、考核的全过程安全质量管控。

【关键词】输电线路工程；地脚螺栓；紧固防卸；成品保护

一、背景描述

近年发生的“5·7”“5·14”安全事故案例及类似相关安全事故，充分体现了现阶段安全管理工作中存在的问题，也进一步印证了实际工作中安全管理工作缺失所带来的严重后果，时刻警醒着我们，安全生产责任制及相关规章制度落实不到位、铁塔地脚螺栓入库、检查、验收、领用管理混乱等诸多乱象必然会导致严重的、无法挽回的局面。

二、创新亮点

在螺栓标识、交接检测、螺母存储、班组领用、安装工艺、成品保护、检查验收等环节进行细化，规范了工艺标准及工艺要求。

编制《输电线路工程地脚螺栓检查方案》，根据工程建设的不同工序，全过程开展输电线路工程地脚螺栓检查，检查地脚螺栓全过程管控措施的落实情况。制定项目部自查、部门复查、公司抽查的监察机制，加大“四不两直”、专项监督检查频次和考核力度，将措施落实情况作为重点检查内容。

三、主要做法

（一）优化选型设计情况

优选规格，增大级差。输电线路工程地脚螺栓原使用规格为 20 个，其中，级差为 3mm 或 4mm 的相邻规格地脚螺栓螺母、螺杆之间尺寸重叠，混用后会出现“假合扣”（如图 5–1 所示），存在安全隐患。2017 年，公司提出增大地脚螺栓直径级差、减少规格序列的思路，优选出 11 个规格，将地脚螺栓直径级差增大至 6、8、10mm。通过增大级差，有效避免相近规格螺栓、螺母混用出现“似接非接、似紧非紧”的现象。国家电网有限公司于 2018 年将此项措施纳入《输电线路工程地脚螺栓全过程管控办法》（以下简称“《管控办法》”），推广应用。

图 5–1　相邻规格螺母螺杆混用示例

工程投资测算。输电线路工程造价中，本体工程占比约为 80%，混凝土基础在本体工程占比约为 30%，地脚螺栓在混凝土基础中占比约为 2%。因增大级差剔除的规格，在使用总量中占比约为 30%，由选用规格中以大代小替代使用，钢材增加量约 15%。由此测算（80%×30%×2%×30%×15%=0.000216），工程总造价增加约万分之二。地脚螺栓优化选型前后情况对比见表 5–1。

表 5–1　　地脚螺栓优化选型前后情况对比

项目名称	优化选型设计前	优化选型设计后
规格数量	20 个（M20、M24、M27、M30、M33、M36、M39、M42、M45、M48、M52、M56、M60、M64、M68、M72、M76、M80、M90、M100）	11 个（M24、M30、M36、M42、M48、M56、M64、M72、M80、M90、M100）

续表

项目名称	优化选型设计前	优化选型设计后
级差设置	M20～M24：4mm； M24～M48：3mm M48～M80：4mm； M80～M100：10mm	M24～M48：6mm M48～M80：8mm M80～M100：10mm
相邻规格螺栓、螺母尺寸最小差值	M20～M24：1mm； M24～M48：2mm M48～M80：2mm	M24～M48：4mm M48～M80：5mm
现场使用情况	规格多、级差小，相邻规格螺栓、螺母尺寸差距小，混用不易发现，存在隐患	规格少、级差大，相邻规格螺栓、螺母尺寸差距明显，可有效避免混用
投资情况	不增加投资	经测算，工程总投资增加约万分之二

（二）管控措施落实及提升改进情况

国家电网有限公司于 2018 年 5 月印发《管控办法》，明确选型设计、供应采购、交接仓储、施工安装、验收检查等全过程管控要求。主要从以下几方面着手。

一是变“鼓励优先采取甲供方式”为全部采用甲供；二是细化螺栓标识要求，去除标识盲区，采用激光印刻及气动印刻方式提升辨识度，增加防氰处理。标识细化统一前后螺母图片分别如图 5-2、图 5-3 所示。

图 5-2　标识细化统一前螺母图片

严格交接检测。严格开展外观检查同时，增加地脚螺栓机械性能抽检。组织电科院将金属监督工作关口前移，按工程对每个厂家、每种规格的地脚螺栓、螺母随机抽样 3 件进行抗拉强度、屈服强度、断后伸长率、最小保证荷载等关键项目的检测，做到工程抽检全覆盖，坚决杜绝不合格产品进入施工现场。

规范螺母存储。推行精益化管控，研发螺母专用存储工具（如图 5-4 所示）。根据螺母规格尺寸定制，每种规格螺母配备专用存储工具，为防止螺母混用增加一道关口。设置吊装装置，方便机械化运输、施工。

图 5-3 标识细化统一后螺母图片

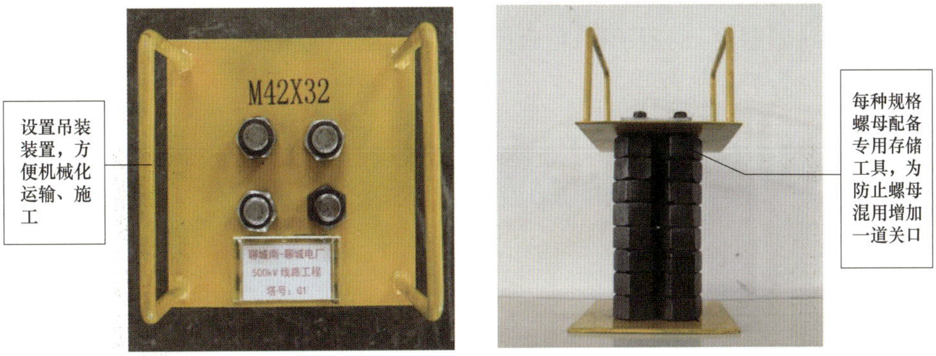

图 5-4 螺母专用存储工具研发应用

统一成品保护。工厂化制作标准成品保护装置。综合 PVC 套管及热缩管保护优点，采用热缩管连接 PVC 保护套管、地脚螺栓的保护形式（如图 5-5 所示）。按照螺栓规格统一定制、配送 PVC 保护套管，材料站进行套管、热缩管连接，现场进行地脚螺栓热缩保护。完善螺栓顶端保护，方便现场施工操作，确保成品保护工作有实效，工厂化制作标准成品保护装置及应用实例如图 5-6 所示。

图 5-5 PVC 套管、热缩管保护应用情况

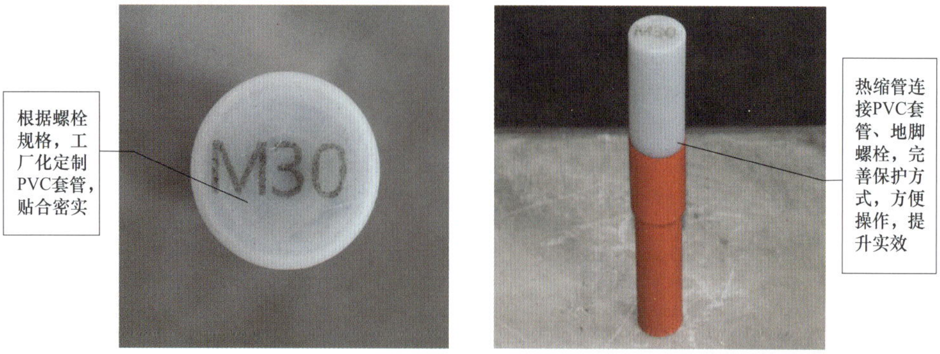

图 5-6　工厂化制作标准成品保护装置及应用实例

标准验收检查。规范风险许可 App 拍摄要求（如图 5-7 所示），明确拍摄螺栓侧视、俯视角度照片（如图 5-8 所示），精确反映地脚螺栓型号规格、紧固程度、安装质量，上传现场作业风险管控平台。

图 5-7　规范风险许可 App 拍摄螺栓侧视、俯视角度照片

图 5-8　明确拍摄螺栓侧视、俯视角度照片

四、结果评析

一是检查施工图纸，地脚螺栓设计选型是否满足要求，是否存在不同序列规格螺栓选用的情况；在地脚螺栓加工图等设计文件中，核查地脚螺栓材质、性能等级等信息。二是检查供应采购。是否采取甲供方式采购；地脚螺栓中的螺杆与螺母是否成套配送，出厂前是否标示制造者、性能等级、规格，同一标段中同套螺栓的螺杆与螺母是否采用唯一且相同的标识。三是检查交接仓储。产品合格证、选用的钢材及熔炼分析（化学分析）、机械性能检测报告等质量证明文件是否齐全，是否报监理项目部审查和开箱验收；核查施工和监理单位是否配备地脚螺栓测量专用的通止规（环规和塞规），使用通止规检查，同时使用数显游标卡尺实测地脚螺栓和螺母尺寸；施工项目部是否建立规范的入库、存放、领用、回收等管理程序，台账中是否明确工程名称、杆塔号、生产厂家、产品规格、材质、性能等级、数量、时间、经办人等信息。四是检查施工安装。基础浇筑施工前，是否按照“一基一领”和“同一基杆塔基础使用同一厂家”的要求，由基础施工班组领取地脚螺栓；施工班组在回收螺母、垫板时，是否做到“一腿一串，单基包装”，是否移交材料站统一保管；杆塔组立前，施工班组是否按照“一基一领”的要求，由杆塔作业层班组骨干人员领取经施工项目部材料员核实工程名称、杆塔号、产品规格。施工班组质检员是否复核地脚螺母、螺杆、垫板的标识与塔号；杆塔组立和放线作业中，施工班组质检员是否确认杆塔地脚螺栓安装紧固和防卸情况。五是检查验收检查。基础及保护帽浇筑前，监理进行隐蔽工程验收时，是否对地脚螺栓规格、标识、安装等一并验收，基础浇筑过程中、组塔过程中、架线过程中、保护帽浇筑过程中的螺栓管控情况，监理是否纳入旁站并记录；监理初验、中间验收时，是否将地脚螺栓的螺杆、螺母、垫板标记匹配情况，以及两螺母及垫板与塔脚板靠紧纳入重点检查内容。施工项目经理、总监、业主项目部检查是否满足抽检比例要求。地脚螺栓检查表见表 5-2。

表 5-2　　地脚螺栓检查表

项目名称		编号	
重要设施名称		计划使用时间	
作业负责人		计划停用时间	
序号	检查内容		检查结果
1	地脚螺栓采购单位是否存在施工项目部或组塔施工队私自采购螺母的情况		
2	地脚螺栓出厂质量证明文件是否齐全		
3	地脚螺栓进场报审是否规范		
4	地脚螺栓是否按规程规范要求进行见证取样及现场复检		
5	基础施工中，地脚螺栓的预埋是否隐蔽验收合格		

续表

序号	检查内容	检查结果
6	基础浇筑完成后，地脚螺栓螺纹部分是否采取防锈蚀措施	
7	螺栓紧固情况是否满足设计或施工及验收规范要求	
8	是否存在螺母缺失的情况	
9	螺母材质是否符合要求	
10	螺栓和螺母是否匹配，是否以大代小、以小代大	
11	高强螺栓、42CrMo 合金钢螺栓等特殊螺栓是否严格执行有关技术标准要求	
12	螺母拧紧后，螺栓露出螺母长度是否满足施工及验收规范要求	
13	螺母拧紧后塔腿与基础顶面的间隙是否符合要求	
14	同组地脚螺栓中心与立柱中心偏移（不大于 10mm）	
15	地脚螺栓外露偏差（－8～－4mm）	
16	地脚螺栓间距偏差（±2mm）	
17	地脚螺栓对角线偏差（±2mm）	
18	铁塔组立后，地脚螺栓应随即加垫板并拧紧螺帽及打毛丝扣	

监理项目部核查结论：

监理工程师：

年　　月　　日

经过项目部自查、部门复查以及公司抽查，聊城南输变电工程有聊城南—聊城电厂线路 136 基铁塔、聊城南—东阿线路 203 基铁塔共计 339 基铁塔，过程验收及影像资料齐全、合格，实现了线路工程地脚螺栓的科学、高效、可靠管控。

第二节　基于“全景可视化”的线路工程管理模式

国核示范 500kV 送出线路工程典型经验案例

【摘　要】基于线路工程路径走廊协调难度大及施工受外部因素扰动较大的特点，继续利用当前传统模式进行管理，容易诱发安全、进度等主要管理目标失控。通过本研究，能够借助智能化管理手段，全方位、多维度掌握工程全景信息进行系统管理，以促进管理辐射范围放大及管理效率提升。研究成果主要应用于线路工程建设管理，并具备纵深开发，横向推广的价值，能够产生良好的技术、经济及社会效益。

【关键词】可视化；信息化

一、背景描述

电网建设工程尤其是输电线路工程，施工作业点多面广，情况复杂，对安全管理提出了非常高的要求。但由于线路工程施工受外部因素影响大，施工计划刚性执行存在扰动因素众多的情况，主动或被动的无计划作业时有发生。为建立健全作业单元管控长效机制，提升施工现场安全管控水平，国家电网有限公司建立了驻队监理制度。将如何运用遥感无人机及物联网设备和驻队监理制度有机结合，最大化发挥现有人员和设备效能，进一步提升监控值班对现场的安全管控能力，作为当前阶段亟待解决的问题。

本案例通过应用卫星遥感、无人机、物联网等技术，为现场管理人员和监控值班人员提供一种全新的管控模式，使现场实景信息获取更全面、监控信息覆盖更广泛，工程综合管理水平迈上一个新台阶。

二、创新亮点

一是打造“全景式输变电工程安全管控体系”，实现工程现场基建全过程信息化管理、集中化管控和可视化展现，加强建设管理和现场工作，提高应变处置能力。

二是动态汇总工程现场基建全过程各环节数据，为工程基建全过程管理工作提供信息支撑和决策依据。

三、主要做法

（一）输电线路多元时空一体化技术研究

针对输电线路沿线工程情况，依托以地形地貌、数字高程模型、基础地理信息数据等搭建的三维实景环境为基础，对线路、杆塔、通道清理、交叉跨越、重要地物等输电线路工程建设过程中重要的多元地物信息，在已搭建的三维环境中进行全方位展现（如图 5-9 所示）。同时，利用施工不同阶段多期次的遥感影像、无人机航飞影像、现场照

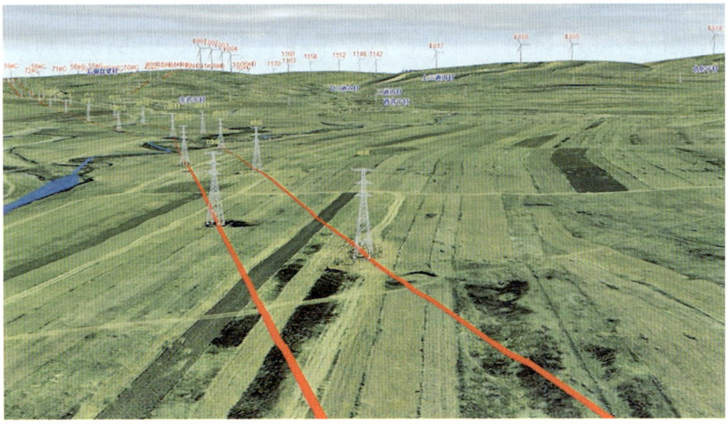

图 5-9　三维仿真场景构建

片以及 720° VR 全景技术，进行不同时间尺度下的输电线路工程建设情况的三维实景展现，实现时空一体化的输电线路工程定位、浏览、漫游。

另外，利用卫星遥感、航空摄影测量等技术手段对工程线路走廊区域进行航拍，获取高精度影像和数字高程模型，构建工程范围内的地形模型，并且叠加区域内行政区划、水系、道路等基础地理数据，以及规划区、自然保护区、环境敏感区等专题数据等，直观展现工程施工现场的地理环境。利用三维可视化引擎构建工程三维数字模型，可支持大范围场景的快速浏览，从宏观到局部对地形地貌进行察看。

（二）基于“空天地”的输电线路全景动态感知网络构建研究

利用天基卫星遥感监测、空基无人机航飞监测、地基全景视频及物联网传感器监测等，根据输电线路施工管控需求包括监管目标的目标特征、监管频次等，研究“空天地”监测技术的协作与融合应用方式，构建一张立体化、全景式的输电线路施工现场监控网络，使其可支撑建设管理单位在任何地点、任何时刻完成对输电线路基建工程各阶段中有关无计划作业管控、进度计划、通道清理、环保水保等相关管控要素的快速、高效、高可靠、全方位的识别、监测与管控。

针对不同监管需求，确定监测内容，具体情况如下。

施工进度监管：通过对卫星遥感影像、无人机影像、视频图像等定期采集、处理、识别，实现输电线路施工现场的阶段性进度（未开工、基础施工中、基础已完成、组塔施工中、组塔已完成、架线施工中、架线已完成）定期更新，利用“空天地”全景图像实现进度的远程智能化监管。

通道清理监管：通过对卫星遥感影像、无人机影像、视频图像等定期采集、处理、识别，实现电力通道内待拆迁房屋及待砍伐树木的统计、拆迁及砍伐进度监管、完成情况的监管。

无计划作业巡查：通过对卫星遥感影像、无人机影像、视频图像以及热释电探测器数据等定期的采集、处理、识别，实现输电线路施工单位作业时间、作业地点、作业范围的监管，与施工单位上报的作业计划自动比对，完成无计划作业的“空天地”立体化监管，保证了数据的客观、真实、有效，杜绝了虚假上报的可能性，确保了建设管理单位高效真实的监管。

环水保监管：利用卫星遥感影像和无人机影像对输电线路通道的施工扰动面积、植被破坏及恢复状况等进行监管，对环水保措施落实情况进行远程监管，并对施工扰动超标进行预警。

（三）基于全景图像的输电线路基建管控数字化识别方法研究

梳理分析无计划作业管控、进度管控、通道清理管控、环水保管控等施工全过程的管控需求，通过采集多期次输电线路工程全方位、全时段的全景影像，针对需要开展图像识别的目标，如施工进度（基础阶段、组塔阶段、架线阶段）、通道清理（待拆迁房屋、通道待砍伐树木）、施工阶段扰动及环水保措施落实情况等，分别开展图像匹配、图像增强、图像分割、图像特征提取等研究，建立相应的图像识别模型，形成基于全景图像的输电线路基建管控数字化识别方法，为输电线路全景可视精益化管理提供一种便捷、高效的图像识别与跟踪手段。

（四）基于全景动态感知的输电线路基建工程智能化管理提升技术研究

深入利用卫星、无人机等各种技术手段，对工程全线按照既定周期和关键转序节点进行数据的采集，结合现场布设的物联网设备，动态感知施工现场状况，研究提出输电线路基建工程各阶段中有关作业管控、进度计划、通道清理、环水保等相关管控要素的管理提升技术标准，实现输电线路基建工程的智能化管理提升技术。

1. 施工进度管理

充分发挥卫星、无人机作用，定期采集数据并通过处理与分析，在线路三维模型的基础上，根据最近一次采集数据展示现场实景进度，留存过程视频和照片数据，通过将照片串联合成视频，把工程建设过程压缩在一个较短的时间内以视频的方式播放，实现对工程进度的实时监督管控。

2. 通道管理

利用卫星遥感影像、无人机航拍，对输电线路通道内新增居民点、第三方大型施工场地、厂房等进行影像采集与解译，与施工前影像进行对比分析，对通道内违章建筑进行监管。对于正在修建的居民点，需要派无人机对该区域高频次航拍，留存新建证据，督促拆迁。对于大型第三方施工，利用遥感影像全面普查，解译位置和占用运行线路走廊面积，并督促整改。

3. 环水保管理

在输变电工程施工的不同阶段，通过“卫星遥感+无人机遥感”获取输电线路通道环水保信息，并通过遥感处理与分析，实现现场环水保影像的采集和分析，结合线路环水保专项设计成果，打造“空天地一体化”的环水保过程管控和竣工验收核查业务。利用卫星遥感影像和无人机影像，对输电线路通道的施工扰动面积、新增进场道路长度和宽度、房屋拆迁进度、取弃土场面积、植被破坏及恢复状况等进行监管，通过影像识别提取实际项目建设占地面积、扰动土地面积，并察看环保水保措施落实情况，形成天地一体化成果报告以及各阶段问题清单。

四、结果评价

（一）技术效益

此次对于输电线路施工智能化管控技术的研究，实现了卫星遥感、无人机和地面物联网等多种技术手段在施工现场的综合应用，实现了各技术手段在施工过程中的智能化分析和可视化展现，产生了良好的技术效益。

（二）经济效益

对于长大线性工程项目，施工要求存在人员多、工作量大等管控困难。而新技术的应用，实现了输电线路工程施工下场的远程实时管控，减少了管理人员的工作量，极大地节约了工程成本。

（三）社会效益

通过智能化管理体系的应用，加强了施工现场的安全管理，降低了事故发生频率，保障了施工人员的安全；而且也推动了输电线路建设工程朝着全景化、智能化的方向发展，具有良好的社会效益。

第三节 “站外短接”破解改扩建工程基建和电网安全难题

胶东扩工程典型经验案例

【摘 要】500kV 变电站改扩建施工时，普遍出现 220kV 双母线停电情况，220kV 双母线停电期间，下级 220kV 变电站容易出现“五级电网风险”，如何降低停电期间对电网结构和电网可靠性的影响程度，同时又能保证现场施工人员和设备的安全，是我们需要深入思考和讨论的课题。改扩建工程在建设实施阶段，开展 220kV GIS 间隔扩建工作时，会对现有相对稳定的电网结构造成一定的影响，进而短时间的影响部分区域的供电可靠性。开展“站外短接”工作，极大程度上保障工程顺利安全开展、创造安全施工环境，同时降低电网运行风险，消除电网五级风险时间，为工程的顺利推进保驾护航。

【关键词】改扩建工程；站外短接；基建和电网安全

一、研究背景及问题分析

（一）研究背景

如何在保障现场施工作业人员人身生命安全和设备运行安全的前提下，尽量减小对现有电网可靠性的影响，缩短电网受影响时间，圆满实现工程建设任务，是我们需要面对和解决的问题。

基于 500kV 改扩建工程建设阶段短时的工作需要，怎样合理解决建设期间的施工安全和电网安全这一普遍存在、易被忽略但又不容忽视的问题，是必须要去深入研究思考的，应制定规范管理流程，进而进行推广应用。

（二）现状分析

不同工程 220kV GIS 间隔气室和耐压试验要求不同，工程扩建过程中双母线停电时长也不同。地方电网由于电网负荷的重要性和电网结构不同，与上级电源点双母线停电的耐受程度会有一定的差异。一部分工程特别是经济相对发达、供电负荷比较重的区域无法长时间接收 220kV 双母线停电。

现阶段较为适用的解决双母线停电问题的措施：一是 GIS 不停电扩建技术的应用；二是相邻气室降至报警压力不降半压扩建；三是站外短接。针对现有工程进行改扩建工作：措施一，不具备条件，需在工程一期阶段做好相应准备；措施二，GIS 厂家设备面临很大风险，人员安全和设备安全存在较大风险，极不推荐；措施三，在 220kV 双母线停电前开展站外短接。

（三）问题归纳

根据现状，从双母线停电对基建和电网的影响和如何规范开展站外短接两个方面归纳出对应问题。

一是 220kV 双母线对基建施工和电网运行带来什么影响？

二是站外短接是什么？有什么作用，能解决哪些问题？

二、研究思路与内容

近三年公司 500kV 改扩建工程 220kV 双母线停电时，胶东 500kV 变电站扩建工程和神山 500kV 变电扩建工程均开展了站外短接工作。本次课题依托工程实际情况开展对应情况分析。

（一）双母线停电对基建施工和电网运行的影响

1. 双母线停电对基建施工的影响

双母线停电是施工过程中基于规程规范和厂家作业指导书要求，采取的一种现场必备的施工条件。正常开展双母线停电，有助于保障现场施工人员和设备安全。因此，对基建工作不造成影响。

2. 双母线停电对电网运行的影响

220kV 双母线停电，该双母线上的 220kV 线路全部停电，给属地公司电网的正常运行带来影响，影响供电可靠性，增加电网运行风险（各属地公司电网负荷和承担风险能力不同，对双母线停电的接受能力也不同）。在此，引入两个概念名词“电网五级风险”和“五级电网事件”。

改扩建工程中，220kV 双母线同停，易造成属地公司 220kV 变电站单电源运行，视为电网五级风险，若单电源运行期间，该线路掉闸，造成 220kV 变电站失电，则构成五级电网事件。

由图 5–10 可以看出，胶东站 220kV B 段母线现有 220kV 出线 6 回，分别是东官双线、东上双线、东匡双线，负荷量非常大。在更换 204 间隔 TA 工作，进行 220kV B 段母线停电时，以上 6 条线路全部失电，220kV 官路站、220kV 匡正站将分别各仅剩一条 220kV 胶官线和 220kV 琅匡线供电，构成电网五级风险。

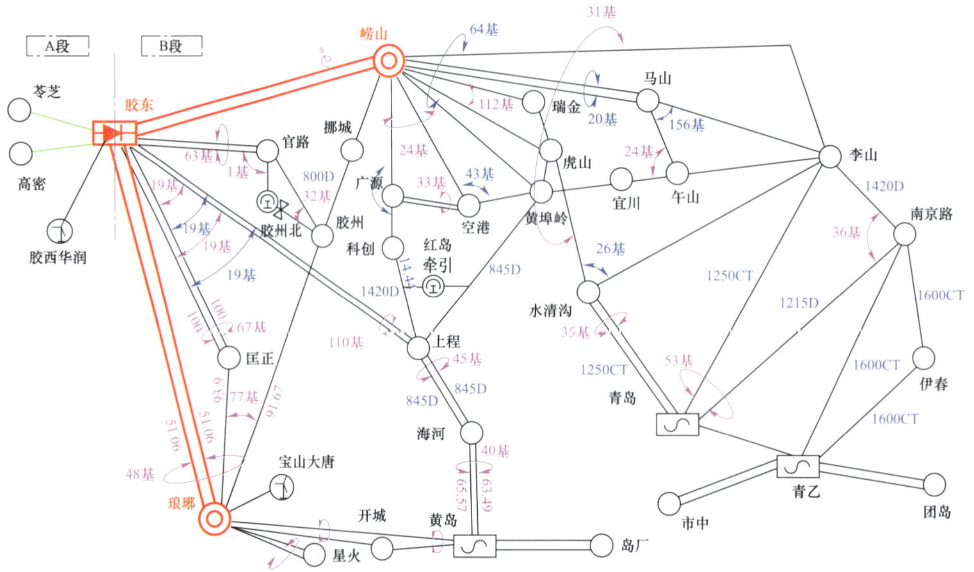

图 5-10　胶东站 220kV A 段、B 段母线负荷图

3. 220kV 双母线停电的解决措施

220kV 站外短接即在电源侧 220kV 母线停电前，通过与其他电源点的线路之间形成临时回路，以达到增加该 220kV 变电站电源点，提高电网供电可靠性的一种技术措施。采用站外短接方式可大幅解决 220kV 双母线停电带来的影响。

站外短接后，220kV 线路形成新的供电回路，以胶东扩工程 220kV B 段母线间隔扩建为例（如图 5-11 所示）。

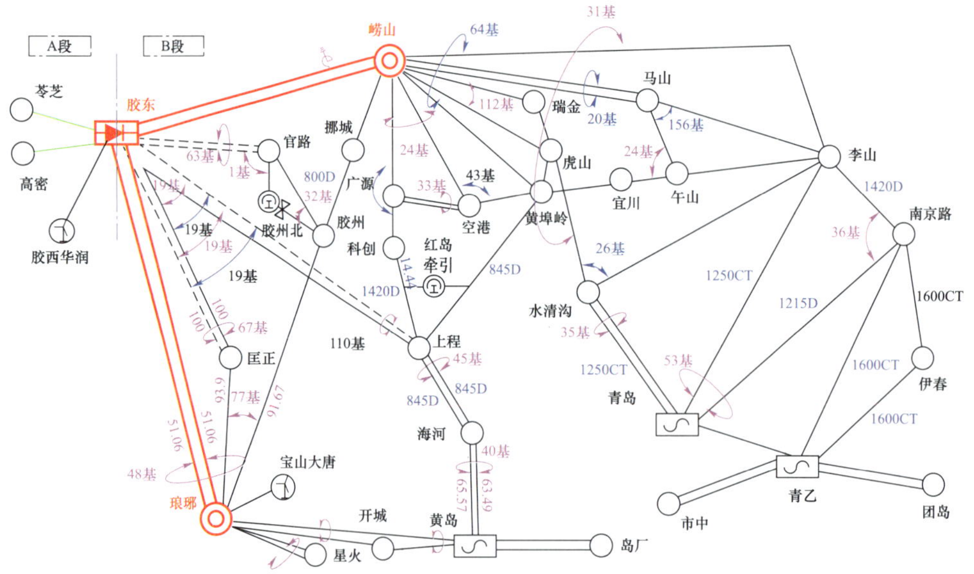

图 5-11　站外短接后，胶东站 220kV A 段、B 段母线负荷图

根据图 5-11，胶东站东上Ⅱ线和东匡Ⅰ线短接，形成上程—匡正一回 220kV 线路。当 220kV B 段母线停电时，图中虚线部分 4 条线路已失电，220kV 官路站为单电源供电，构成电网五级风险；220kV 匡正站将由形成的上程—匡正一回 220kV 线路和现有的 220kV 琅匡线供电，确保 220kV 匡正站双电源供电，保证供电可靠性。

（二）如何开展 220kV 站外短接

1. 站外短接实施情况

以胶东扩工程 220kV B 段母线间隔扩建，220kV 双母线停电前开展的站外短接工作为例（如图 5-12 所示）。

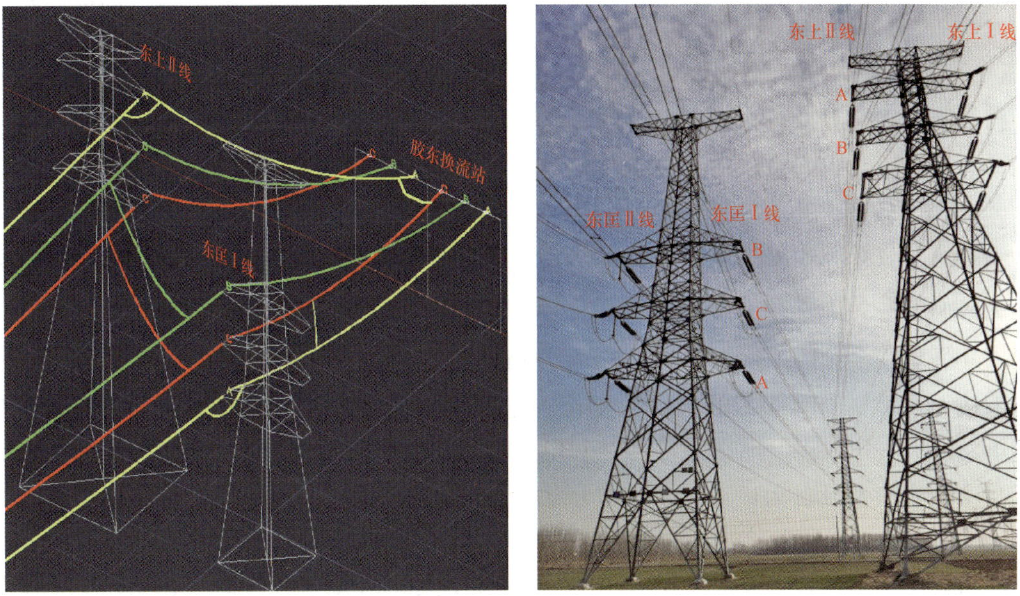

图 5-12　胶东 500kV 变电站扩建工程站外短接事宜图

220kV 东上Ⅱ线和 220kV 东匡Ⅰ线短接，其中 220kV 东上Ⅰ、Ⅱ线和 220kV 东匡Ⅰ、Ⅱ线为同塔双回线路。

如图 5-12 所示形式，开展 220kV 东上Ⅱ线和 220kV 东匡Ⅰ线短接工作，步骤如下：

（1）将东上Ⅱ线和东匡Ⅰ线门型架跳线及东上Ⅱ线 1 号和东匡Ⅰ线 1 号塔 B、C 相跳线分别解下。

（2）在胶东换流站门型架耐张线夹出口 2m 处通过 T 型线夹将东上Ⅱ线 A 相与东匡Ⅰ线 C 相连接，从东匡Ⅰ线 1 号塔胶东换流站侧 10m 处 C 相与东匡Ⅰ线 A 相连接，实现东上Ⅱ线和东匡Ⅰ线 A 相短接。

（3）在东上Ⅱ线 1 号和东匡Ⅰ线 1 号塔 B、C 相耐张线夹出口 10m 处通过 T 型线夹分别连通，实现东上Ⅱ线和东匡Ⅰ线 B、C 相短接。

形成上程—匡正一回 220kV 线路，相序与原相序保持一致。形成上程—匡正一回

220kV 线路后，当胶东扩工程 220kV B 段母线间隔扩建，220kV 双母线停电时，220kV 匡正站将避免一回线路供电情况，确保 220kV 匡正站双电源供电，保证了供电可靠性。

2. 站外短接实施注意事项

（1）确认同塔相邻线路是否陪停。如果参与站外短接的线路是同塔线路，一定要在可研、初设阶段取得属地公司书面意见，明确线路停电范围和线路停电时间，并在年度停电计划提报时予以明确。如果站外短接时，同塔相邻线路不停电存在以下风险。

现场施工作业风险需按照编号 04090203 风险“110kV 及以上带电线路同塔扩建第二回，另一回不停电作业”进行管控（二级风险），现场施工人员防触电、防感应电的作业风险将大幅增加，同时施工方案审查、到岗到位检查、远程视频督导等各方面问题和压力将大幅增加，现场实施存在很大困难。

（2）做好实施过程中的综合管理。开展站外短接施工作业的分包单位是否根据站外短接工作与施工总承包单位签订合同，是否能合理解决人员准入、特种人员报审等一系列涉及人员的问题；因停电施工窗口期非常短，一定要提前做好登塔放线的民事协调工作；需关注参与短接的线路杆塔中间，是否存在新建铁塔或其他线路影响施工。

三、总结归纳

500kV 变电站改扩建施工时，普遍涉及新增 220kV GIS 间隔工作。220kV 双母线停电造成该双母线上所有 220kV 输电线路停电，对应由该 500kV 变电站配出的下级 220kV 变电站将失去电源点，地市公司 220kV 电网可靠性受到影响。在保障现场施工作业人员人身生命安全和设备运行安全的前提下，尽量减小对现有电网可靠性的影响，需要做好以下几点：

（1）做实可研、初设阶段技术管理。对于新建 500kV 输变电工程，在一期需设计院做好 GIS 不停电扩建技术的设计与应用，避免后期产生双母线停电难的问题。

（2）做好可研、初设阶段沟通管理。如需开展站外短接，一定要在属地公司《停电方案确认单》里，明确线路停电范围和停电时长，如是同塔相邻线路，做好线路陪停工作。

（3）抓实建设阶段现场安全管理。如需开展站外短接工作，涉及变电站内门型架施工，一定要深入学习湖南鼎功变电站跳闸事件，做好现场风险勘察和邻近带电体安全距离确认。

（4）抓好建设阶段现场协调管理。站外短接所需物料多为乙供，需做好供应管控；站外短接当天同步进行的三级风险一般为 4 项及以上（1 个线路，3 个站保护改造），需做好各工作面协调。

四、结果评价

通过采用站外短接的工作方式，提高现场作业人员和电网的安全水平，同时借鉴先进案例的典型经验做法，从已有经验中汲取相关工作思路，确保供电可靠性，进一步提升基建作业安全管理和技术管理水平。

第四节　500kV 改扩建工程 220kV 双母线停电情况分析

胶东扩工程典型经验案例

【摘　要】500kV 变电站改扩建施工时，根据现场施工工作内容，以及作业人员人身安全和设备操作规范要求，普遍需要该变电站内 220kV 双母线进行停电。受 220kV 双母线停电影响，停电期间电网结构和电网可靠性的影响程度将受到较大影响。为全面掌握 220kV 双母线停电的情况，需要清楚掌握哪些工作需要双母线停电，双母线停电期间施工现场开展的工作内容是什么，双母线停电对下级电网造成的影响是什么，进而为后期如何避免和优化 220kV 双母线停电工作打好坚实基础。

【关键词】改扩建工程；220kV 双母线停电

一、案例背景

近年来，随着社会发展对电能需求的日益增大，按照“十三五”“十四五”山东电网主网网架规划，提高现有变电站的供电能力，增加区域供电可靠性和安全性，开展实施了一系列 500kV 变电站改扩建工程。改扩建工程在建设实施阶段，开展 220kV GIS 间隔扩建工作时，普遍需要 220kV 双母线停电。并且，不同工程 220kV 双母线停电的时长、时序又不完全一样。220kV 双母线停电的原理是什么，什么样的差异造成了不同工程双母线停电时长、时序的不同，停电期间施工又需要开展哪些工作，是我们掌握双母线停电的原因和后期更好地解决双母线影响所要去解决的问题。

二、存在问题

一是为什么改扩建工程中涉及 220kV 间隔扩建，就必须要让 220kV 双母线停电？

二是为什么不同工程双母线停电时长不同，双母线停电期间的施工工作内容是什么？

三是是否存在能够很好地解决双母线停电的措施？

三、问题分析

总结公司近三年 500kV 改扩建工程实施情况，进行归纳统计（见表 5-3）。

表 5-3　近三年 500kV 改扩建工程 220kV 双母线停电情况

序号	工程名称	是否涉及 220kV 间隔工作	是否双母线停电	双母线停电时长（天）	母线侧隔离开关向外对接时是否双母线停电
1	益都扩	否	—	—	—
2	郓城扩	否	—	—	—
3	栖霞扩	否	—	—	—
4	闻韶扩	是	是	1	否
5	寿光扩	是	是	2	否
6	文亭扩	是	是	8	是
7	高青扩	是	是	8	是
8	巨峰扩	是	是	8	是
9	密州扩	是	是	8	是
10	光州扩	是	是	8	是
11	胶东扩	是	是	9	是
12	神山扩	是	是	7	是

由表 5-3，可以看出近几年 500kV 变电站扩建工程普遍存在以下两个规律：

一是所有涉及 220kV 间隔扩建的工作，在进行对应间隔扩建时都需要 220kV 双母线停电。

二是不同的 500kV 变电站扩建工程所需的 220kV 双母线停电时长不同。

四、改进措施和方法

对表 5-3 近三年 500kV 改扩建工程 220kV 双母线停电情况进行分析，得出两个重要规律，我们以胶东 500kV 变电站扩建工程为主要示例，参考闻韶扩、寿光扩等典型工程，依托工程实际情况开展对应情况分析。其中胶东扩工程 220kV 一次系统图如图 5-13 所示。

（一）双母线停电的原因和工作内容

1. 为什么需要双母线停电

在 500kV 变电站改扩建工程中，当出现新增 220kV 出线（待用）间隔或在现有间隔内进行更换 TA 等各种需要从母线隔离开关向外对接的基建工作和后续耐压试验时，会遇到 220kV 双母线停电情况。

GIS 从母线隔离开关向外对接时。根据国网五通《变电检修管理规定细则》第 3 分册 3.1 节的要求："打开气室封板前，需确认气室内部已降至零压。相邻气室气体根据厂家实际情况进行降压或者回收处理。"

（1）以胶东扩工程 A 段母线扩建 217 间隔为例：打开扩建端口的绝缘盆，红色框线绝缘盆右侧气室为 0 压，所以 1A 母线降半压，不带电；左侧气室为半压，母线隔离开关静触头位于半压气室中，2A 母线不带电。因此，需要 A 段双母线同停。胶东站 220kV 一次系统图如图 5-14 所示。

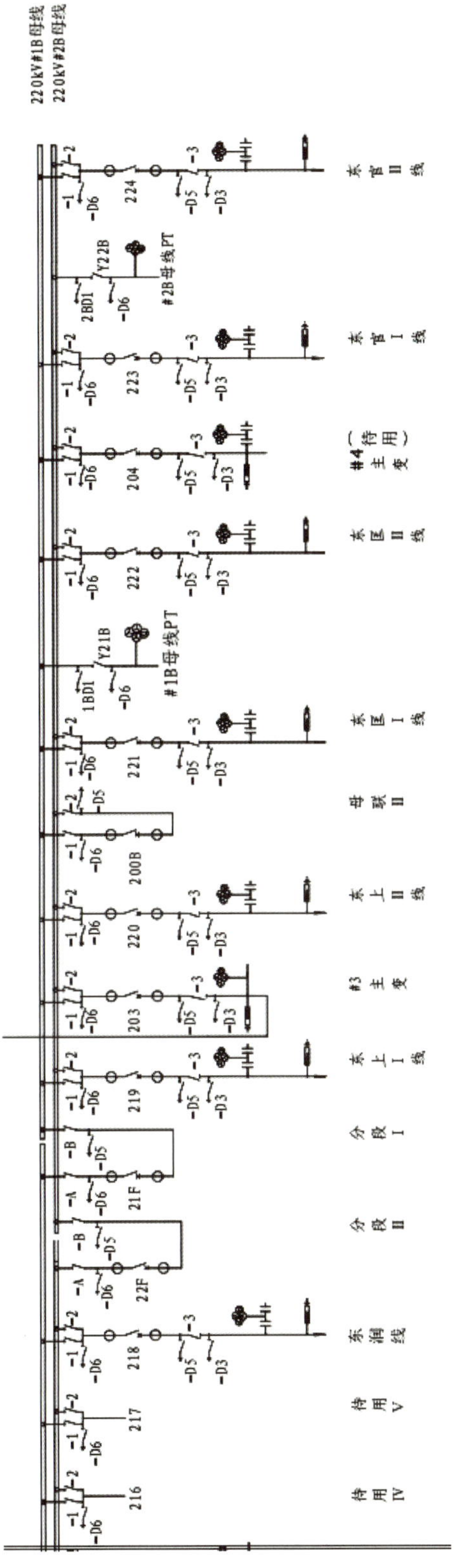

图 5-13　胶东扩工程 220kV 一次系统图

（2）以闸韶扩工程 A 段母线扩建为例：打开扩建端口的绝缘盆，蓝色圆圈内绝缘盆下侧为 0 压，上侧与绿色框线绝缘盆右侧气室一样可为半压，母线隔离开关静触头位于半压气室，1A 母线不带电；绿色框线绝缘盆左侧气室为全压。2A 母线可以带电。因此不需要 A 段双母线同停。闸韶站 220kV 一次系统图如图 5－15 所示。

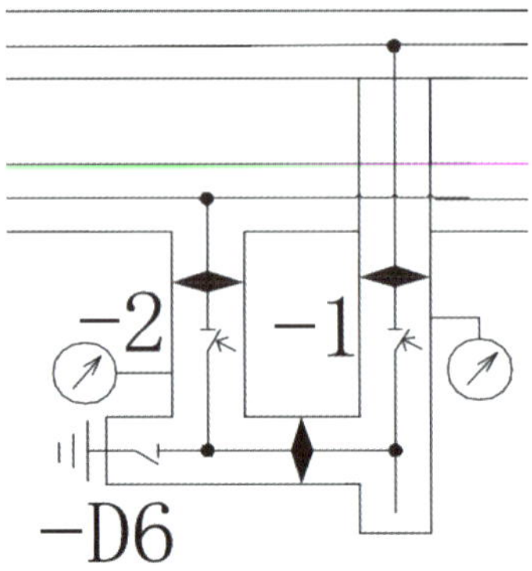

图 5－14　胶东站 220kV 一次系统图

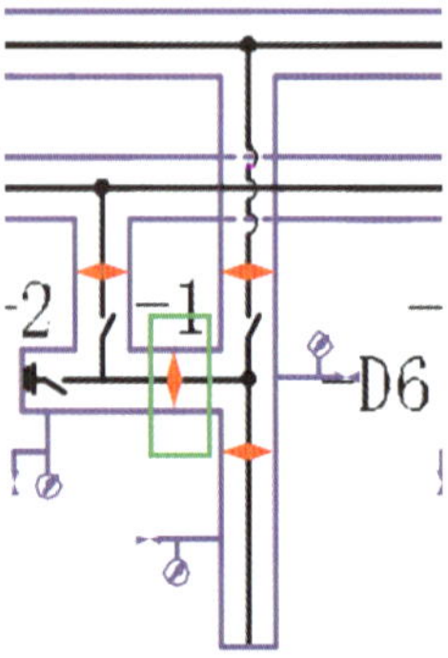

图 5－15　闸韶站 220kV 一次系统图

对比，两个工程的 220kV GIS 间隔气室图结构，胶东扩工程 220kV GIS 间隔气室对接端口处缺少一个过渡气室（图中蓝色位置）。所以胶东扩 GIS 对接时需双母线停电，闸韶扩在 GIS 对接时可以单母线停电。

总结归纳：相邻气室进行降压处理，该气室内 SF_6 气体压力已无法满足正常运行要求（低于运行报警压力），绝缘能力下降，此时若正常带电，则该气室内隔离开关带电导体会存在放电风险，因此需要降半压气室的导体不带电。若打开端口存在过渡气室（如闸韶扩工程），则在此过程中仅需单母线停电，无需双母线停电。

耐压试验。一般打耐压到隔离开关断口，耐压试验需保证双断口，隔离开关的静触头导体与母线导体相连。若母线不停电，耐压时，极易绝缘盆击穿或放电，造成母线失电。即胶东扩、闸韶扩工程等均需在耐压试验时进行双母线停电。

综上所述，在 500kV 变电站改扩建工程中，涉及 220kV 间隔扩建的工作，不同的 220kV GIS 间隔气室，双母线停电时长不同（如闸韶扩工程双母线停电 1 天，胶东扩工程双母线停电 9 天），但因设备结构和施工操作人员安全需要，必须进行双母线停电。

2. 双母线停电的工作内容

开展双母线停电时建设工作安排，新增 GIS 间隔涉及的主要工作内容包括 GIS 对接安装、抽真空、注气；电缆敷设、二次接线、联锁试验、调试、开关传动，母差下配置；耐压试验，TV、避雷器安装，接线，抽真空，注气，通压。双母线停电工作内容见表 5－4。

与胶东扩 220kV GIS 气室结构一样的工程，通常采用“5+5+2”停电方案（前“5”和后“2”为双母线停电时间，中间“5”为单母线停电时间）。

表 5-4　　双母线停电工作内容

序号	停电设备	总工期（天）	分步工期（天）	工作内容
1	220kV 1A、2A 母线	5	2	胶东站 217 间隔 GIS 对接安装，直阻试验；母差下配置
			1	217 间隔 GIS 对接、安装抽真空、注气；本体及联锁电缆敷设
			1	217 间隔 GIS 抽真空、注气；本体及联锁电缆敷设及接线
			1	217 间隔 GIS 抽真空、注气、常规试验；本体及联锁电缆敷设及接线；隔离开关、断路器联锁，遥控，母差试失灵等（此项工作受制约需注气至额定，接线完成）
2	220kV 1A 母线	5	5	217 间隔一次引线、接地等制作安装，断路器传动，二次采样等保护调试；二次接地线压接，防火封堵，场平
3	220kV 1A、2A 母线	2	1	217 间隔耐压试验，TV、避雷器安装，抽真空、注气，二次接线
			1	217 间隔 TV、避雷器通压试验，一次引线恢复

与闸韶扩等具备过渡气室条件的工程可采用“10+2”停电方案（前“10”为单母线停电时间，后“2”为双母线停电时间）。

（二）双母线同停的解决方案

1. GIS 不停电扩建技术

国家电网有限公司基建部在 2021 年 6 月《变电站模块化建设 2.0 版技术》材料中已明确提出了 GIS 不停电扩建技术，分别是在现有的 220kV GIS 结构上增加双断口隔离开关和过渡气室，其中双断口隔离开关技术可以实现耐压试验无需双母停电，增加过渡气室可以实现母线对接时无需双母停电。结合使用，可以实现 GIS 不停电扩建（如图 5-16 所示）。

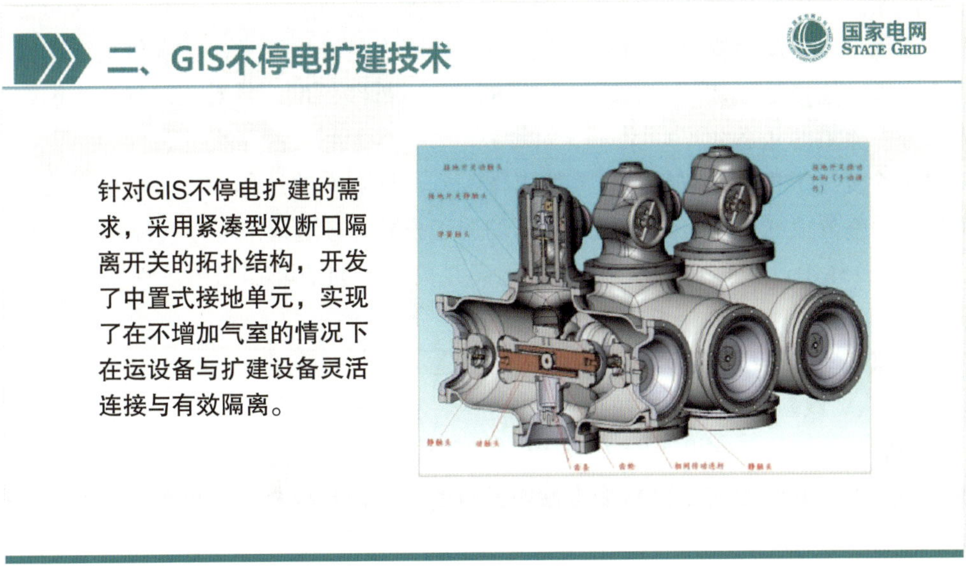

图 5-16　GIS 不停电扩建技术（一）

二、GIS不停电扩建技术

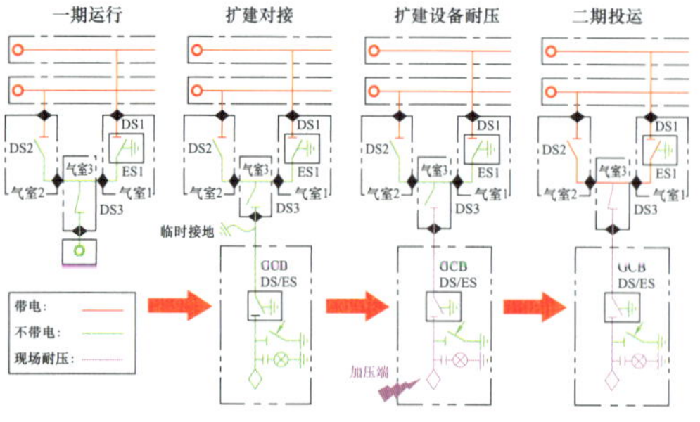

过渡隔离开关技术扩建与现场试验流程

A—一期运行；B—扩建；C—耐压试验；D—二期运行

通过在GIS母线的待扩建处增加一个位于独立封闭气室（即过渡气室）内的隔离开关，使二期扩建或试验设备与一期在运设备之间形成有效的电气隔离，并通过一期设备原有的接地开关进行接地保护，以达到在一期设备不停电的同时，安全可靠地扩建施工二期设备的目的。

图 5-16　GIS 不停电扩建技术（二）

但是以上技术多适用于新建变电站，现行 500kV 变电站改扩建工程，受制于前期设备基础、结构、二次逻辑等因素，无法在二期扩建时进行推广应用。因此，在本材料中不作深入讨论。

2. 相邻气室降至报警压力（不降半压）扩建

受制于胶东扩相似 220kV GIS 气室结构，采用“5+5+2”停电方案，双母线同停时间为 7 天。根据国网五通《变电检修管理规定细则》第 3 分册 3.1 节要求“相邻气室气体根据厂家实际情况进行降压或者回收处理”。根据厂家实际情况，是否有一种可能“相邻气室不降半压，降至报警压力扩建”的方案，既满足降压要求，又满足正常运行的最低压力要求，这样是不是可以取消第一次 5 天的双母线停电？针对此问题，我们咨询了国内部分主流 GIS 设备生产厂家。

普遍答复为不推荐采取风险较大的工作气室，抽真空的过程中，与其相邻的气室降至报警压力临界值 0.45MPa 或采用不降压的施工方式（普遍正常运行气压为 0.5MPa，降半压则为 0.25MPa），因为此过程中两个隔离开关气室间的隔盆由于承受较大压差容易损坏。

故相邻气室降至报警压力（不降半压）扩建，基本不适用。

3. 220kV 线路站外短接

220kV 站外短接即在电源侧 220kV 母线停电前，通过与其他电源点的线路之间形成临时回路，以达到增加该 220kV 变电站电源点的目的，是提高电网供电可靠性的一种技术措施。

站外短接后，220kV 线路形成新的供电回路，从而降低双母线停电对电网结构和电网可靠性的影响程度。220kV 线路站外短接，是目前普遍解决双母线停电的方式之一。

五、总结归纳

500kV 变电站改扩建施工时，普遍涉及新增 220kV GIS 间隔工作。根据现阶段 220kV GIS 气室结构的影响和新设备投运前耐压试验的要求，220kV 双母线需要同时停电。

根据不同的 500kV 变电站扩建工程所需的 220kV 双母线停电时长不同，以及现场施工作业内容要求，明确双母线停电总体时长和工作内容，为合理控制停电时长、有理有据提请停电申请充分做好理论支撑。

六、结果评价

在实际工作中，要全面分析 220kV GIS 气室结构，充分认识双母线停电的时长和时序要求，进而在后续的管控工作中，更好地针对双母线停电策划出更细致、更高效的解决措施，从提高现场作业人员和电网的安全水平，到确保供电可靠性，层层把控安全关、质量关，实现基建作业安全管理和技术管理水平稳步提升。

第五节　举办知识竞赛，营造技术比学赶超

聊城南输变电工程典型经验案例

【摘　要】组织各参建单位积极开展“奋战新征程，建功新基建”劳动竞赛，创建学习型项目部，以竞赛促学习、以学习提技能。通过本次劳动竞赛活动，全面提升参建人员的技能水平、创新应用和工程建设质量，树立现场优秀一线员工典型，让先进典型领军队伍，发挥技术带头人作用，鼓励员工岗位成才，积极学习掌握安全生产知识，做到“我懂安全，我要安全，人人尽安全”。形成了知识比武与日常生产的相互结合、相互促进的局面，实现“两不误，两提高”，助力公司获得国家电网有限公司“新基建”劳动竞赛先进集体。

【关键词】输变电工程；劳动竞赛

一、背景描述

聊城南 500kV 输变电工程包括聊城南变电站新建、东阿变电站扩建、聊城南—东阿 500kV 线路、聊城南—聊城电厂 500kV 线路共四个单体工程。线路共跨越 8 条高速公路、1 条铁路，路径复杂，高风险多。

业主项目部按照劳动竞赛工作要求，逐条制定相应宣传形式、专题竞赛活动、提升

方案等内容。期间，业主项目经理赵建文，在新冠肺炎疫情暴发后积极推进工程复工复产，聊城南成为2019年疫情暴发以来，春节后山东省第一个进场复工建设的主网工程，被多家省级媒体报道，成为建设专业疫情期间的典范。

在工程建设中，业主项目部充分发挥劳动竞赛的驱动力，营造了“比学赶超、学以致用”的积极氛围，提高了全员精品创优意识和工程综合管理水平。工程全面推行标准化作业，在安全文明施工、“6S”管理改进以及现场监控、风险点管控App、“e安全”等系统应用方面进一步规范，确保安全管控万无一失。

二、存在问题

一是工程施工团队重技术、轻学习，现场缺乏学习氛围。

二是工程建设过程中优秀的做法和突出的人员未能突显标杆及模范带头作用。

三是施工团队只关心解决眼前难题，方法未能形成体系，创新意识不足。

三、问题分析

一是工程施工现场人员水平参差不齐，技能水平有待提高，现场注重技术的研究，但安全知识却未能及时获知；同时，现场学习条件艰苦，依靠个人自学相关安全知识基本难以实现。

二是工程建设过程中，遇到了新冠肺炎疫情暴发，工程复工面临诸多困难，业主项目部全力推动，使得聊城南工程成为疫情暴发后第一个复工的主网项目，其中的疫情防控、人员以及现场布控，都是极具典型示范的案例，却并未在其他工程中发挥出示范作用。

三是现场工作中遇到了很多困难和难题，施工团队虽然攻克了难题、完成了工作，但是中间新提出来的解决思路和方法并没有系统总结，形成完整的体系，进行推广应用。

四、改进措施和方法

（一）发挥劳动竞赛驱动力：以赛带学，全面促学

业主项目部组织监理、施工项目部开展“我要安全”知识竞赛。在竞赛活动期间，广大员工积极学习掌握安全生产知识，做到“我懂安全，我要安全，人人尽安全”，形成了知识比武与日常生产的相互结合、相互促进，实现“两不误，两提高”。以知识比武促进生产效率提高，以生产的良好形势烘托技术比武氛围。通过开展“我要安全”竞赛活动，让广大员工学习到生产过程中安全的重要性，掌握安全生产知识，逐步从“我懂安全、我管安全”，由“要我安全”转变成“我要安全、我保安全”，切实提高了项目建设人员的安全生产意识。

（二）发挥劳动竞赛影响力：模范带头，攻坚克难

业主项目经理赵建文，在疫情期间积极推进工程复工复产，在保证安全质量的前提下最大限度提升工程建设进度。经过多方协调努力，该工程成为山东省第一个完成复工

检查并备案，第一个获得当地政府复工审批，第一个进场复工建设的主网工程。通过在全省推广复工模式，“示范带动、典型引路、以点带面、全面开花”，快速掀起了全省基建工程复工复产热潮。在充分分析聊城地区复杂民事协调工作的前提下，带领施工单位逐个属地公司、逐个乡镇政府走访督促，形成四方联合协调的强大合力，及时召开现场协调会，解决路径调整问题、补偿资金支付问题以及物资供应问题。

工程建设中团队十分重视样本引路的作用，在项目材料站区域，制作线路工程标准化施工样板，通过样板提升参建人员对工程施工标准的认识，充分提升了施工人员的技术水平和标准化作业素养。

（三）发挥劳动竞赛承载力：创新管理，提质增效

工程管理人员为做好“6S”管理，进行创新管理，构建基建现场“6S”管理体系，明确管理内涵，将“6S”管理按照“人、机、料、法、环”五大环节分成24网格，编制《工程现场“6S”管理实施方案》；明确“6S”管理内涵，对人、机、料、法、环五个要素进行“整理、整顿、清扫”，形成管理制度（清洁），养成好的习惯（素养），达到好的结果（安全），制定“整理齐、整顿新、清扫净、清洁亮、素养高、安全好”的“6S”管理落地目标；应用“6S”管理模式，提升机械工器具管理水平，对施工安全设施统一购置（租赁）、维修、保管、配送，强化施工设施“账、卡、物”统一管理；提升施工材料管理水平，对施工材料的购置、使用、存放、消耗进行统一管理；提升现场安全文明施工及绿色低碳施工水平，落实安全防护设施、现场布置、作业行为等安全文明施工内容，提升规范技术文件管理水平，强技术交底，施工过程严格执行方案内容。

通过各工程项目积极应用“6S”模式，开展现场“五个区域”专项排查，提升现场安全文明施工标准水平。创新实施“6S”管理落地“三级验收”及“复验评价”制度，施工单位、监理单位、监管单位逐级验收合格后定期开展“回头看”活动，确保“6S”管理工作取得长效。

五、结果评析

（一）全员参与，竞赛在日常

劳动竞赛开展以来，业主、监理、3个设计单位、4个施工单位以及物资、属地、运行、信通单位相关人员，共计13个单位、28个班组、500余人参加了活动。工程现场营造出浓厚的“比、学、赶、超”竞赛氛围，发表宣传稿件四十余篇，省公司及以上宣传稿件数十篇，在省级电视媒体得到多次报道，成为输变电工程宣传标杆。

（二）创新应用，提质增效

业主项目部组织各参建单位积极开展创新活动，通过创新促进工作，提升管控。其中“线路杆塔混凝土基础自然接地装置”有利于机械化施工，避免了漫山遍野挖沟；“地脚螺栓全过程管控及成品保护”优化了地脚螺栓检测、存储、成品保护措施；“铁塔角钢调直器”提高了工作质量，“缩短跨越架搭设时间”提高了劳动效率；“全过程基建管控

系统”“信息共享和专业数据平台”“全时空违章识别电子眼”的研发及试验运行，涵盖了计划、安全、质量、技术、技经、队伍及项目全过程管理等业务，实现了安全管理从传统的人工排查向全自动识别预警转变，大大提升了工程建设的全过程管控水平。

第六节　三维设计成果的规划建设全过程深化应用

黄埠岭输变电工程典型经验案例

【摘　要】2019 年年初，国家电网企管〔2019〕63 号文发布了《输变电工程三维设计模型交互规范》，包含三维设计模型交互规范、设计软件基本功能规范、建模规范、设计技术导则、数字化移交等 7 项技术标准，从源头上实现了电网三维模型的统一标准，为三维设计成果在工程智慧建设中有效共享和复用创造了条件。三维数字化技术在工程建设全过程中的深入应用是当前国家电网有限公司三维数字化电网建设的行业趋势。

因此针对三维数字化技术在输变电工程规划、设计、施工和运维等过程应用中亟须与工程动态信息融会贯通的问题，攻克基于 BIM 的工程现场施工过程安全、质量、运维等数据深度融合的难题，推进工程建设精益管理，助力电网高质量建设，提升电网工程设计水平和建设质量。

【关键词】三维设计；BIM 技术；工程建设

一、背景描述

“新基建”的核心是数字化，而数字化的基础是数据。国家电网有限公司目前已明确提出输变电工程全面开展数字化三维设计，作为输变电工程全寿命周期的龙头阶段，对于输变电工程数字化基础数据的积累，具有重大的意义。目前，世界正在经历以数据为核心、互联网为手段的第二次信息化浪潮，社会正在从 IT（信息化）时代转至 DT（数据）时代。

在 GIS 技术不断发展下，目前 GIS 的应用已从基础信息管理与规划转向更复杂的区域开发、预测预报，与卫星遥感技术相结合成为重要的辅助决策工具。然而针对电网设计，仅依靠地理信息与电网工程设计结合是远远不够的，急需进行技术升级，以达到提高生产效率、控制工程成本等更高的要求。

另外，随着我国城市建设规模的不断扩大，社会的发展对资源的需求也日益扩大，对变电站及输电线路的建设与发展已经提出了新的要求。变电站及输电线路建设发展与国家的土地发展规划产生冲突，二者的建设发展相互制约，对变电站及电力线路造成了较严重的影响，变电站及电力线路的建设是社会发展的重要发展动力，必须进行有效的规划。目前，变电站及输电线路路径的规划主要通过软件仿真平台依据现有的卫星矢量数据进行最优方案、路径的规划，实际设计以及架设中往往以设计人员的经验作为设计可靠性的评价依据。但是，工程规模的不断扩大、复杂性的不断提高，给设计工作带来了巨大挑战。因此，如何智能规划变电站选址、线路选线成为输电线路设计的难点。

近年来，电力行业开始全面推动三维技术的应用，BIM 技术的应用，是基建工程信息化、数字化与智能化工作的基础。国家电网有限公司在 BIM 应用方面形成了一系列的标准化成果。国家电网有限公司自 2017 年 1 月正式立项启动输变电工程数字化三维设计标准编制工作；2018 年 9 月发布国家电网基建〔2018〕585 号，提出全面开展三维设计要求；2019 年年初，国家电网企管〔2019〕63 号文发布了“输变电工程三维设计模型交互规范”，包含三维设计模型交互规范、设计软件基本功能规范、建模规范、设计技术导则、数字化移交等 7 项技术标准，从源头上实现了电网三维模型的统一标准，为三维设计成果在工程智慧建设中有效共享和复用创造了条件。

自 2020 年开始，国家电网有限公司全面推进输变电工程的三维设计和评审工作。但是现阶段输变电工程的三维设计主要针对初步设计和施工图设计，三维数字化技术并没有在规划、施工、运维等阶段得到应用。三维数字化技术在工程建设全过程中的深入应用是当前国家电网有限公司三维数字化电网建设的行业趋势。

通过利用全要素数据平台成果及人工智能算法，充分考虑输变电工程特点，制定相应的路径规划选址、选线方案，能够提供与输变电工程设计相关的各项关键参数结果，便于设计人员比对，解决传统作业模式不能从宏观上考虑变电站选址、线路选线的问题。通过研发并搭建一套“基于三维设计成果的数字化智慧建设”平台并完成部署，实现工程施工全过程数据管理与应用，具备对接基建全过程综合数字化管控平台条件，实现工程现场施工过程动态感知，提升工程建设安全水平。

二、存在问题

一是如何处理大量的专题图数据并保证系统的渲染运行效率非常关键，尤其需要重点解决专题图中不同图层的嵌套、交叉渲染问题。

二是基于 BIM 的输变电工程建设标准搭建，如何指导和规范输变电工程建设中 BIM 应用的范围、流程以及基础配套措施的建设应用。

三是如何基于 BIM 的工程建设深度融合。

三、问题分析

一是不同系统数据库包括地理信息数据库和电网工程数据库。地理信息数据库的主要功能是存储基础地理信息数据、电网数据、专题图数据、规程和其他测绘成果数据；电网工程库主要是电网工程中使用到的各类设备、材料及设施的三维数字化模型数据。

二是三维设计模型将基于电网信息模型 GIM 的全过程仿真模拟技术，实现三维可视化展示。三维模型将以 GIS 三维地理信息数据为基础，实现 GIS 与 GIM 模型渲染叠加融合为实景模型。三维设计模型的成果将体现在工程建设过程中对施工安全管控、施工应用两个方面，涵盖各项施工环节，将施工建设工作与三维模型成果紧密结合。

三是 BIM 是在营建设施的生命周期中，创建与维护营建设施产品数字化信息及其工程应用的技术，在实务应用上是在一个计算机虚空间中，仿真真实工程作为，以协助营建生命周期规划、设计、施工营运及维护工作等各项管理与工程作业的新技术、新方法与新概念，在建设应用过程中需要考虑融合方式、深度等。

四、改进措施和方法

一是用于输变电工程的地理信息数据主要包括基础地理信息数据（影像、高程、基础矢量数据）、电网专题数据（风区、冰区、污秽区等）、电网空间数据（发电场、发电站、变电站、现状电网数据等）。多源地理信息数据的质量，直接决定了数据平台未来在不同阶段和领域的使用效能。平台具备多源异构数据的处理能力。数据的处理包括数据清理、数据集成、数据规约和数据变换，完成对各种初始数据进行对应方式的处理后，得到标准的、规范的数据并完成入库，提供给规划、施工、运维等阶段进行应用。

二是可以进行设计方案汇报及比选，结合三维设计模型，可直观展示和分析检验设计方案的可行性，辅助方案汇报。把不同的方案融入实际情景中，通过编辑和操作实现比对多个备选方案模型的可行性，辅助方案汇报。基于 BIM 的可视化施工方案汇报和比选，易于观察，修改即时可见，免去了中间过程，提高了方案修改工作效率。

三是工程建设阶段，将三维可视化融合到安全、质量、进度、运维等现场管控中，实现基于施工要素与施工流程全程可查询、可展示的监控能力，达到施工管理“点、线、面”全覆盖的目的，实现施工全过程精益化管理。

五、结果评析

（一）工程精益化管理提高

针对输电线路三维数字化技术在工程规划和建设阶段应用较为薄弱的问题，通过多源异构数据深度融合的手段，攻克电网全要素数据一体化管理和深度挖掘的技术难题，实现基于多源异构数据和三维数字化技术的变电站智能选址和线路智能选线。将三维设计成果与现场施工紧密结合，并实际应用到现场施工安全及应用上。通过电网信息模型 GIM 的施工全过程仿真模拟技术，实现三维可视化；并基于虚拟地球 3D–GIS 渲染 GIM 模型叠加，展示三维工程实景化，实现施工现场工作进度查看、重点施工风险区域查看、查看施工专项技术方案仿真推演等重要现场施工过程的工作环节。通过三维设计成果与物联网感知设备深度融合的手段，攻克输变电工程三维设计与工程、地理信息、物联监测、运行、“人机料法环”等数据深度融合的难题，实现工程现场施工过程动态感知和工程建设的精益管理。

（二）产生经济和社会效益

提高输变电工程规划、设计、施工过程的工作效率，减少人员投入，同时提高数据的即时性、完整性、准确性，提高流程流转效率，达到每年节约成本 150 万元。优化输变电工程工作流程，为现场赋能，并提高安全、质量水平；通过信息化的应用，提高企业竞争力，对公司宣传和发展具有深远意义，具备在电力行业的推广价值。

第七节 “四确认，四举措”确保进度零滞后

沭河输变电工程典型经验案例

【摘　要】临沂沭河（莒南）500kV 输变电工程坚持以工程总体规划为引领，在保证安全质量的前提下，优化工程技术方案，合理控制工程进度，规范现场技术方案、费用列支，严格执行计划管控，强化专业横向协同。工程建设过程中，面对新冠肺炎疫情的间断反复，入夏以来暴雨、强对流等特殊天气频发，台风“烟花”侵袭等诸多挑战和考验，工程体量大，交叉作业多，作业高峰期施工人员达 600 余人，施工组织难度相当大；线路施工跨越铁路、公路、电力线路达 78 次，线路途经之地人口稠密，需要做的工作相当多；带电作业多，靠近带电设备和线路的作业也很多，工程建设管理任务繁重，项目部人员坚持工程“日跟踪，周协调，月监控”机制，技术上以“四确认，四举措”作为管理方式，及时掌控重点技术方案，落实节点计划管控，统筹推进工程建设，全面排除技术隐患，高效验收，23 个单位工程、268 项分部工程、637 项分项工程施工质量全部符合规范和设计要求，合格率达 100%。

【关键词】输变电工程；技术计划管理举措

一、背景描述

临沂沭河（莒南）500kV 输变电工程是山东省近 8 年来一次性投运规模最大的 500kV 输变电工程，是山东省政府 2020 年重点工程，还是国家“西电东送”的重要消纳通道。它包含沭河变电站新建工程、沭河—兰陵线路工程、智圣—沭河线路工程、沭河—巨峰线路工程 4 个 500kV 单体工程，共计新增变电容量 2000MVA，新建 500kV 线路 6 回、长度共计 185.79×2km，新建铁塔 449 基。而且工程扩建部分涉及±800kV 沂南特高压换流站，500kV 兰陵变电站、巨峰变电站，工程体量大，交叉作业多，新冠肺炎疫情反复，入夏后暴雨、强对流等特殊天气频频掣肘，台风“烟花”侵袭，建设管理工作时间紧迫、任务繁重，需要管理人员及时掌控重点技术方案，落实节点计划管控，统筹推进工程建设。

二、存在问题

一是项目体量大，交叉作业多，时间紧，任务重。

二是部分重点项目设计深度不足、出现设计漏项。

三是厂家提资、设计院出图易滞后。

四是新冠肺炎疫情、自然灾害反复，计划管理受到严重制约。

三、问题分析

一是工程涉及 4 个 500kV 单体工程，线路施工跨越铁路、公路、电力线路次数多，多处于稠密区域，工程体量大，涉及因素广。

二是项目包括 23 个单位工程、268 项分部工程、637 项分项工程，包含消防、排水、供水、杆塔占地、调试电源等多项重点技术方案与电气设计技术方案，项目费用列支大，易出现设计深度不足、设计漏项情况。

三是若设计人员对项目整体进度不了解，也未与总包方充分沟通，重点工序细节易出现相关输入资料滞后或者质量不符的情况，进而影响设计进度。

四是由于新冠肺炎疫情的冲击加上入夏后暴雨、强对流，台风“烟花”的侵袭，项目原本制订的计划被突然性打乱，再加上对属地防疫要求的配合，需要额外对防疫费用进行列支。

四、改进措施和方法

（一）技术管理“四确认”

（1）确认重点项目技术方案。围绕保障工程技术管理，明确工作重点、步骤和要求，积极组织在建工程开展以施工现场重点项目技术方案为重点的设计联络会。组织设计交底和施工图会检，审核确认工程设计变更中的技术内容，提前确认消防、排水、供水、杆塔占地、调试电源等技术问题，对技术方案不合格的款项立查立改，最大限度避免设计深度不足的问题。

（2）确认重点项目费用列支情况。依据施工图、工程设计变更和现场签证等，组织设计、施工、监理等参建单位进行工程量计算及审核，并组织检测单位、沉降观测单位对重点项目进行观测，编制相应检查观测技术措施，组织项目部排查全部项目部人员核酸检测情况、行程旅居史、每日测温情况，配备好充足的防疫物资，通过提前确认检测费用、沉降观测、防疫费用列支情况，对审核过程中产生的错项漏项事宜组织相关单位进行事前补缺，避免设计漏项的问题。

（3）确认重点工序图纸到场情况。参与初步设计、施工图评审工作，重点对初步设计建设规模、通用设计、通用设备的执行情况、环水保方案、设计质量和施工图进度进行审查，提前确认排水、道路、重点建筑物基础、中标较晚一次设备基础图纸出具情况，逐项核对核实进度，避免因厂家提资及出图滞后影响现场施工问题。

（4）确认重要电气设计技术方案。提前确认重要电气设备尤其是二次设备设计依据及考虑，避免验收阶段与运检依据不一致导致验收问题。

（二）计划管理“四举措”

（1）细排。围绕工程多任务计划节点，组织施工监理项目部开展排查工作，统计工程现场存在的客观问题，组织监理条条梳理排查，统筹考虑季节、政策、物资到货、施工力量组织等多方因素，细化制订工程实施计划，确保计划的合理性和可行性。

（2）紧盯。坚持“日汇报、周调度、月协调”。每日，全体工作人员对当天工作开展情况汇报，各参建单位将当日工作开展情况送监理项目部形成工作日志，发全体工作人员。每周，各监理、施工项目部负责人汇报工作计划落实情况，业主项目经理作具体安排和要求。每月，由监理项目部梳理施工单位工作及本部门当月要完成的工作任务，形成当月工作计划。同时，对新增的工作任务进行及时调整和分解。每月末，完成情况形成情况通报，进行全局通报。分阶段实时跟踪计划执行情况，及时协调影响施工的外部因素。

（3）预控。根据每日每周每月进度计划进行实时跟踪，发现并针对计划执行情况中出现的问题进行及时纠偏，解决工程实施过程中发现的问题，若发现进度滞后的相关单位，对其下发进度预警单，在预警单中指出存在的问题，明确相关具体要求并按期整改，进一步强化计划的刚性执行。

（4）严管。本着“先礼后兵”的原则，先进行阶段性的预控协调，而经协调、预警仍未按期完成进度的，依法合规采取严格的处罚措施，依据相关合同条款对逾期情况进行条理清晰的一一罗列，并发文通报相关单位。

五、结果评析

（一）评价结果

通过“四确认，四举措”在沭河输变电工程建设过程中的应用，增强了电网建设现场业主、监理、施工三个项目部的主导管控能力，业务技能水平持续提升，工作制度标准进一步优化完善，工程进度零滞后得到进一步的保证，该体系在山东电网超高压工程管理实践中取得了良好的效果，具有推广价值。

（二）活动亮点和经验

技术上以“四确认，四举措”作为管理方式，及时掌控重点技术方案，落实节点计划管控，统筹推进工程建设，全面排除技术隐患，高效验收，23 个单位工程、268 项分部工程、637 项分项工程施工质量全部符合规范和设计要求，合格率达 100%。

进度上进行统筹谋划，组织协调各专业和内外资源，及时高效地解决了施工现场出现的临时性问题、传递了工程建设压力，又使得业主更深层次地了解了各施工单位的实际问题和工作难点，各项施工流程和施工顺序安排合理，有力地助推了工程建设。

第八节　线路π接方式下停送电搭接方案研究

济宁西业主项目部创新型案例典型经验

【摘　要】坚持电网调度统一管理，适应电网运行的客观规律，保证电网安全、稳定、经济运行，向用户供应充足的符合质量标准的电能。

通过分析线路π接形式，提出每种π接形式下的停电施工搭接方案，在变电工程确定送电日期后拆除搭接线路，使其顺利接入变电站或电厂，合理使用各种资源，使整个电网在最优方式下运行，实现电网最大范围的资源优化配置，从而科学、合理利用电网内发电、输配电设备能力来满足电网负荷的需求，保障电网安全、稳定运行，保证供电可靠性。

【关键词】输变电工程；“线路π接”

一、背景描述

近年来，为满足国民经济发展对电力能源持续不断的需求，进一步优化和完善山东电网网架结构，提高电网供电能力及供电可靠性，山东电网建设进入高峰期，而新建变电站或电厂接入线路多采用线路π接方案，即把原有线路停电开断后接入变电站或电厂。此种线路停电方案多受该工程送电时间影响，即工程送电前进行开断施工，施工及相关参数测量完成后需立即送电，以免影响对侧站或电厂的稳定运行。

二、存在问题

此种停电开断施工方案有三个弊端：一是根据工程施工经验，变电施工周期较长，而线路施工周期较短，这种情况多造成线路施工项目部的人力及机械的资源浪费。二是停电时间受送电时间影响严重，施工期间如遇恶劣天气、民事等，将随即影响工程送电计划。三是如线路对侧为发电厂，在 6 月或 9 月用电高峰期线路开断，进而影响电厂负荷输出，进而影响电网安全稳定运行，无法保障市场主体利益。

三、问题分析

特高压输变电工程建设由于跨度大、战线长、涉及面广，建设期间电网同停设备多、停电时间长、负荷调整困难、重要方式安排环环相扣、电网风险增多，这些都对电网安全稳定运行提出了新的挑战。为适应电网建设的高速发展，提升调度计划管理、执行水平，持续优化营商环境，保证电网安全稳定运行，保障用户安全可靠供电。只有不断优化前期方案、创新线路跨接方案，增强线路停电灵活性，提高施工水平，才能保证电网安全稳定运行。这不仅是停电计划从“被动”向“主动”转变的重要实践，也是实现电网高质量建设的必然选择，必须以更高站位、更大力度、更实举措加快推进，为走在前列、争创最好提供保证。

四、主要创新措施和做法

1. 单回线路π接过渡方案设想

单回线路π接一般有以下几种情况：第一种情况是原单回线路开断后以一个同塔双回路架设并进站；第二种情况是原线路开断后以两个单回路架设并进站，但需要采用双回路终端以便调整相序；第三种情况是原线路开断后以两个同塔双回路单侧挂线架设并进站；第四种情况是原线路开断后以一个同塔双回路单侧挂线和一个单回路架设并进站。

如图 5-17 所示，新建线路以同塔架设方式接进新建变电站，将双回路塔两侧线路，通过临时 T 接方式连接起来，可恢复原线路的运行方式。

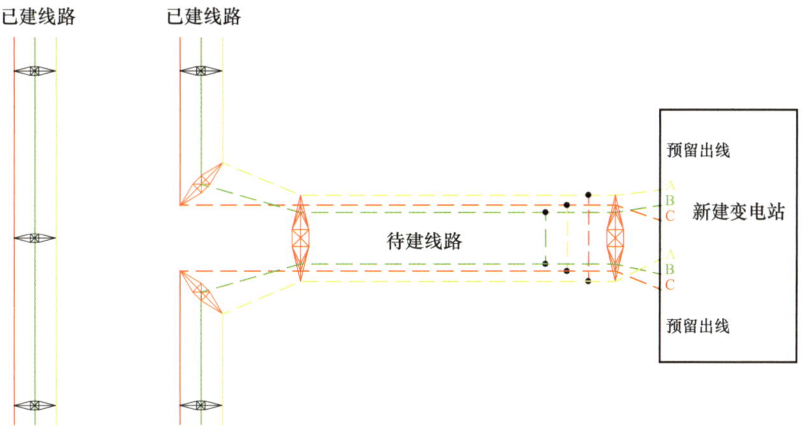

图 5-17　单回线路开断后以一个同塔双回路架设

工程量变化情况：这种方案仅增加约 300m 导线长度及 24 副 T 型线夹，增加费用约为 3.7 万元。

新建线路两个单回路架设接进新建变电站，因单回线路导线水平布置，受相序限制，至少一回线路需要采用双回路终端塔进站以便调整相序，如图 5-18 中的 G2 塔。

结合变电站外地形以及 G1、G2、G3 塔的角度，首选方案为考虑通过 G1～G2 预留横担～G3 或者 G1～G3，当首选方案因角度原因无法实现时，则只能采用 T 接方案，即通过新建 G4～G5 钻越新建线路，并分别在跨越点处实现上下 T 接，此方案需要增加两基单回路耐张塔。

工程量变化情况：这种方案增加线路长度约 300m，包含 2 基单回路铁塔及相应的基础、绝缘子、金具，增加费用约为 180 万元，费用增加较多，特别是π接线路较短的情

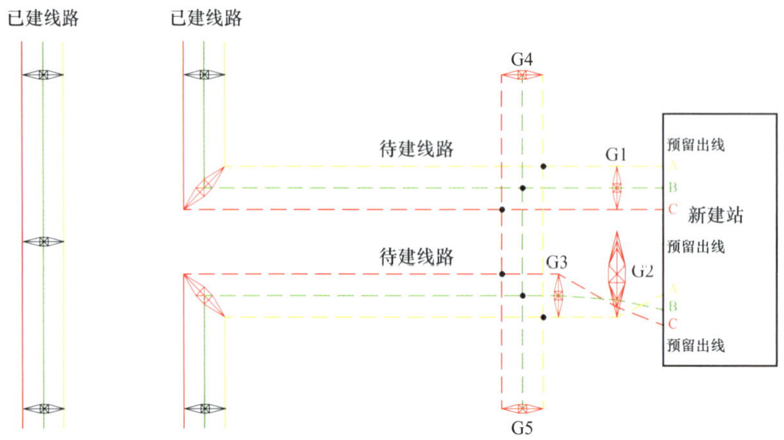

图 5-18　单回线路开断后以两个单回路架设

况，对整个工程的投资可能影响较大。

为尽量降低过渡方案引起的工程投资增加，建议在工程可研阶段，统筹考虑永临结合方案，充分利用线路转角塔（如图 5-18 中考虑 G1 接到 G2 预留横担），如图 5-19 所示。

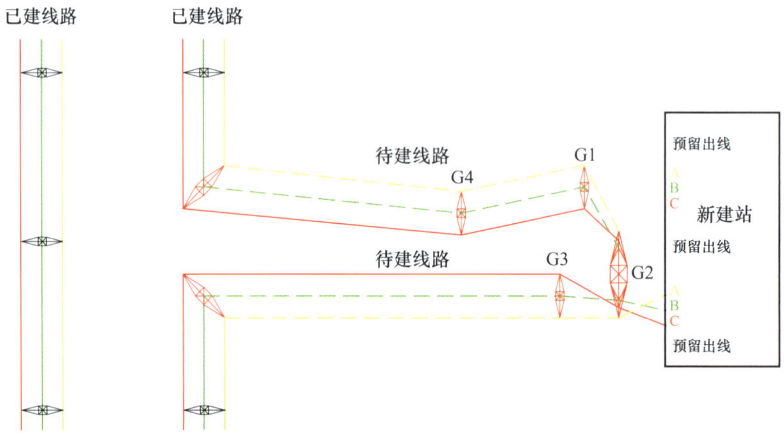

图 5-19　考虑 G1 接到 G2 预留横担

工程量变化情况：这种方案增加线路长度约 200m，包含导线及相应金具，增加费用约为 10 万元。

以两个同塔双回路单侧挂线的方案（如图 5-20 所示）实现短接的方式与同塔双回路的方案类似，但需要根据两个进线间隔的位置以及现场实际情况，当临时 T 接线长度超过 40m 时，需要验算临时 T 接线对新建线路导线水平荷载影响。

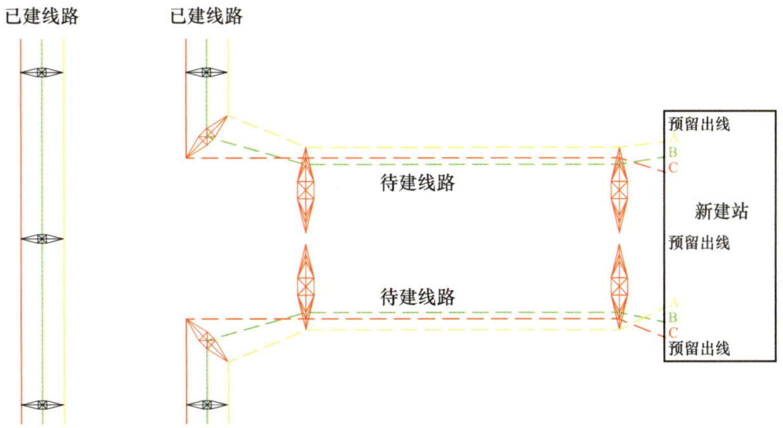

图 5-20　单回开断后以两个同塔双回路单侧挂线架设

工程量变化情况：这种方案视两回线路的间隔位置，增加导线长度约 600m 及 24 副 T 形线夹，增加费用约为 5 万元。当两回线路间隔较远时，建议在π接线路长度不大的情况下，将预留线路一并挂线。

以双回路单侧挂线与单回路的方案实现短接的方式（如图 5-21 所示），需要考虑进线间隔的位置以及终端塔实际角度情况，如果不能实现终端塔直接连接，则需要采取与“单回线路开断后以两个单回路架设”类似方案，如图 5-22 所示。

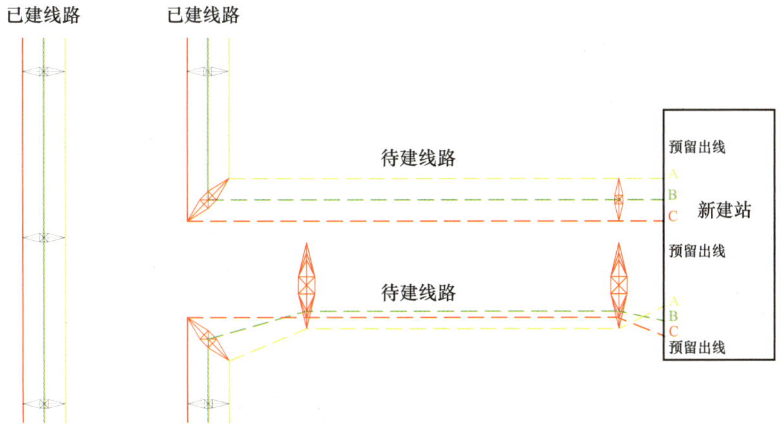

图 5-21　单回开断后以一个同塔双回路单侧挂线和一个单回路架设

当出现这种情况时，建议在工程可研阶段，统筹考虑永临结合方案，充分利用线路转角塔。

2. 双回线路π接过渡方案设想

（1）示例工程概况。麟祥（济宁西）500kV 输变电工程线路（如图 5-23 所示）部分为开断 500kV 上嘉、上多Ⅰ线后π接进新建 500kV 麟祥站，形成 500kV 汶上—麟祥双

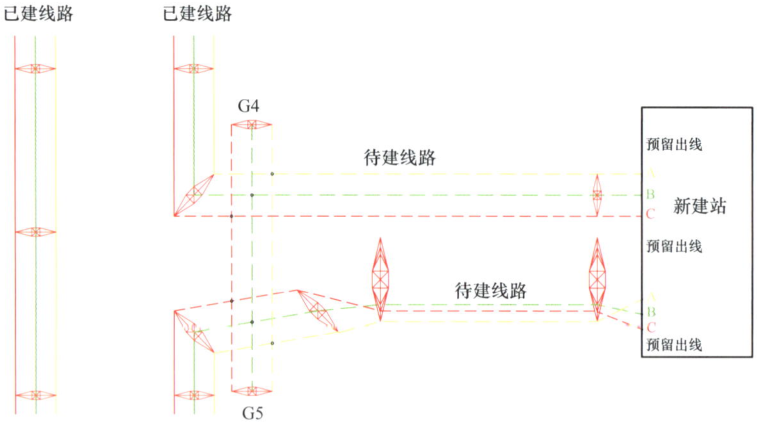

图 5-22　单回线路开断后以两个单回路架设类似方案

回线、麟祥—嘉祥电厂、麟祥—金多线路。其中汶上侧开断点选择在上嘉、上多Ⅰ线 48 号塔北侧，嘉祥电厂、金多侧开断点选择在上嘉、上多Ⅰ线 57 号塔北侧。新建线路全长约 5.9km，其中汶上侧 3.5km、嘉祥电厂、金多侧 2.4km，全线按同塔双回路架设。

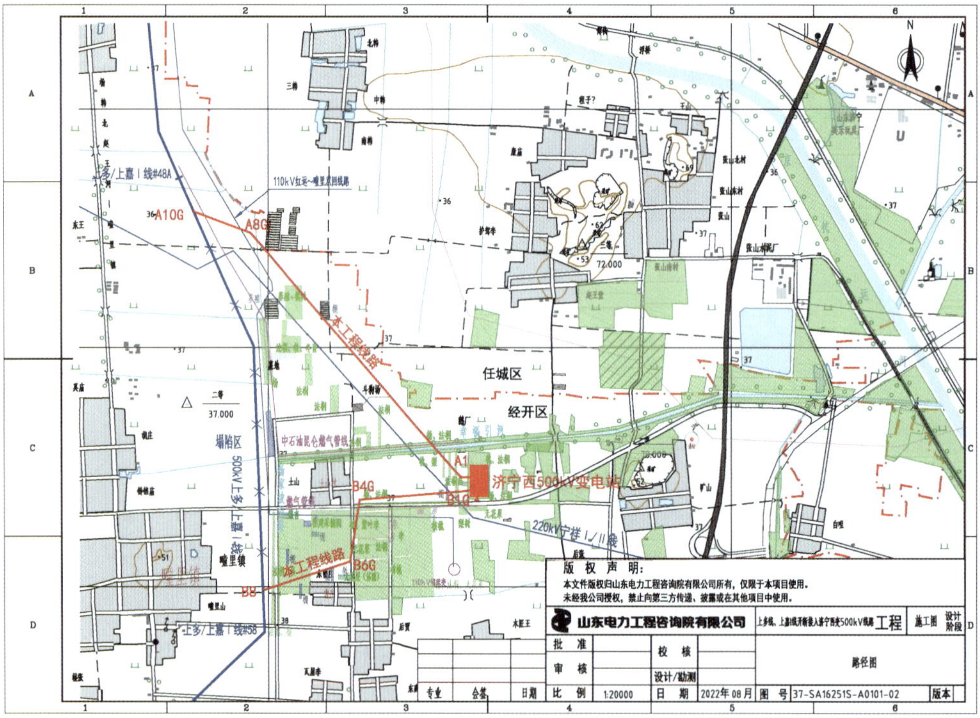

图 5-23　麟祥（济宁西）500kV 输变电工程线路图

由于线路建设周期较短，为避免上嘉、上多Ⅰ线π接后线路长时间停运，检修公司建议在麟祥站尚未建成投运前，维持上嘉、上多Ⅰ线运行方式，直至麟祥站建成投运后，再改为π接后的汶上—麟祥双回线、麟祥—嘉祥电厂、麟祥—金多线路运行。

（2）过渡方案。麟祥站侧进线汶上侧终端塔 A1 以及嘉祥电厂、金多侧终端塔 B1 均为双回路终端塔，如果变电站架构侧进线档不挂线，由图 5–24 可见，可将汶上—麟祥Ⅰ线在 A1 塔南侧横担与麟祥—金多线路 B1 北侧横担连接，维持原汶上—金多的运行方式（如图 5–25 中红线），此时 B1 北侧线路转角度数已经超过 90°（约 105°），需要对 B1 塔北侧横担进行改造，估计增加塔材约 90kg。

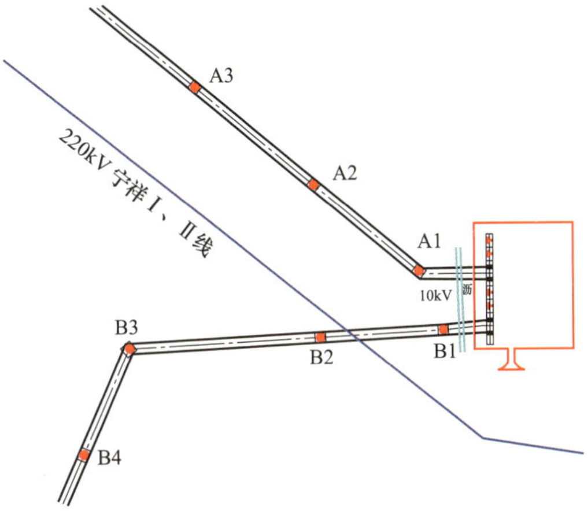

图 5–24　麟祥过渡方案图

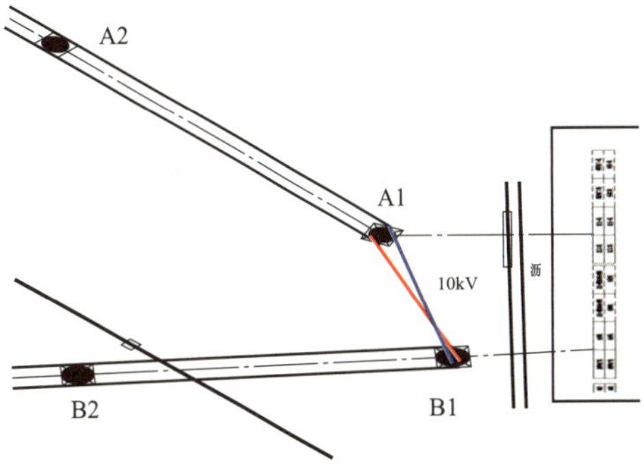

图 5–25　汶上—麟祥Ⅱ线与麟祥—嘉祥电厂线路由 A1 塔北侧横担与 B1 南侧横担连接

由图 5–25 可见，如果汶上—麟祥Ⅱ线与麟祥—嘉祥电厂线路由 A1 塔北侧横担与 B1 南侧横担连接，则 B1 塔外角侧实际转角度数远大于内角侧转角度数，无法实现挂线。

如果要实现维持原汶上—嘉祥电厂的运行方式，需要在 A1 和 B1 之间新建 1 基终端塔进行过渡，受现 B1、A1 杆塔使用条件限制新增杆塔 C1 需在变电站范围内立塔，不具有实施性，如图 5–26 所示。

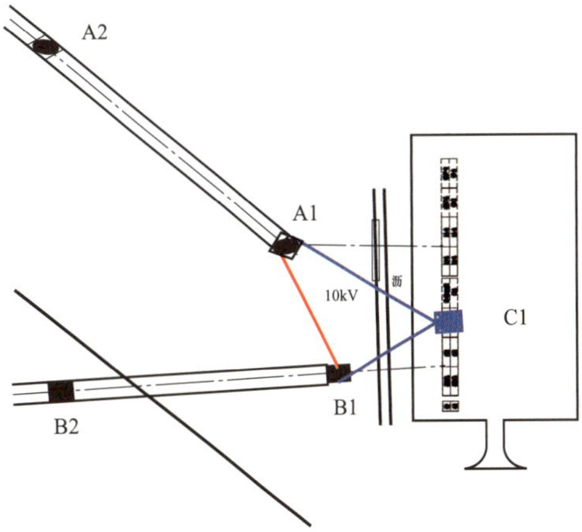

图 5–26　新增杆塔 C1 需在变电站范围内立塔

五、总结评析

停电方案时间灵活性是电网建设工程的迫切需求，π 接线路搭接方案打破了传统送电时间对线路建设的时间限制，对电网建设工程安全、质量、效率等各个纬度均起到极大的推动作用，实现了电网建设现场主导管控能力不断增强、安全效益水平持续提升。经过设计院及省公司各部门专家的评审，π 接线路搭接方案实用性强，具有较大推广应用价值。

（一）管理效益方面

1. 安全管理效益

π 接线路搭接方案的实施，将使停电计划日期更加自主，施工单位安全措施、作业票准备更加全面充分，避免因停电计划限制造成的赶工期现象。线路提前搭接带电后，将有效避免冬季线路覆冰及鸟害现象的发生，保障线路下方人员、机械、大棚等不因冰锥掉落造成伤害，营造安全和谐的文化生态，确保安全稳定局面。

2. 队伍管理效益

π 接线路搭接方案的实施，可在铁塔基础、铁塔组立施工完成后，按照转序要求直接进行导地线架设工序的施工，无需等到工程投产前，避免因工序间隔时间过长而引起人员撤离、更换或二次进场，提高了项目部队伍管理效益。

（二）经济效益方面

1. 效率管控效益

π 接线路工程施工周期远低于变电站工程，如济宁西工程全线组立铁塔 19 基，架设线路 5.9km；临西工程全线组立铁塔 6 基，架设线路 1.5km，如果保持同时开工投产，将造成较大的资源浪费。提前搭接送电方案将有效避免等工期现象，使管控效率进一步提高。

2. 成本管控效益

深度介入项目前期，形成可研审查清单，对具体搭接方案进行专家论证，搭接方案中增加的导线、绝缘子、金具等各工程可循环利用，提升了依法合规管控水平。线路提前搭接送电避免了人员、机械等资料浪费，减少了投入成本，并且有效减少了临时用地占用时间，降低属地补偿费用，有效提升成本效益。

第九节　特高压线路工程全过程机械化施工

潍坊—临沂—枣庄—菏泽—石家庄 1000kV 特高压交流输变电工程典型经验案例

【摘　要】潍坊—临沂—枣庄—菏泽—石家庄 1000kV 特高压交流输变电工程建设过程中，线路全过程机械化施工是从设计、施工、装备、建管四个专业，按照“先进性、专业化、标准化、系列化”（以下简称“一性三化”）的原则，开展“标准化设计、机械化施工、流水化作业”创新与实践工作，形成管理理念、技术、组织、机制等成果。

【关键词】特高压工程；环境保护；水土保持

一、背景描述

我国特高压骨干网架及各级电网的全面建设，将带来新一轮电网建设高峰。近年来，工程建设地形地质、运输条件日益复杂、困难；同时，特高压工程塔高、单件塔材重、建设环境复杂，传统施工装备、施工技术很难适应，施工技术和装备严重制约建设能力进一步提升，电网施工技术与装备水平面临巨大的挑战。建设世界一流电网，需要一流的技术、一流的设计、一流的施工、一流的管理。长期以来，由于受到研究力量、费用投入等制约，以及传统意识的影响，施工单位施工技术、装备发展速度较慢，与建设世界一流电网的要求差距较大。

二、开展步骤

为此，公司基建部会同相关单位，强化文明、和谐、环保、绿色建设理念，着眼于工程建设全过程，集成开展线路设计、装备、施工创新，开展输电线路全过程机械化施工建设管理研究应用，全面提升公司电网建设施工技术和装备水平，转变电网建设方式，提高建设效率效益及安全质量水平，提升电网建设能力。

（一）成立项目推广应用工作小组

为确保输电线路全过程机械化施工建设管理在特高压工程中的应用与推广，临沂至枣庄业主项目部（以下简称“业主”）依托工程主体，超前谋划，成立了以项目经理为组长，安全、质量、技术和信息专责为成员的管理创新项目推广应用工作小组（如图 5-27 所示），并按照工程要求对业主项目部各成员职责进行了细化分工。同时建立工作联络体系，要求施工、监理等各相关单位指定两名专职联络员，健全工作内部联络网，提高沟通协调效率。

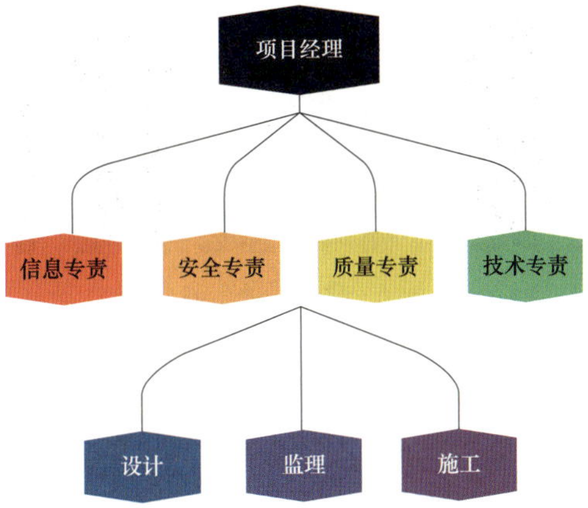

图 5-27　管理创新项目推广应用工作小组组织结构图

（二）以《输电线路全过程机械化施工建设管理创新与实践》为纲要，组织开展培训学习工作

为更好地实现《输电线路全过程机械化施工建设管理创新与实践》在特高压工程建设管理中取得实效，建设部组织业主、设计、监理、施工单位对课题成果进行了宣贯，重点对课题总结提炼的 5 项施工工艺类标准、2 项装备类标准、4 项设计类标准以及《输电线路全过程机械化施工技术（装备分册）》和《输电线路全过程机械化施工技术（设计分册）》进行了集中学习，为下一步成果推广应用奠定了良好的基础。

（三）打通工程机械化施工绿色通道

为确保推广应用项目顺利实施，确保满足工程机械化施工条件，成立了以业主项目部为纽带，以属地公司和设计单位为支撑的工程前期工作小组。针对线路路径敏感点，及时组织设计和属地公司逐基现场踏勘（如图 5-28 所示），形成了三方联动的良好局面。通过全线踏勘，共梳理敏感问题 53 处（如图 5-29 所示），组织设计单位逐一与属地公司对接敏感点，逐一落实、答复，在充分降低工程造价基础上，实现设计、施工、属地三方共赢局面。梳理全线跨越铁路、等级公路、河流、电力线路情况，提前与铁路、高速、交通局等政府部门对接相关要求，落实政府相关部门有关跨越的要求，在设计阶段尽量予以满足，减少后期施工阶段跨越手续办理难度；对无法满足相关技术要求的，组织设计单位提前编制相关设计方案，提前开展评估工作，确保方案可行。

图 5-28　现场踏勘

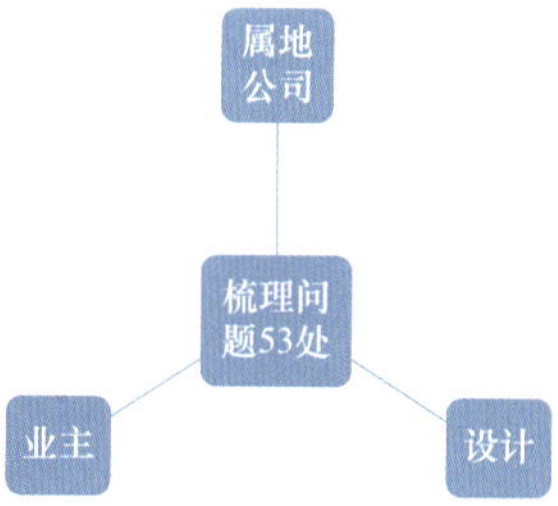

图 5-29　设计、施工、属地问题汇总

三、项目内容简介

在特高压工程建设过程中采用输电线路全过程机械化施工建设管理模式，以《输电线路全过程机械化施工建设管理》创新成果为指导，从设计、施工、装备、建管四个专业，按照“先进性，专业化、标准化、系列化”的原则，开展“标准化设计、机械化施工、流水化作业”创新与实践工作，形成管理理念、技术、组织、机制等成果。依托特高压工程开展管理创新成果推广应用。针对不同地质、地形条件，考虑临时道路修建、物料运输、基坑开挖、锚杆成孔、混凝土浇筑、杆塔组立、导地线架设、接地装置敷设等建设全过程，形成流水化施工组织措施、合理的资源配置方式、标准化人员配置及机械化作业标准化工艺体系。借鉴成果提炼与机械化施工相适应的施工组织方式，强化施工过程中人、机、物的有效、合理配置，各施工过程、工序间有机衔接，实现机械化施工、流水式作业。形成与设计、装备相统一的施工工艺，针对专用施工装备，合理配置人员，进一步提升效率效益。

四、创新亮点

（一）早谋划，强化设计源头管理

要求勘测到位，立足设计方案、装备应用一体化。开展多方案优化比选，打造设计—施工—装备—工艺一体化模式，实现有机衔接，统筹施工装备、人力资源、外部条件，实现施工科学组织、高效严密、作业规范。

针对工程前期至开工准备阶段建设管理工作，采取“四提前、四落实”措施。通过提前踏勘线路路径，落实论证比选；通过提前安排部署属地民事，落实管理策划；通过提前联系协调，落实开工准备；通过提前预想应对，落实民事管控。组织属地公司与设计单位提前对接，详细了解沿线情况，明确拆迁标准和补偿依据，合理避让大型厂矿、集中居民区、风景名胜区等民事赔偿敏感区，为工程机械化施工的推广应用铺设绿色通道。

（二）早介入，开展机械化施工策划

及时跟踪设计进展情况，协调设计单位将机械化施工纳入施工图设计各环节，充分考虑机械化施工需求，强化设计与施工的有效链接与服务支撑，为将来全面深入推进应用机械化施工创造有利条件。加强设计源头管理，形成机械化施工设计原则，将施工机械等作为设计条件之一，实现设计与施工有效衔接，为施工创造条件。强化设计方案科学合理，要求深入开展多方案比较优选，优化提升方案综合效益。

（三）打造工程机械化施工示范段

完善现场管控工作手册。组织各参建单位开展施工单基策划，打造工程机械化施工示范段，要求工程以示范段建设管理为标准，重点加强机械化施工方案在现场的执行落实。以单基作业指导书为基础，组织开展单基作业交底，梳理现场安全隐患，提炼单基作业风险控制卡，提高现场作业人员对作业指导书的理解和落实。同时要求业主项目部借鉴国家电网有限公司及省公司“四不两直”经验，建立完善施工安全检查制度，确保施工作业前必须进行安全技术交底，施工过程中必须按照施工方案执行，施工方案完成后必须经验收合格后方可进入下一道工序。

五、结果评析

（1）按照“专用装备”定位，“一性三化”要求，立足输电线路施工全过程各工序，提出旋挖钻机等专用装备推广计划。利用原课题提升的架空货运索道、岩石锚杆钻机、落地抱杆等装备，进行推广应用，实现施工装备标准化、规范化。进一步借鉴原课题形成的《输电线路全过程机械化施工技术（装备分册）》专著、“输电线路专用旋挖钻机”“输电线路岩石锚杆钻机”等 2 项公司标准，有效引导装备推广应用。

（2）施工单位自我培训意识得到强化。施工单位按照工程进度制订培训计划，创新培训形式，采用施工现场培训模式，提高培训质量。同时建议将培训工作与班组大讲堂

相结合，鼓励一线施工管理人员，特别是内部转岗人员、新入职大学生走向培训讲台，由“要我学”转变为“我要学”，达到“以讲促学”的培训效果，为工程全过程机械化施工打下坚实基础。

（3）为充分调动施工单位的工作积极性，鼓励试点单位大胆创新，勇于实践。业主以山东特高压扩大环网工程为载体，在各参建送变电企业中开展对标管理工作。对标体系中以“送变电企业转型升级试点”工作大纲为宗旨，结合“输电线路全过程机械化施工建设管理在特高压工程当中的应用与推广”情况，构建公平合理的指标体系，实现推广应用工作要求的指标化。同时借助对标管理模式，督导参与试点的各单位积极学习兄弟单位在成果推广应用上好的经验和做法，力争实现管理创新成果的合理应用、深度推广。

第十节　特高压变电站机械动态管控一体化平台构建与实施

国网山东建设公司典型经验案例

【摘　要】案例从解决特高压变电站施工现场机械动态管控难度大等一系列焦点、难点问题出发，以理念创新、方法创新和手段创新为重点，构建了“机械一体化平台”系统。该平台的实施分为平台构建、平台部署、平台应用三个阶段，平台构建是在建设现场设置信息采集设备，对现场的人员机械进出场管控、人员安全培训交底、机械运行状况、机械定位信息等进行全面实时记录，通过后台管理系统实现数据的动态采集及共享。

【关键词】输变电工程；特高压变电站；机械管控；一体化平台

一、背景描述

2014 年，国网山东电力开始特高压工程建设，经过五年的艰苦奋战，截至 2020 年年初，顺利投产“五交四直”九项特高压工程，新增变电容量 2100 万 kVA、换流容量 2000 万 kW，新增交流线路 2×1176.83km（折单 2353.66km）、直流线路 1137.373km，山东特高压实现了从无到有、从弱到强的跨越式发展。

二、主要做法

（一）“机械一体化平台”构建

“机械一体化平台”是在特高压变电站建设现场，设置固定或移动式信息采集设备等软硬件系统，由软件系统与硬件系统构成。

（1）软件系统："机械动态管控"系统，分别安装在"一体化平台"工作站和专用手持终端上，具备人员机械信息储存分析、人员机械资料报审、《安规》培训考试、机械使用计划报批、机械实时动态监控、违章报警、违章记录统计分析等功能。

（2）硬件系统由"一体化平台"工作站（台式机）、二维码制卡机、门禁系统、专用手持终端、车载 GPS 定位设备、测速设备等组成。

（二）"机械一体化平台"部署

"机械一体化平台"于 2019 年 6 月在枣庄站、菏泽站、济南站全面投入使用。截至 2020 年年初特高压环网工程投运，已部署监控室 1 处、"一体化平台"工作站电脑 3 台、二维码制卡机 3 台、门禁系统 3 套、专用手持终端 69 套、车载 GPS 定位系统 57 套、测速设备 42 套，办理二维码卡片共计 3000 余张。实现对现场 57 台大型机械（起重机 24 台、挖掘机 4 台、运输车 18 台、推土机 5 台、夯机 2 台、高空作业车 4 台）及其操作人员全覆盖。投运 6 个月的时间内，平台运行良好，各设计功能均得到正常发挥。

（三）"机械一体化平台"应用

一是人员机械进出场管控。只有信息审核通过的人员、机械具备进入施工现场的权限，且做到"人车匹配"，从源头把好人员机械入口关。二是操作人员安全培训交底。开展"安规示范站"创建活动，在机械车辆不同部位设置"安规二维码"，作业人员通过扫码"安规二维码"，显示相应的安全操作规程和《安规》，随时随地开展安全教育培训。施工项目部每日通过微信、QQ 工作群推送《安规》知识点，创造学《安规》、用《安规》的良好氛围。落实"员工每日一问、班组每周一课、参建单位每月一考"《安规》学习考试机制，持续开展入场前、施工过程中的安全培训考试。三是机械运行状况管控。提示施工项目部定期开展机械本体检查，自动提示操作人员证件复核、机械定期检查、年检日期等；提示操作人员定期对机械本体进行检查；提示安全管理人员定期开展周查禁违章。通过"机械一体化平台"合理制订每周机械检查计划，系统自动提示机械检查情况，实现机械周安全检查"无遗漏"。四是机械作业实时监控。通过车载 GPS 定位等系统应用，实现机械轨迹管理、超速管控、安全距离保护。机械施工过程中，通过 GPS 定位比对坐标数据，实时监控机械指挥等监护人员到位情况，确保"一机一指挥"。制定"用车审批"制度，科学管理机械。各施工项目部将次日机械使用计划（包括施工项目部、机械类型、操作人员、作业风险等级、作业区域、作业时间等内容）通过"机械一体化平台"上报业主、监理项目部。五是机械作业检查考核。现场安全管理人员现场检查使用手持终端记录机械违章情况，安全监督人员通过视频监控系统、车载 GPS 定位、测速仪等设备检查记录机械违章情况。

（四）"机械一体化平台"与"两体系一平台"的结合应用

国网山东电力提出深化安全管控"两体系一平台"应用，即加强"安全保障体系"管控，建立到岗到位管控机制，确保安全管控力度；加强"安全监督体系"巡查，加强三级及以上风险监督和“四不两直”检查，确保施工作业现场实时动态管控；加强“现场作业管控平台”应用，依托远程视频监控等有效手段，实现基建工程现场过程监督与实时管控，实现施工现场安全问题“第一时间发现、第一时间处置、第一时间解决”，进一步发挥了安全监督体系和安全保证体系的监督检查作用，提升了机械安全管控水平。

三、结果评价

国网山东电力坚持“目标导向、问题导向、结果导向”，统筹“安全第一、质量至上、效率为要、成本是基”。在山东—河北特高压交流环网工程（山东段）枣庄站、菏泽站、济南扩建设现场全面应用“特高压变电站机械动态管控一体化平台”，创新特高压工程施工机械管理的新模式、新方法，在工程管理效益、经济效益、社会效益、生态效益等方面取得了显著成效。

（一）管理效益

（1）人员机械进出场“管得住”。人员、机械入场前资料经过施工、监理项目部严格审查，操作人员与操作机械实现一一对应，操作人员持证信息有效管控，杜绝实际进场人员机械与报审资料“两张皮”，切实加强了现场人员机械的信息管理、进出场安全管控。

（2）机械运行状况“身体佳”。业主项目部组织施工单位定期开展机械本体检修维护，严格要求操作人员在机械启动前、结束后开展机械本体例行安全检查。

（3）机械作业动态“掌握准”。业主、监理项目部在监控室内能够对现场所有施工机械车辆的行驶轨迹、行驶速度、安全距离等动态实时监测，现场机械施工在控、可控、能控。

（4）机械违章记录管理“无遗漏”。全面应用“机械一体化平台”以来，现场安全管理人员组织开展周查禁违章 40 次，发现涉及机械违章 56 项，下发电子违章整改通知单 37 份，2 名操作人员被列入“黑名单”、强制退场，对违章个人处罚率达到 100%，违章数量同比下降 51%，安全管控成效明显。

（二）经济效益

（1）降低人力资源成本。在工程建设现场，业主（建管单位）、监理、施工项目部均需配备数名专职的安全管理人员。本平台的应用可替代部分安全管理人员日常管理工作内容，包括人员机械进出场报审、人员安全教育培训管理、人员机械动态管控、安全检查及违章处理等工作。以枣庄站为例，现场有 1 个业主项目部（建管单位）、1 个监理项目部、4 个施工项目部，现场每家单位按照 2 名安全管理人员配置，各单位安全管理人员用工年平均成本按照 20 万元/人计算，可替代安全工作量按 30%计算，经初步估算，在应用“机械一体化平台”后，人力资源替代所产生年度经济效益=（1+1+4）×2×20×30%=72（万元）。

（2）降低机械资源成本。通过应用“机械一体化平台”，合理安排机械工作计划，实现作业无交叉，避免机械窝工和工期延误，提高了机械使用效率，降低了机械使用费用。

以枣庄站为例，现场按 20 台机械计算，每台机械台班费按照 0.1 万元/天计算，年平均工作时间按 300 天计算，机械使用效率按提高 10%计算，经初步估算，在应用“机械一体化平台”后，机械效率提升所产生年度经济效益=20×0.1×300×10%=60（万元）。

（三）社会效益

引领行业建设管理的高标准。通过“机械一体化平台”应用，不仅仅提升了操作人员的安全意识，确保其严格按照规程规范操作，更提升了操作人员操作技能，确保了设备安装精度。同时，施工项目部定期开展机械日常检修，每次启动前，操作人员检查机械运行情况，确保机械保持良好的运行状态。枣庄站、菏泽站、济南站已顺利完成 17 台主变压器、30 台高压并联电抗器、28 个间隔断路器安装，实现“一次成优”，全部一次性通过特殊试验，为电力行业的高标准建设树立榜样。

第十一节　外架钢板网及盘扣式脚手架在聊城南500kV 变电站新建工程的应用

聊城南工程安全管理典型经验案例

【摘　要】基于以往经验，预防同类安全事故重复发生，是当前工程施工安全管理的重点。国家电网有限公司通过对 2005 年以来发生的输变电工程施工安全事故进行梳理分析，其中近 80%的事故系重复发生。为深刻吸取事故教训，深化落实十二项改革配套措施，加强作业层班组标准化建设，防止安全事故重复发生，国家电网有限公司提出专项安全强制管控措施，从多方面、多角度对施工现场、管理人员、相关工作流程等进行统一规范，进一步强化了安全工作管控力度。在建筑工程施工事故中，高处坠落及物体打击在建筑高处施工事故中所占的比例较大，加强高空作业垂直防护、避免坠物伤人便成了施工现场安全管理工作的重中之重。

【关键词】变电站；标准化；外架钢板网

一、背景描述

聊城南 500kV 变电站新建工程站址位于山东省聊城市西南 48km、莘县南约 13km 的十八里铺镇。变电站总征地面积为 3.8248ha（57.37 亩），总建筑面积为 1181.1m²。远期安装 1000MVA 主变压器 4 组、500kV 出线 8 回、220kV 出线 18 回，每组主变压器 35kV 侧安装 5 组低压无功补偿装置。本期安装 1000MVA 主变压器 1 组、500kV 出线 4 回、220kV 出线 9 回，主变压器 35kV 侧安装 3 组 60Mvar 低压并联电容器和 4 组 60Mvar 低压并联电抗器。

聊城南变电站地面建筑物数量多、面积大，以往采用的密目网防护体养和扣件式脚手架支撑体系施工工艺复杂，定制化施工水平较低，且防火、防护性能较差，难以满足现场本质安全管理要求，聊城南项目部以“三算四验五禁止”安全管控措施为纲领，创新开展了外架钢板网和盘扣式脚手架在现场应用的分析研判，分析过程如下：

主控通信楼为单层建筑，长 32.4m，宽 12.0m；层高为 4.0m，室内外高差 0.45m。采用钢筋混凝土框架结构，为通用设计“500－A－3－ZKL”模块优化而来，布置于 500kV 配电装置区西侧，为单层建筑，建筑面积为 467.2m^2，填充墙为 250 厚，楼内布置有二次设备室、通信蓄电池室、安全工具间、综合用房、卫生间、资料室、机动用房等；站前区更整洁、紧凑；二次设备室布置在主控通信楼一侧，方便进出电缆。

二、优势提炼

盘扣式脚手架（如图 5－30 所示）是一种新型脚手架，结构构件少，安装拆除快速简单，系统牢固，结构稳定，承载力高，独立楔子穿插自锁机构，搭拆速度是扣件钢管脚手架的 4～8 倍，安全可靠，综合效益好。

图 5－30　盘扣式脚手架

目前脚手架防护网是建筑工程外立面垂直防护的常用形式，防护网的主要防护形式包括密目安全网防护、钢板网防护两种。相比于密目安全网，外架钢板网（如图 5－31 所示）是一种外墙脚手架防护网，是国家认定的一种环保型产品，价格经济实惠，全钢质结构，强度高、不易损坏变形，承压力、抗冲击能力强，安装简便、结构合理、密封效果好，牢固耐用，可多次循环使用，透气性及通风性良好，不影响采光，可实现封闭式作业，有效控制操作人员随意外出，能够有效地防止人身、物体的坠落伤害，还可以防止电焊火花等引起的火灾隐患，网孔均匀美观且不易变形，外观效果整齐简洁，同时还可以降低噪声、灰尘污染。不仅降低了高空作业安全风险，同时还能提高安全文明施工标准化水平，进一步提升工程整体形象。

图 5-31 外架钢板网

外架钢板网优点如下：

（1）全钢质结构，承压力、抗冲击力更强。

（2）阻燃、防火，降低火灾隐患。

（3）可循环利用多次，一次采购多次使用，周转率高。

（4）全钢材料，产品残值高。

（5）外观效果整洁美观，提升项目形象，内部施工隐秘操作。

（6）安装简便，单张网片安装只需 3min。

（7）尺寸标准可根据项目实际情况定制，颜色可选择。

外架钢板网与普通密目网价格对比见表 5-5。

表 5-5 外架钢板网与普通密目网价格对比

序号	项目	单价（元/m^2）	循环次数（次）	单次价格（元/m^2/次）	备注
1	外架钢板网	30～60	5～8	4～12	
2	普通密目网	6～10	1～2	3～10	

三、主要做法

聊城南 500kV 变电站新建工程积极落实国家电网有限公司“三算四验五禁止”安全管控措施要求，通过施工技术方案对比分析和详细计算，确定在主控楼主体结构施工中采用盘扣式脚手架支撑体系和外架钢板网防护体系，实现了外架钢板网和盘扣式脚手架首次在 500kV 变电站新建工程中的创新应用。

盘扣式脚手架立杆钢管类型主要采用 B-LG-2000（D48×3.2×2000mm），强度为 300kN/mm^2；横向水平杆管采用 A-SG-900（D48×2.5×840mm），纵向水平杆管采用 A-SG-2100（48×2.5×2040mm），水平钢管强度为 205kN/mm^2；竖向斜杆采用 B-XG-

2000×2000（D33×2.3×2756mm），钢管强度为 185kN/mm^2；脚手板采用冲压钢板。立杆的纵距为 1.20m，横距为 1.2m，脚手架步距为 1.5m。

双排外作业架外侧设挡脚板和防护栏杆，防护栏杆可在每层作业面立杆的 0.5m 和 1.0m 连接盘处布置 2 道水平杆，并应在外侧满挂钢板网。

四、结果评析

随着建筑工业化的发展，标准化及定型化产品应用将越来越广泛，本工程采用的盘扣架锁扣式钢板网防护体系使得钢板网与脚手架连接、钢板网与钢板网之间连接更加牢固，并且可在端头部位通过螺栓进行调节。这样构成的钢板网外架防护体系安装方便、灵活可调、美观大方、安全牢固、绿色环保，提升了工程的整体形象和安全文明标准化水平。外架钢板网及盘扣式脚手架在聊城南 500kV 变电站新建工程的应用，有效提高了现场安全文明施工水平，大大促进了项目各项生产目标的有效推进。

第十二节　创新提升“技术手段”　确保工程万无一失

密州扩工程技术管理岗位问答

【摘　要】针对变电站内大量近电吊装作业“风险高、安全隐患大”的特点，依托密州扩建工程，开展了科技创新项目《基于雷达探测的变电站设备吊装安全管控系统研究》，通过该系统在密州扩建工程电气安装阶段进行的试点应用，提高临近带电体高风险吊装作业的安全系数。

【关键词】技术管理；信息化；科技创新

1. 问题：输变电工程技术管理的总体工作目标是什么？

回答：

项目技术管理的核心目标在于推动设计与施工技术衔接，完善特高压交流施工技术标准和工艺，建立专家工作机制、深化关键施工技术的研究与应用，全面落实“三通一标”相关内容要求，推广应用“五新”技术，提升施工装备水平，提高机械化作业水平，确保安全和质量，提高施工效率。

2. 问题：目前特高压输变电工程的技术环境如何？

回答：

随着我国国民经济的快速发展，一些已经运行的直流输电线路在输送容量上已然无法满足电网网架的要求，出现输送容瓶颈效应。同时我国能源分布及负荷布局不均衡的客观现状，进一步加剧了远距离、大功率电能输送的迫切需求。在此背景下，特高压交直流输电凭借其容量大、损耗低、距离远、占地小等诸多明显优势，成为解决我国电网和能源发展的重要选择。

3. 问题：特高压变电站扩建工程的重点与难点分别是什么？

回答：

变电站扩建工程不同于新建项目，扩建工程往往在现有已运行的站内开展建设工作，现场施工交叉多、接口多，施工场地受到制约、空间小，运行区内抗静电防护要求高，1000kV GIS新旧设备对接点的技术衔接复杂，在运行工况下进行监控和二次系统改造的难度大、风险高。在把握工程特点、难点的同时，应清楚地认识到电网工程建设本身存在着许多不可预见的风险和变化，这些对工程建设管理的每个环节都提出了更高要求。为保证工程建设的顺利实施，有必要加强工程初步设计阶段的管理，认真打好“提前量”，对后期可能存在的问题或风险进行提前考虑，提升初步设计的质量，确保后续施工作业的可行性和安全性。

4. 问题：在工程初设阶段应重点关注哪些内容？

回答：

一是加强工程前期的搜资工作。设计时应对前期的竣工图及现场进行资料搜集，重点是搜集设备和材料选型情况、前期地基处理范围、前期设备、基础、辅助设施的建设范围，关注前期接地、站用电、消防、安防等状况。

二是核实外部环境条件是否有变化。特高压变电站扩建初步设计中，必须开展噪声预测专题研究。一要通过前期工程验收时的实测数据可反推噪声预测模型的准确性；二要重新调查变电站声环境影响范围内有无新增敏感点。

5. 问题：技术管理工作中的设计管理环节有哪些工作重点？

回答：

按照建设管理纲要的要求，严格执行施工图管理、设计变更与现场签证管理、施工图会检和设计交底管理、施工与设计之间协调管理、竣工图管理、设计强制性条文执行管理等，建立设计与施工、监理互动的常态化机制，联合实际监理部门、施工监理部门形成立体的设计质量管控体系，细化、深化、强化设计质量管理，从根本上确保安全、提高质量、控制成本。

6. 问题：施工图管理环节的主要内容有哪些？

回答：

一是要做好国网交流部、国网经研院负责特高压专有物资与施工图设计之间的技术接口协调，国网经研院、建设管理单位负责常规物资与施工图设计之间的技术接口协调，建设管理单位负责现场建设与施工图设计之间的接口协调，确保设计、设备和施工有效衔接。

二是建设管理单位要根据建设管理范围负责施工图成品交付计划和交付现场之后的技术管理工作，包括制订和落实施工图交付计划；

三是业主项目部严格组织设计大检查，严格管控施工图质量，高度重视不同专业的接口控制，尤其是设计与制造厂的资料交换，高度重视设计与施工、运行的协调配合，严格执行现场施工图会审制度，严格履行设计变更管理程序，确保质量进度和现场服务满足工程要求，严格按己审批的初步设计进行施工图的设计和设备采购，加强设计审查。

7. 问题：设计变更与现场签证管理的具体内容有哪些？

回答：

设计变更按照变更内容或金额大小分为一般设计变更和重大设计变更。重大设计变更是指改变了初步设计批复的设计方案、主要设备选型、工程规模、建设标准等原则意见，或单项设计变更投资增减额超过 20 万元的设计变更；一般设计变更是指除重大设计变更以外的设计变更。现场签证按金额大小分为一般签证和重大签证。重大签证是指单项签证投资增减额超过 10 万元的签证；一般签证是指除重大签证以外的签证。

8. 问题：传统技术的创新模式是什么？

回答：

从创新的主体来看，以往的创新模式都是以制造商为主体，即制造商作为创新的主导者，用户只是制造商创新服务的对象，并不直接参与创新。以制造商为主体的传统创新主要包括以下三个阶段。

第一阶段是在企业创新的初期，企业自身内部存在创新研究院，以创新研究院作为企业开发产品进行创新的核心点。在研究者研发改进的过程中，未能与用户进行更多的互动交流，因此会导致产品开发时间长、效率低的问题。

第二阶段是针对第一阶段存在的问题，在原创新模式上进行的改进。在原来创新研究院的基础上增加市场营销人员，即形成一个从产品研发开始，经过设计、营销、资金等全方位的创新团队，以使企业在创新过程中能够更好地贴近用户。

第三阶段是企业借助更多的外部因素，与外部机构进行联合创新。现在企业和一些科研机构包括高校和科研院所等进行合作的频率越来越高，企业利用外部科技和人才资源，由企业提供资金支持，共同进行产品研制和开发。

9. 问题：传统技术创新模式中存在的问题有哪些？

回答：

在企业创新早期，企业的研究开发团队是创新的核心。这一模式依赖的是创新研究的人才开发和企业充分的资源保障。但这一模式的缺点是产品开发的时间长、效率低。之后，企业的创新进入了市场导向的第二代创新模式，形成一个由研究开发、设计、营销和财务等组成的创新团队。第三代创新模式是开放的创新，强调了企业利用外部的科技资源、人才实现创新，尤其是强调了与大学的合作。

10. 问题：针对特高压项目有哪些合理化建议？

回答：

与新建工程相比，特高压站扩建时安全要求更高、风险更大，受运行设备安全距离限制，施工机械效率降低严重；现场施工交叉多、接口多，为降低安全管理风险，监理人员投入大，相应的管理成本高；因场地受限，工器具和材料往往不能就近存放，站外临时存放不可避免会产生费用问题。建议调整扩建站安全文明施工费取费的费率，增加措施费的额度，适当提高监理费取费系数。

第六章 绿色建造典型案例

第一节 全面推行“6S”管理 打造绿色工程

聊城南输变电工程典型经验案例

【摘 要】聊城南输变电工程项目部统筹电网建设“安全第一、质量至上、效率为要、成本是基”四个维度，基建现场从内到外、从人员到环境全面推行“6S”管理模式，明确“6S”管理核心要素在基建现场管理要求，细化完善规章制度，采取有效的考核评价方式，培养规范化管理理念和意识，养成规范化工作作风；规范作业安全环境，倡导绿色环保，保障作业人员的安全健康，全面提高施工作业效率，全面提升现场安全文明施工水平。

【关键词】输变电工程；“6S”管理；“人—机—料法环”

一、背景描述

2017年以来，国家电网有限公司基建工程发生的设备质量事件涉及21个省级公司，其中变电工程占质量事件总数的96.8%，有46%的质量事件导致了设备停运，有41.1%的质量事件影响了基建工期。《国家电网有限公司环境保护违规风险排查整治专项行动方案》要求进一步强化公司各级单位环境保护主体责任，防范环境保护领域重大违规风险，对建设项目环境保护、水土保持等方面提出了更严格的要求，需要切实做到不留死角、不留盲区、不走过场。特别是新冠肺炎疫情期间，更应该制定全面详细的疫情防控专项方案及应急方案，保持疫情防控常态化，确保“双零”目标。

二、创新亮点

通过各工程项目积极应用“6S”模式，使办公区域、宿舍、仓库、生产现场环境明显改善；切实解决安全文明系统性管理问题；深入推进党建与“6S”管理的融合；抓住落地实施的工作重点，抓实三大项目部关键人员，提升现场管理人员职业素养；强化宣传，营造浓厚的《安规》学习氛围；建立健全监督评价体系，落地“三级验收”及“复验评价”制度，确保“6S”管理工作取得长效。

三、主要做法

依据国家电网有限公司、省公司现有管理制度及有关文件、标准要求，将“6S”管理按照“人、机、料、法、环”五大环节分成30网格，编制《工程现场“6S”管理实施方案》，实现“整理齐、整顿新、清扫净、清洁亮、素养高、安全好”的“6S”管理目标。“6S”管理组织结构及责任区如图6-1所示，“6S”管理内涵要求如图6-2所示。

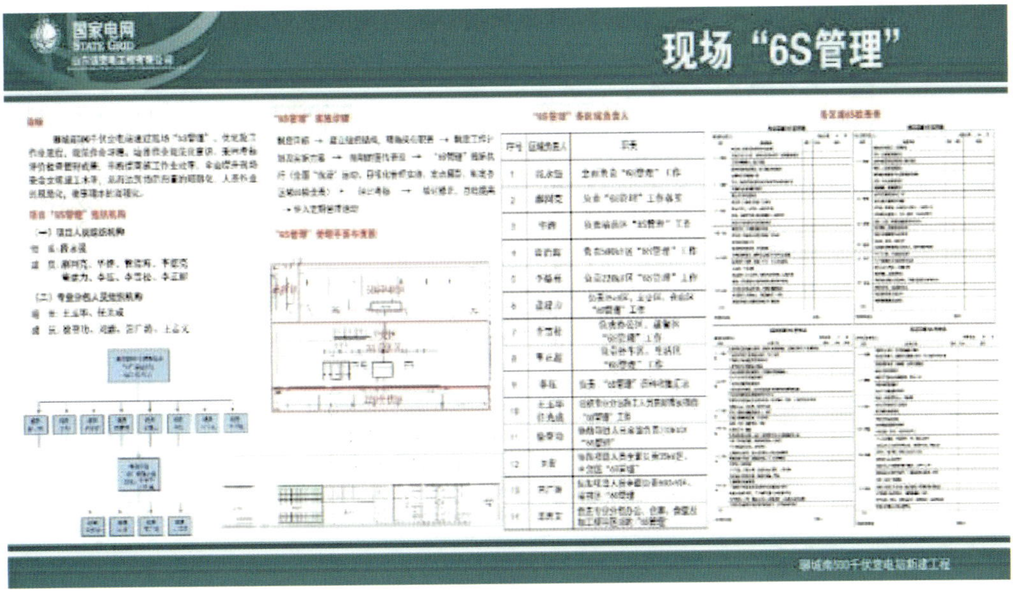

图6-1　“6S”管理组织结构及责任区

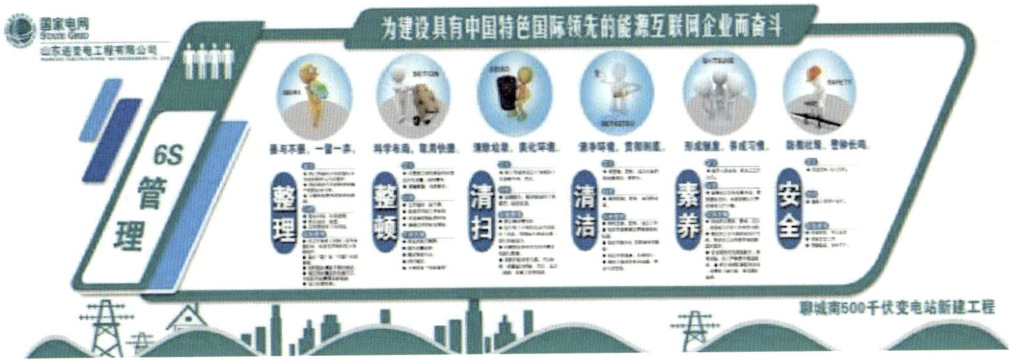

图6-2　“6S”管理内涵要求

图 6－3　系统规范应用

（一）应用“6S”管理模式，提升现场人员职业素养

1. 整理阶段

施工方案按要求进行编制并报审，三级交底严格按要求开展。作业层班组和核心分包人员“四统一”管理，施工作业层班组骨干组织工作开展，消除施工作业无作业层班组骨干在场，作业层班组骨干不与作业人员同时上下班等“以包代管”情形。检查现场关键岗位人员和核心分包人员均经审核入库，人员体检、持证情况等信息完善。

2. 整顿阶段

施工资料分类摆放，及时归档整理，资料盒标识规范清晰。严查作业层班组骨干实质为劳务分包单位人员情况、作业层班组骨干经施工单位履行准入程序、作业层班组配备作业层班组长和技术员兼质检员及安全员、作业层班组骨干具备相应素质能力、班组骨干实际从事的工作与岗位相符等方面工作情况。系统规范应用如图 6－3 所示，总结提炼出“6S 管理三字经”如图 6－4 所示。

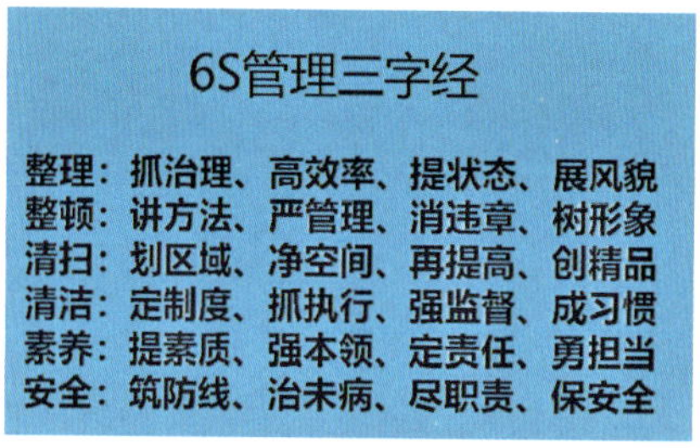

图 6－4　“6S 管理三字经”

3. 清扫阶段

施工现场做到工完、料尽、场地清。核心分包人员来源于核心分包商，班组骨干与核心分包人员相互熟悉，形成相对固定组合。电脑文件夹及文件统一标准命名如图 6－5 所示。

4. 清洁阶段

仓库建立台账，出入库记录完整，定期统计消耗量及需求量，并及时补充所需材料。现场管理要求如图 6－6 所示，资料归档如图 6－7 所示。

5. 素养阶段

施工人员严格进行入场培训、安全质量管理培训、实践培训等。各项目部人员满足资质条件，取证并通过考试要求。施工前，施工人员进行施工交底，并开具施工作业票。现场施工作业按规程要求进行施工作业，检查各级风险关键人员到岗到位情况。技能比武如图 6－8 所示。

图 6-5 电脑文件夹及文件统一标准命名

图 6-6 现场管理要求

图 6-7 资料归档

图 6-8 技能比武

6. 安全阶段

全员参加《安规》考试，特种作业人员按规定进行报审。作业人员掌握本岗位安全管理要求和相应技能。网上查询、特殊工种人员持证上岗作业。检查安全文明施工费按要求落实。安全日活动如图 6－9 所示，安全事故学习如图 6－10 所示。

图 6－9　安全日活动

图 6－10　安全事故学习

（二）应用“6S”管理模式，提升机械工器具管理水平

1. 整理阶段

施工单位对施工安全设施统一购置、配送，施工现场建立安全设施台账。班组使用的工器具严禁由劳务分包单位提供。临时电源按要求装设漏电保护器，漏电保护器按要求测试检查。机械管理如图 6－11 所示，车辆管理如图 6－12 所示。

图 6－11　机械管理

图 6－12　车辆管理

2. 整顿阶段

施工机械、工器具按施工方案要求进行配置。抱杆、钢丝绳等起重工器具检验及检查真实开展，严禁不合格进场情况。施工现场工器具配置与施工方案一致，杜绝“以小代大”情况。扬尘雾炮机如图 6－13 所示，移动式扬尘车辆如图 6－14 所示，现场工作要求如图 6－15 所示，起重机安全检查如图 6－16 所示。

图 6－13　扬尘雾炮机

图 6－14　移动式扬尘车辆

图 6－15　现场工作要求

图 6－16　起重机安全检查

3. 清扫阶段

试验设备进行校验并报审，所报审的试验设备与现场一致。起重机械制动和限位装置完好，不存在装置失灵、不灵敏的情况；未经计算选择起重机械；实际使用的起重机械与施工方案一致；租用机械检验后方可投入使用。

4. 清洁阶段

试验设备、安全工器具有定期送检或保养制度。主要设备机械应有操作手册和使用记录，需要保养的机械设备，保养记录应齐全。机具保养如图 6－17 所示，机具摆放如图 6－18 所示。

图 6-17　机具保养

图 6-18　机具摆放

5. 素养阶段

工器具、器械正确使用，按时保养、试验。组塔班组使用的抱杆固定，不存在临时租借及频繁更换情况，班组骨干人员熟悉抱杆长度、型号、规格等技术参数。脚手架检查整改如图 6-19 所示，工器具使用培训如图 6-20 所示。

图 6-19　脚手架检查整改

图 6-20　工器具使用培训

6. 安全阶段

确保施工设备、装备连续正常运转，确保企业财产不受损失。杜绝分包单位或班组自行租用装备情况；安全帽、安全绳、攀登自锁器、速差自控器、有害气体检测仪器、通风设备等安全工器具及防护用品严禁由劳务分包单位提供，经检验合格方可投入使用，按要求的规格及数量配置到每一个作业点。器具存放如图 6-21 所示，创新配置抽气泵如图 6-22 所示。

（三）应用“6S”管理模式，提升施工材料管理水平

1. 整理阶段

项目部编制设备材料进场计划，并按施工内容和施工进度合理安排设备材料进场。检查各项目部办公场所、驻地、材料站、施工现场配足配齐防暑降温药品，常态化配备足量的防疫药品、物品，并有专人负责落实。

图 6-21 器具存放

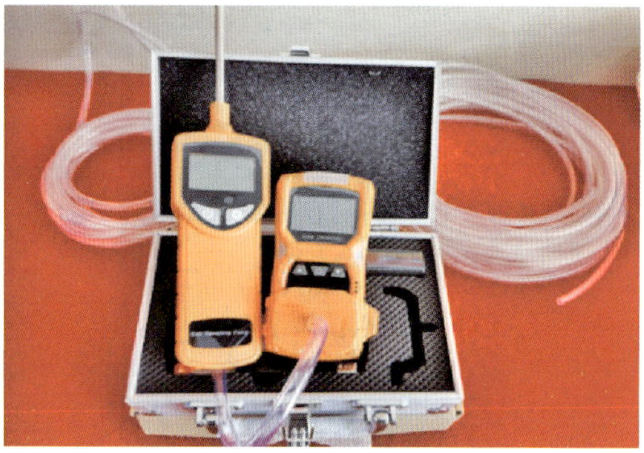

图 6-22 创新配置抽气泵

2. 整顿阶段

施工材料区按区域摆放，并规范标识，方便查找，易于搬运。废弃品或不良品放置在单独区域并专门管理，设有明显标识。按材料属性、用途、类别规范摆放到指定区域内，要求摆放整齐并加以标识。堆放时要牢固安全、整齐美观，横纵成行、便于收发，同时避免“需要的材料找不到，不需要的材料一大堆”等情况发生。

3. 清扫阶段

废弃品或不良品及时清退，避免大量堆积。材料仓库按区划分，材料、工器具、机械等分类清晰、摆放整齐（如图 6-23 所示），标识齐全、管理到位（如图 6-24 所示），保持环境整洁。将整理、整顿、清扫进行到底，并且制度化。

图 6-23 材料仓库物品分类放置

图 6-24 材料标识齐全有效

4. 清洁阶段

检查施工仓库建立台账，出入库记录完整，定期统计消耗量及需求量，并及时补充所需材料。对钢筋、地脚螺栓等易腐蚀材料需采取垫毡布、盖塑料布等防护措施，避免受潮、生锈。各种标志牌、设备操作规程标牌、安全围栏、消防器材架等材料设施，配备数量充足，清洁、清晰、完好。材料站“6S”管理要点如图 6-25 所示，地脚螺栓“6S”管理要点如图 6-26 所示，绑扎钢筋笼实体样板如图 6-27 所示，制作展板如图 6-28 所示。

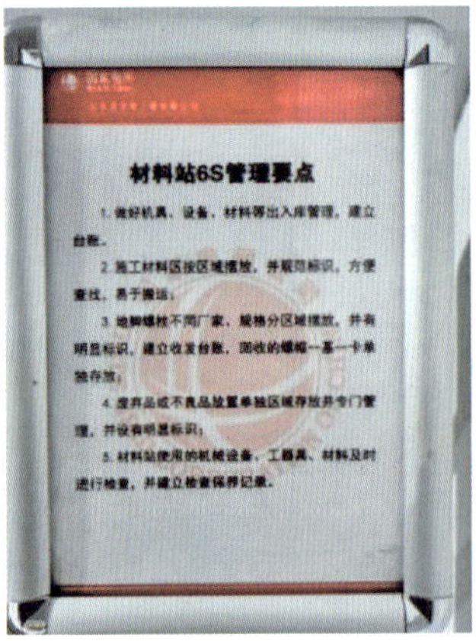

图 6-25 材料站“6S”管理要点

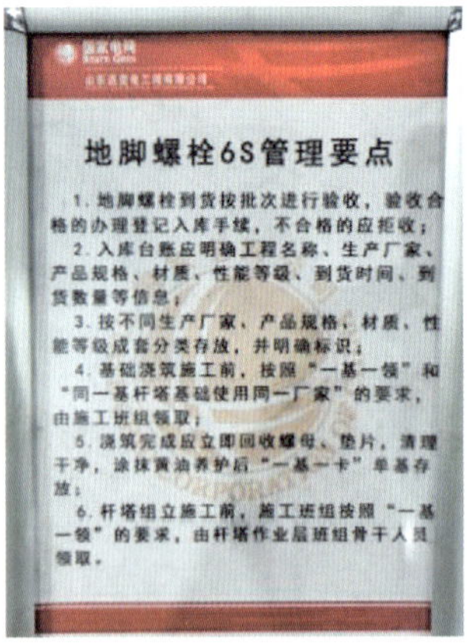

图 6-26 地脚螺栓“6S”管理要点

图 6-27 绑扎钢筋笼实体样板

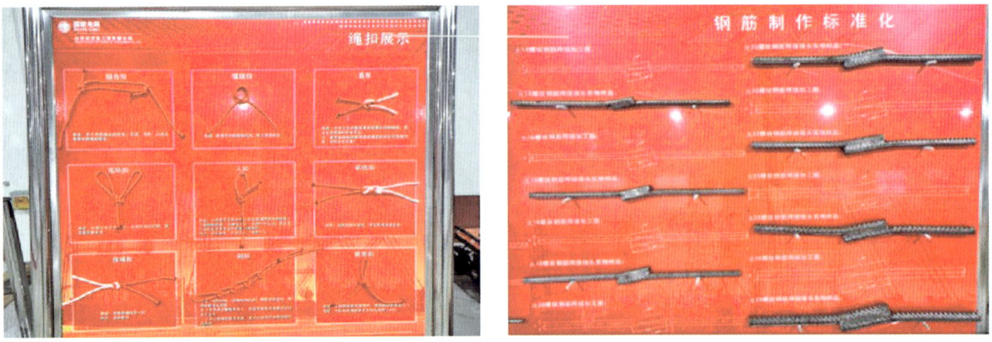

图 6-28 制作展板

5. 素养阶段

加强资料的管理，严格执行领料制度，做好材料发放台账记录，发放手续及时签字确认，做到发放有依据、追溯有据可查，节约材料，提高材料利用效率。

6. 安全阶段

材料站严格按照《安全文明施工标准》进行布置整理，在地面规划出安全通道，标识明显，材料站内设置了各类安全警示标志，配置了各类足量的消防器材设施。入场材料严格把控，所有材料开展进场检查，确保质量符合要求。

（四）应用“6S”管理模式，提升现场安全文明施工及绿色低碳施工水平

1. 整理阶段

工程及临建有策划，并按策划执行。现场及临建设施按标准化管理手册和《国家电网有限公司输变电工程安全文明施工标准化管理办法》的“输变电工程安全文明施工设施标准化配置表”进行配备。办公区、生活区、员工食堂、材料站、班组驻地、施工现场布置应规范整齐，“四牌一图”“风险公示图”“卫生制度”等图板齐全，如图 6－29 所示。

图 6－29　施工现场标准布置

2. 整顿阶段

办公、仓库、储物室区域划分明确，物品定位放置，标识正确。施工作业场地应进行封闭隔离，作业区应进行围护、隔离，外露土方、地面应进行防尘覆盖。尽可能少占耕（林）地等自然资源，严禁随意弃土，施工后尽可能恢复植被。现场工作要求如图 6－30 所示。

图 6－30　现场工作要求

3. 清扫阶段

项目部、仓库、作业场所干净、整洁。工作和办公场所整洁、摆放有序，制定相关规定或要求。每日作业结束前，各作业班组应专门拿出一定时间，对施工现场进行清理、清扫，切实做到“工完、料尽、场地清”，如图 6－31、图 6－32 所示。

图 6－31　宿舍内部整齐有序

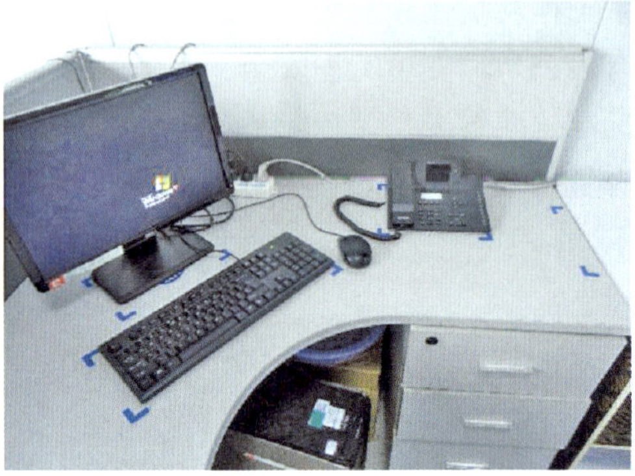

图 6－32　内网电脑及电话定置摆放

4. 清洁阶段

工作和办公场所整洁、摆放有序，现场合理设置休息区、吸烟区，并按规定管理。制定标准化、规范性文件，将整理、整顿和清扫环节的成果进行巩固，形成科学的管理制度，确保施工环境的整洁性，创造良好工作环境。围墙周边安装喷淋系统，站内设置两台雾炮机，站门口采用全自动工地洗车机，保证作业区域内清洁生产，对外环境影响最小化。疫情防控“6S”管理要点如图 6－33 所示，餐厅防疫要求如图 6－34 所示。

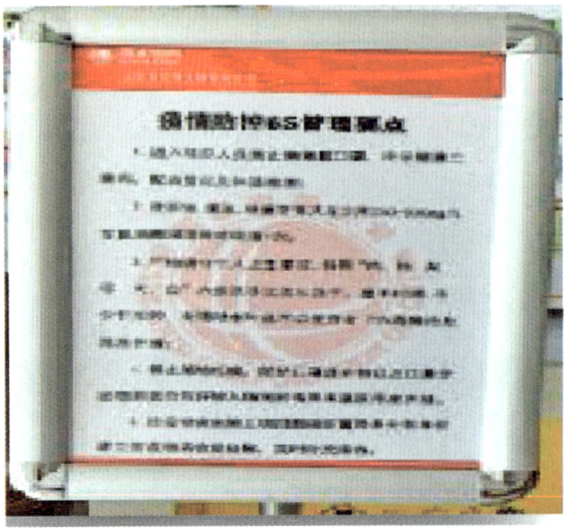

图 6－33　疫情防控“6S”管理要点

图 6－34　餐厅防疫要求

5. 素养阶段

按施工方案、技术交底内容进行现场安全、质量控制，并采取相应控制措施。施工人员要切实增强文明施工、绿色环保意识，自觉养成文明施工良好习惯，如图 6－35、

图 6－36 所示。

图 6－35 党建宣传活动

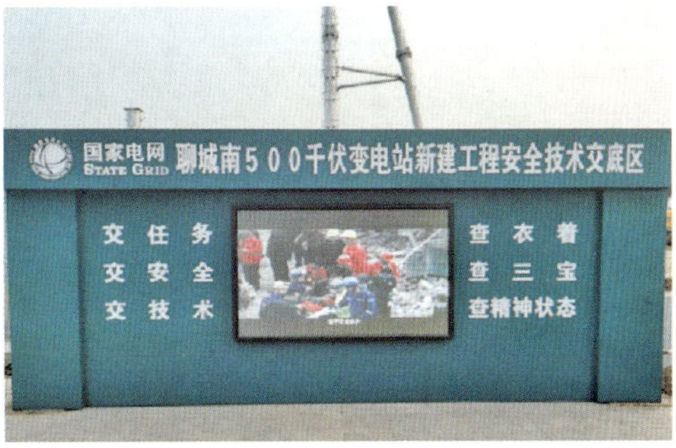

图 6－36 事故案例播放

6. 安全阶段

现场施工用电、安全设施配置规范，安全措施设置符合要求。健全安全文明施工费用台账和相应支撑材料、凭证，确保专款专用，有据可查。现场示范要点如图 6－37 所示，防尘装置如图 6－38 所示。

图 6－37 现场示范要点

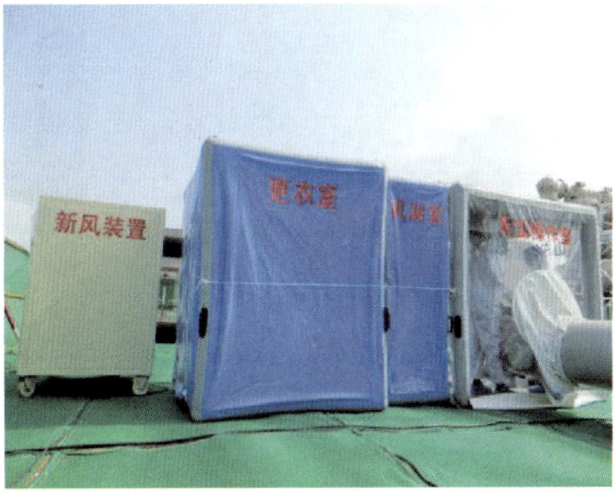

图 6－38 防尘装置

（五）应用“6S”管理模式，提升规范技术文件管理水平

1. 整理阶段

配置满足工程施工需要的基本规范、标准及重要通知，建立标准化执行清单，配备相应纸质版或电子版标准。各项目部按照标准化手册建立各专业档案，档案资料完备。各项目部各专业岗位梳理统计日常主要工作，建立工作任务台账，如图 6－39 所示。

2. 整顿阶段

规章制度、各级通知要求及施工文件及时进行分类识别，并对重要文件进行标识。对照岗位工作任务台账，理清工作主线，明确工作标准，合并重复工作，进行分类梳理，形成工作清单。工程资料单基管理、一基一档如图 6－40 所示，档案管理标准化如图 6－41 所示。

图 6-39　现场做到“工完、料尽、场地清”

卷内目录

序号	内容	份数	备注
1	复测定位	1	
2	交桩记录	1	
3	基础施工图	1	
4	交底记录	1	
5	单基策划	1	
6	计量器具报告	1	
7	原材料检测报告	1	
8	安全用具台账	1	
9	工作票	1	
10	站班会	1	
11	基础施工记录	1	
12	项目自检基础本体质量	1	
13	试块报告	1	
14	接地施工记录	1	

图 6-40　工程资料单基管理、一基一档

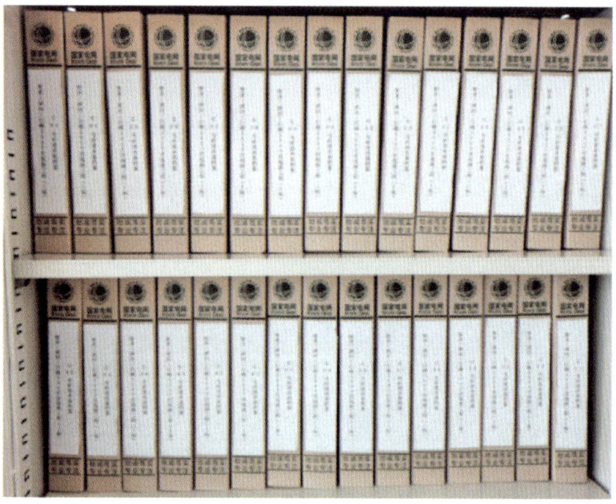

图 6-41　档案管理标准化

3. 清扫阶段

现场使用机械设备、工器具、材料及时进行检查，并建立检查保养记录。项目部各岗位对照工作清单，明确主要工作、次要工作、临时性工作、存在问题与薄弱环节，制定解决措施，动态修订完善清单内容，如图 6-42、图 6-43 所示。

4. 清洁阶段

建立相应的机械、材料管理措施或办法。对工作任务中存在的问题制定措施或办法，按照措施执行。项目部各类安全活动、各类检查按规范开展，活动、检查取得实效，如图 6-44 所示。

5. 素养阶段

建立奖惩考核机制以提高员工的自觉性，对员工进行量化考核。严禁盲目增加分包队伍和作业现场，造成“超载”管理，作业计划制订科学合理。班组应用“e 安全”对人员进行实名制管控、上报作业计划和记录风险管控情况；“e 安全”应用由班组实施，数据与实际一致，坚决杜绝班组管理资料与实际不一致的情况发生，如图 6-45、图 6-46 所示。

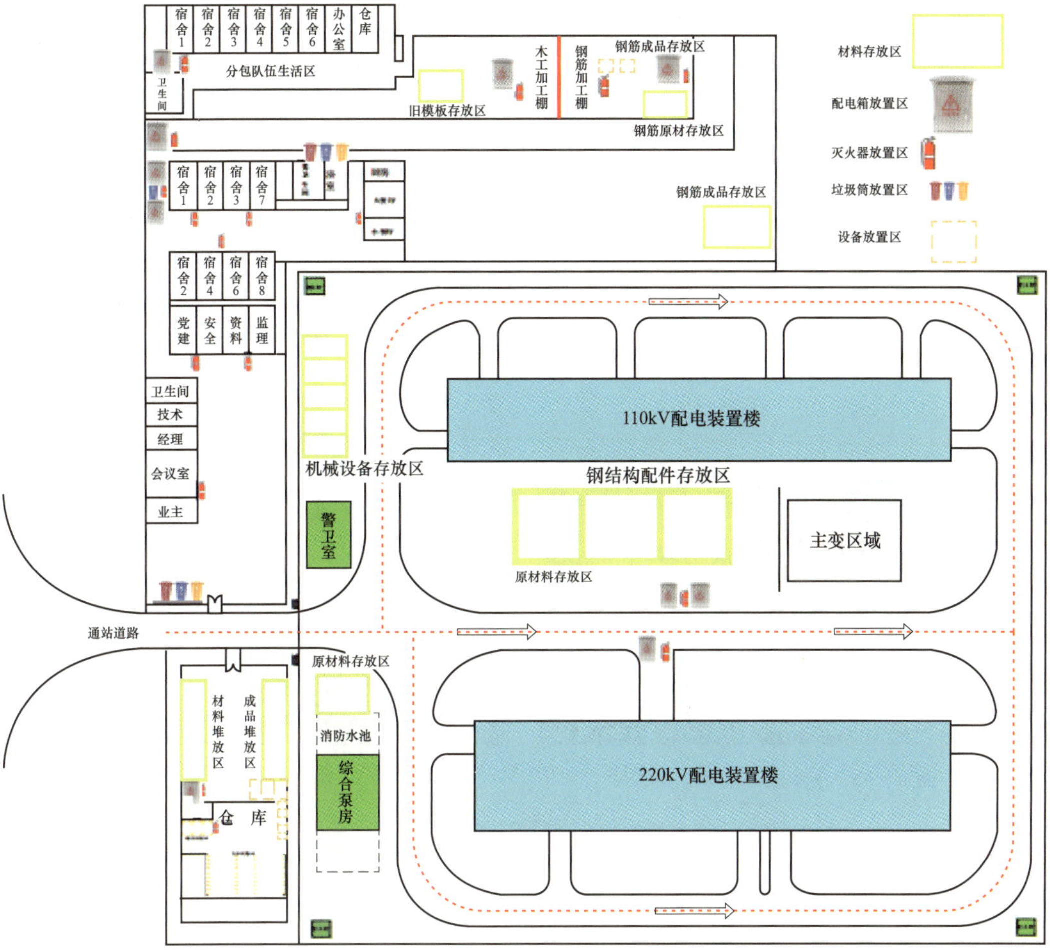

图 6－42　各区域定置存放布置图

图 6－43　现场工作要求

图 6－44　仓库采用智能化软件管理

图 6－45　基础养护 6S 管理要点

图 6－46　基础浇制 6S 管理要点

6. 安全阶段

现场施工人员作业规范，安全防护用品及工器具正确使用，现场消除安全隐患。严格落实“五禁止”，在有限空间内作业，禁止不配备使用有害气体检测及通风装置；开展组塔架线高空作业，禁止不配备使用攀登自锁器及速差自控器；水上作业或乘坐船舶时，禁止不配备使用救生装备；紧断线平移导线挂线，禁止不交替平移子导线；组立超过 30 米的抱杆，禁止使用正装法，如图 6－47、图 6－48 所示。

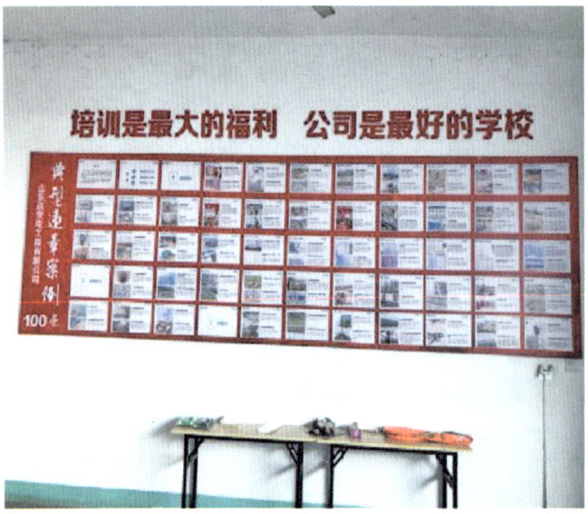

图 6－47　编制“安全常见病 100 条”

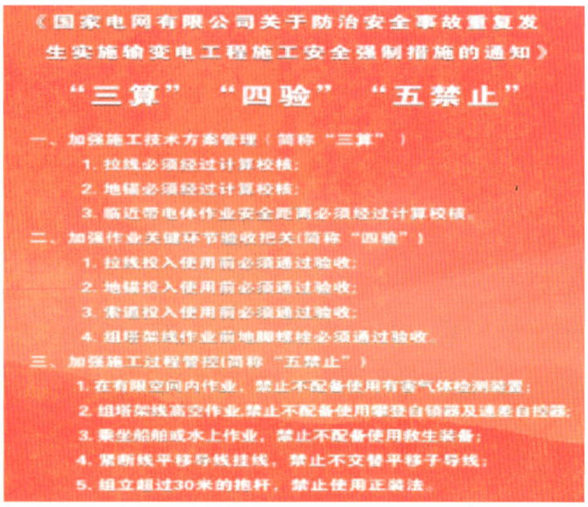

图 6－48　全面落实“三算”“四验”“五禁止”

四、结果评析

通过基于高质量电网建设下的“三型三化三全三标”项目部管理体系在聊城南输变电建设过程中的应用，实现了电网建设现场业主监理施工，三个项目部主导管控能力不断增强，业务技能水平持续提升，工作制度标准进一步优化完善，党员先锋模范作用得到充分发挥，该体系在山东电网特高压工程管理实践中取得了良好的效果，具有推广价值。

（一）安全管理效益

工程建设达到预期安全目标，未发生任何安全事件，人身安全、设备安全、电网安全，实现“零事故”。同时，业主、监理、施工三个项目部主导作用和执行力持续增强，业主“层层衰减”、监理“形同虚设”、施工“以包代管”等问题得到了根本解决，取得了良好的安全管理效益。

（二）质量管理效益

进一步完善工程管理流程及标准，实现了“横向到边、纵向到底”，做到有章可循，工程验收缺陷数量明显降低。各类设备核心部件实现“零缺陷”供货，主设备实现“零隐患”安装，主变压器、GIS 等主要设备均一次性合格通过耐压试验，实现一次送电成功，工程验收缺陷数量创造了较低验收缺陷数量新纪录。

（三）生态效益

坚持绿色施工，以“绿色行动”和“清洁能源”为宗旨，提前开展专项策划，组织讨论制定施工方案及环保水保专项措施，充分利用现代化智能手段，减少房屋拆迁、林木砍伐和农田占用，极大地提高效率、节省资源和降低成本，做到工程建设与环境保护和谐共生。

第二节　“一基一档一方案”线路工程管理模式

贝州输变电工程典型经验案例

【摘　要】按照项目“五制”（项目法人责任制，招标控制，工程监理制、合同制）要求，组织开展项目建设，落实项目经理责任制，强化项目管理策划落实、合理安排建设进度升级，严格合理执行工期，实现依法开工、有序推进、均衡投产，确保工程项目建设任务全面完成。线路工程复测定位过程中，业主项目部按照“一基一档一方案”的要求，组织属地公司、设计单位、施工单位、监理单位、运行单位逐基逐档确认塔基永久占地、地面附属物赔偿范围、临时施工占地、施工进场道路。形成终勘定位汇总表、电力线跨越统计表、铁路公路跨越统计表、行政区划表、复测定位调查表，以及总结定位阶段发现的问题。基本明确施工临时占地和永久占地范围。

【关键词】线路工程；通道清理；占地范围

一、背景描述

贝州输电线路工程位于山东德州市，新建铁塔81基，塔基占地多处在农作物种植地，线路跨越档内有12处林木需砍伐，4处房屋需拆除，民事协调难度大，砍伐手续办理问题多，还易出现抢栽、抢建的现象，给后续数量确认造成影响。所以，加强工程前期管理，将民事协调、手续办理落实到每基塔、每个档距内显得尤为重要，以此来杜绝多拆、多砍、重复赔偿等现象，规范工程管理模式。

为顺利完成工程建设，总结出“及时对接、共同研判、难点突破”等好的工作做法，印发《贝州输电线路工程“一基一档一方案”线路工程管理模式》，结合工程特点实际予以施行，联合属地单位、运维单位在终勘及初设阶段配合设计单位开展前期工作，参与选线定点，并按照统一的摸底调查和线路普查工作模板收集相关信息，以每一基铁塔为单位建立“一基一档”前期档案，主要内容包括塔基位置、青赔数量、场地现状等方面，并制定了“一基一档”工程档案表、单基风险评估表和施工图线路路径优化档案图表（如图6-49所示）。

“一基一档”前期档案建立后，属地单位根据相关信息对工程建设进行风险预估，辨识潜在风险的类别，分析其可能影响的程度。按照风险可能引发的事件影响范围及严重程度、协调难度大小实行分级评估预警机制。对可能引发群体事件的风险，需要属地单位及时向设计单位反馈，要求设计单位制定有针对性的措施，采取避开、高跨或进一步加大初设深度等风险响应机制，将风险化解在萌芽状态。

二、存在问题

一是工程完成验收后，统计房屋拆迁、林木砍伐等实际数量，与前期确认工作量存在差异。

二是施工临时占地范围不明确。

三是民事协调问题易出现反复。

三、问题分析

一是工程建设前期流于形式，未有效统计房屋拆迁、林木砍伐量；验收阶段砍伐树木范围超出标准，通道保护力度不足，出现过度砍伐、重复栽种现象，致使前后数量不一致。

二是施工团队对临时占地概念缺乏理论知识，为便于施工擅自扩大占地面积。建设、监理单位未对临时占地进行管控，未按照设计图纸进行把关，疏于管理，存在放之、任之的态度。设计深度不足，未能考虑到现场实践情况，所列临时占地面积不足。

一、基本信息

<table>
<tr><td colspan="2">计划施工日期</td><td>至</td><td>基础型式</td><td></td><td>行政区域</td><td>即墨区××街道；崂山区××街道；域阳区××街道</td></tr>
<tr><td colspan="2">永久占地面积</td><td>441</td><td>临时占地面积</td><td></td><td>进场道路面积</td><td></td></tr>
<tr><td rowspan="3">协调项目提示</td><td>房屋</td><td>青苗</td><td>厂矿迁移</td><td>种、养殖大棚</td><td>复垦</td><td>果木砍伐</td></tr>
<tr><td>坟墓拆迁</td><td>跨越手续</td><td>水利设施改造</td><td>三线迁改</td><td>还建道路</td><td>地下灌溉管线</td></tr>
<tr><td>林木砍伐</td><td>机水井</td><td>建构筑物拆除</td><td>其他迁移</td><td></td><td></td></tr>
<tr><td>场地现状</td><td>永久占地</td><td>临时占地</td><td>临时道路</td><td>倒运索道场地</td><td>牵张场地</td><td>跨越场地</td></tr>
<tr><td colspan="2">协调难点</td><td colspan="5"></td></tr>
</table>

二、基础卫星图

备注

图 6-49 “一基一档”工程档案表

三是协调问题突发状况及不可控因素较多，也存在工作职责细化不到位、责任落实不明确、未督促属地公司签订赔偿协议等问题。未提前在复测阶段确认塔基永久占地、地面附属物赔偿范围、临时施工占地、施工进场道路等，造成施工阶段协调难度大，易出现反复。

四、改进措施和方法

采取“一基一档一方案”的管理模式。

（一）设计单位

在立项阶段、可研阶段、初设阶段三次工程现场实地勘察，动态修订设计方案，累计修改需砍伐、迁移范围 5 处，保证初设概算满足青赔需求，发挥工作关口前移功效。

（二）建设单位

明确建设单位在可研、初设阶段的参与深度，防止因设计深度不足而造成规划冲突、青赔概算计列不足等问题，按照不同工程阶段制定了不同的工作方向。根据前期设计情况及属地协调问题等组件督办工作组；及时与设计单位签订工程设计合同，明确建设单位与设计单位之间的权力和义务；成立工程属地协调工作小组，并与各协调小组签订工程协调工作协议，召集工程设计单位、工程沿线各属地协调工作小组召开碰头会等。

在工程实践中加强“一基一档”机制的贯彻执行，加强措施的监督指导。一是要求相关单位在工程开工前将“一基一档”资料提交建设单位，建设单位根据“一基一档”资料组织进行评审；二是建设单位在工程建成投运后一个月内，对设计单位及属地单位“一基一档”工作开展情况进行综合评价。

（三）属地单位

根据实际工作有针对性地开展培训工作；深化对各个塔基排定计划有序开展协调工作；加强对协调问题的收集和分析，有针对性地及时调整工作方案，以适应总体环境变化。

（四）监理单位

在日常监督中，为避免参建各方在属地协调中推诿扯皮，贻误战机，在明确各方职责的情况下，监理单位按月收集施工进展情况，及时发现存在的问题，上报建设单位。

（五）施工单位

加强安全文明施工理念，避免盲目施工、暴力施工现象，参与“一基一档一方案”的过程跟踪与实施，严格遵守划定的临时占地范围，杜绝超出范围造成赔偿扩大化。

五、结果评析

（一）清理工程隐患，降低施工风险

在项目开展前期，民事协调始终是工程管理的一大重点。在输变电工程日益发展壮大的新时代背景下，工程的组织和管理者应当防患于未然，在工程施工之前按照“一基一档”原则开展各项问题排查工作，建立健全各项机制，将问题最小化，质量、效率最大化。本项目通过建立“一基一档”工作模式，加大设计深度，明确工作重点和方向、积极协调各参建单位，相较于以往同类型重点工程压缩了工期约 24 天，间接节省费用约 132 万元。

（二）优化协调，减少投资

贝州输变电工程通过推行“一基一档”前期工作机制，建设单位、属地单位通过参与选线定点，收集相关资料，及时对该段进行预警，得到设计单位的高度重视，在

反复踏勘下，初设阶段将该段路径优化，避免了后期施行受阻，为工程节约了近 300 万元。

同时，通过推行“一基一档一方案”线路工程管理模式，有效避免抢栽抢建现象，青苗及设施赔偿费有效减低，节省工程投资约 132 万元；化解了风水树以及拟建小型机场等重大协调风险。

（三）推行工作模式，提升工程效率

通过推行“一基一档一方案”线路工程管理模式，形成了以“一基一档一方案”为主线，公司建设部、建设单位、业主项目部、属地单位、各参建单位共同出力的工作新局面，建立健全了电网建设内外部协调工作机制，将属地协调工作全面深入至项目管理之中，固化了内外部沟通渠道，提高了协调效率，积极营造了工程管理特别是工程推进的有利条件。

第三节 全面优化施工现场设备 提升绿色施工评价合格率

输电线路工程绿色施工典型经验案例

【摘 要】绿色施工作为工程建设全寿命周期中的一个重要内容，是实现工程建设绿色低碳、经济高效及资源节约的关键环节。绿色施工是指工程建设中，在保证质量、安全等基本要求的前提下，以人为本，因地制宜，通过科学管理和技术进步，最大限度地节约资源，减少对环境产生负面影响的施工及生产活动。其中，节能与能源利用又是绿色施工中最为关键的环节。目前，部分输电线路工程施工过程中仍存在耗能巨大及能源利用率偏低的情况，亟须提高输电线路工程节能与能源利用评价合格率。

【关键词】全生命周期；节能与能源利用

一、背景描述

绿色施工是目前工程建设的重要内容与工程创优的重要指标，提高绿色施工评价合格率贯彻了国务院《关于加快建立健全绿色低碳循环发展经济体系的指导意见》文件精神，深入践行绿色发展理念，通过科学管理经验和技术创新成果，实现“五节一环保”。贯彻了国家电网有限公司《国家电网有限公司关于印发“碳达峰、碳中和”行动方案的通知》，减少工程碳排放，稳步、有序推进输变电工程绿色建造工作，落实“两型三化”建设理念，争创国网一流的建设公司，提高输电线路工程绿色施工评价水平。

目前，公司工程监理管理部对现有的输电线路工程节能与能源利用情况进行了摸底调查，根据 GB/T 50905—2014《建筑工程绿色施工规范》、GB/T 50640—2010《建筑工程绿色施工评价标准》及国家电网有限公司《输变电工程绿色建造评价指标体系》，输电线路工程节能与能源利用评价要素分为控制项、一般项和优选项三类指标，其评价等级分为不合格、合格、优良，评价指标和评价等级共同构成节能与能源利用评价体系。调查采用每个工程抽取两个现场的方式，对国核示范 500kV 送出工程（威海段）、临沂七里沟 220kV 输变电工程等 19 个在建工程现场进行现状调查及评价打分，调查发现工程现场的节能与能源利用评价合格率不足 80%。

二、优势提炼

1. 经济效益分析

通过提高绿色施工管理水平，提高了输电线路节能与能源利用评价合格率，有效减少了现场燃油消耗及临时用电量，提升了能源利用率，减少了以内燃机排放的空气污染为主的环境污染，节约了燃油费用，降低了后期环保成本，节省施工成本约 4.5 万元（5×1 万元－0.5 万元=4.5 万元），贯彻了“一次成优、过程创优”理念，提高了经济效益。实现了工程安全可靠、质量优良、工艺先进、环保节约的工程建设目标。

2. 社会效益分析

通过提高绿色施工管理水平，提高了输电线路节能与能源利用评价合格率，最大限度减少了对环境的负面影响，为后续工程创优工作打下了坚实基础。同时，确保了输电线路在“全寿命周期”内安全运行，带来良好的社会效益。

三、主要做法

（1）经过对现场的调查分析，发现施工现场的插电式振捣棒平均占比高达 73.4%，储能式振捣棒平均占比仅为 6.6%，汽油式振捣棒平均占比为 20%，插电式振捣棒占比高会导致现场发电机负荷增大，耗油量增大，直接导致现场节能与能源利用率偏低等问题。针对该问题的解决方式为：选择使用储能式振捣棒替代插电式振捣棒，使用前后对比见表 6－1。

表 6－1　储能式振捣棒使用前后占比统计

序号	储能式振捣棒使用前占比（%）	储能式振捣棒使用后占比（%）	符合标准
1	0	100	是
2	0	60	是
3	0	66	是
4	33	100	是
5	0	80	是

采用储能式振捣棒替换现有的插电式振捣棒和汽油式振捣棒之后，现场的燃油发电机负荷显著降低，燃油消耗量明显降低，能源利用率得以提高。储能式振捣棒可以脱离线的束缚，操作更便携；针对峰谷电价，储能式振捣棒可以使用夜间谷价电进行充电，具有良好的经济效益。此外，采用储能式振捣棒也显著降低了汽油机、柴油机的废气排放，提高了空气质量。

（2）经过对现场的调查分析，检查发现在钢筋笼焊接等作业中，普遍采用大功率电焊机，且在焊接过程中未采用节能措施，电焊机焊接采用的线缆长度均大于 5m，线损造成极大的功率浪费，且均未安装节电装置，导致电焊机空载时仍保持较大电流，造成电能浪费，降低了能源利用效率，导致现场节能及能源利用评价不合格。解决该问题项目实施如下：

根据电焊机与焊接件的距离，适当缩短线缆长度。电焊机与焊接工件的距离在 3m 左右最佳，最远不超过 10m，节能效果才好；当焊机二次电流为 300A 时，一条 10m 长的 XHH－120 型电缆，线损约为 140W；如果使用一条长为 40m 的 XHH－50 型电缆，线损为 1400W，其损耗相差 10 倍，改进后，电焊机与焊件距离统计见表 6－2。

表 6－2　　电焊机与焊接件距离统计　　（m）

序号	焊机与焊件原距离	焊机与焊件现距离	符合标准
1	8	3	是
2	9.5	3	是
3	15	3	是
4	10	3	是
5	20	3	是

针对空载电流偏大的问题，本项目采用加装空载节电器，减小电焊机空载电流。空载节电器加装在电焊机的一次回路（初级回路）、作为一种电源开关使用，可以自动监测和控制电焊机工作状态，起到节能降耗的作用。例如一台 18.4～31kVA 的交流电焊机，原空载电流为 3.5～9A，加装空载节电器之后，空载电流为 0.8～2.2A，即空载耗电量可降低近四分之三。

（3）通过调查施工现场的照明灯具使用情况，线路工程的施工现场、项目部、生活区照明主要以荧光灯具为主，节能 LED 灯具使用较少，LED 灯具平均占比仅为 56%，照明用电造成了一定的浪费，导致节能及能源利用评价扣分，为解决该问题，项目实施如下：

使用 LED 照明灯具替换现有的荧光灯具、金卤灯具。LED 灯的效率为白炽灯和荧光灯的 2 倍以上，大大降低照明用灯功率，实现节能。LED 照明灯具使用前后占比情况见表 6－3。

表 6-3　　LED 照明灯具使用前后占比统计

序号	LED 照明灯具使用前占比（%）	LED 照明灯具使用后占比（%）	符合标准
1	35	100	是
2	50	90	是
3	70	100	是
4	65	85	是
5	60	95	是

采用太阳能灯具。太阳能路灯利用自然光照，减少了电能消耗；太阳能路灯无污染、无辐射，符合现代绿色环保观念，且太阳能灯具不使用交流电，采用蓄电池储存太阳能，把低压直流电转化为光能，不存在安全隐患，寿命长。采用 LED 照明灯具替换荧光灯具、白炽灯具，并在部分现场采用太阳能照明灯后，照明用电量显著降低，实现了工程建设中的照明节能，提高了能源利用率。

四、结果评析

（一）项目主要亮点

该项目针对现场调查的三个主要问题，通过提高新型储能式振捣设备占比、减少焊接线损，降低空载功率、提高节能照明灯具占比等方法，提高输电线路工程节能与能源利用评价合格率，成功地将绿色施工评价合格率由之前的不足 80%提升至 90%以上，并就如何提高输电线路节能与能源利用评价合格率制定了《输电线路工程节能与能源利用控制措施》，结合项目实施过程的亮点及要点，可以在输电线路工程的建设管理中予以推广。

（二）注意事项及完善建议

项目中现场采用储能式振捣设备替代插电式振捣设备，要注意储能式振捣设备的功率是否满足混凝土浇筑作业过程中的振捣要求，并根据作业时长与内容合理配备锂电池等配件。

对于项目中所替换采用的 LED 照明灯具、太阳能照明灯具、储能式振捣棒、电焊机空载节电器要选择质量保证、信誉可靠的设备厂家的产品。良好的设备厂家是项目顺利实施的保证，是项目投资收益的重要基础。

（三）推广策略

1. 目标用户市场

目前，全国各省电力公司下属的建设公司、送变电公司、市供电公司，输电线路工程施工作业情况仍较为粗略，在燃油使用、临时用电方面仍存在利用效率不高的情况，通过本项目，可以直接节约燃油及临时用电消耗量，获得经济效益，且在施工过程中可以大大降低各类排放，最大限度地减少对环境的影响，节省后期的环保支出，并带来良好的社会效益。

2. 推广策略建议

不同地区、电压等级的输电线路工程，在绿色施工方面存在的问题不尽相同，建设管理水平也略显参差不齐，因此针对不同用户的水平差异，制定个性化、有针对性的解决方案是很有必要的，可以通过收集各项目相关案例经验材料，建立“典型绿色施工改进案例库”，进而更好地结合自身项目情况，解决相关问题，保证项目实施的效果和准确性。

第四节　电网建设工程绿色施工监理全过程标准化管理体系实施

【摘　要】为了践行绿色发展理念、体现责任担当，推进电网工程高质量建设和绿色建造水平，最大限度地节约资源和能源，减少污染、保证施工安全，减少施工活动对环境造成的不利影响，实现与自然和社会的和谐发展，亟须在施工过程中开展电网建设工程绿色施工监理全过程标准化管理，切实做好节地、节水、节能、节材、环境保护、水土保持等方面的工作。依托国核 500kV 送出工程（威海段）、文登抽水蓄能电站送出工程开展电网建设工程绿色施工监理全过程标准化管理，助推建设工程绿色施工监理工作更加规范化、标准化、制度化，提升文登抽水蓄能电站送出工程绿色施工管理水平。

【关键词】输电工程；绿色施工；创新；监理全过程管理

一、背景描述

“十四五”新发展格局赋予电网新使命，“碳达峰”“碳中和”带来电网发展建设新挑战，山东东部核电、海上风电等清洁能源加速发展，抽水蓄能、电化学储能等将大力建设，电网作为能源配置平台，承载着清洁能源送出、服务绿色发展的重大责任使命，亟须从形态、技术、功能、价值等方面转型升级为能源互联网。

当前，国家电网有限公司正处于建设具有中国特色国际领先的能源互联网企业战略突破期，电网建设工程绿色施工工作应主动对接国家电网有限公司战略目标，积极承担对社会、环境及公众的责任和义务，提升企业形象。

为了践行绿色发展理念、体现责任担当，推进电网工程高质量建设和绿色建造水平，亟须在施工过程中开展电网建设工程绿色施工监理全过程标准化管理，促使电网建设项目绿色施工监理工作更加规范化、标准化、制度化，从而进一步提升电网建设项目绿色施工管理水平。

国核 500kV 送出工程（威海段）全线基础共计 432 基，路径地貌单元为剥蚀丘陵、丘间凹地及局部为河流侵蚀堆积形成的冲洪积平原，地势起伏变化较小，地形相对平缓开阔，地形条件较好，道路交通状况较好。铁塔基础采用直柱板式基础、灌注桩基础、掏挖基础、挖孔桩基础、岩石锚杆基础等基础形式；文登抽水蓄能电站送出工程均为省公司 2021 年重点工程，全线路径分布在山区丘陵地带，交通条件不便，周围环境较为敏感，约 70%以上的铁塔基础采用人工挖孔桩、微型群桩，基础形式复杂多样，依托此两项工程开展绿色施工监理全过程标准化管理，是紧密围绕加强智能电网高质量建设，坚持绿色发展，注重智慧赋能的题中之意，与推进绿色建造的目标相一致，切实落实“四节一环保”措施，符合电网建设工程绿色环保、节能降耗的发展方向，能够充分发挥示范引领作用。

二、创新亮点

一是深入剖析电网建设工程绿色施工特点，建立绿色施工监理全过程标准化管理体系，创新绿色施工监理管理手段，利用无人机＋3D 精准建模技术，评估施工通道内树木数量与高度、房屋面积等信息，实现民事赔偿辅助决策，提升电网建设工程绿色施工管理水平，积极承担对社会、环境及公众的责任和义务。

二是利用“微视频”等方式开展绿色施工转学培训，强化监理项目部在工程施工全过程中的管控工作。以此为基础，为电网工程绿色施工监理工作提供理论指导，进一步规范监理管理行为，利用新方法、新手段、新模式，提升绿色施工监理全过程标准化管理水平。

三是建立完善一套完整的电网建设工程绿色施工监理全过程标准化管理制度体系，形成工程绿色施工监理工作方案、绿色施工方案审查要点、无人机在监理工作中的应用技术报告等一系列制度文件，进而指导监理人员规范开展工程绿色施工监理工作，确保工程不发生环境污染事件，实现工程绿色建设目标。

四是基于电网建设工程现状，破解绿色施工监理手段单一、体系不健全等难题。创新绿色施工监理管理工作主要做法，形成较为完整、严谨、清晰的管理思路，总结监理工作新手段、新方法、新模式，为电网建设工程绿色施工监理管理提供理论依据。

三、主要做法

为贯彻国家“创新、协调、绿色、开发、共享”的发展理念，在保证输变电工程安全、质量等基本要求的前提下，通过科学管理和技术进步，最大限度地节约资源，减少对环境的负面影响，不发生环境污染事件，实现节能、节地、节水和环境保护的目标。依托国核 500kV 送出工程（威海段）、文登抽水蓄能电站送出工程，开展绿色施工监理全过程标准化管理，进一步助推绿色施工，实现“资源节约、环境友好”“与居民友善、与环境和谐”的建设目标。以安全可靠、绿色环保、节能降耗等为主要方向，最大限度地降低因工程施工给周围环境带来的诸多负面影响。

一是完善绿色施工监理工作流程。中标一个月内，签订项目监理合同，及时成立监理项目部，配备绿色施工监理人员，定期召开月度监理例会，开展现场检查，下发检查问题通知单，及时编写阶段性成果报告，如图 6－50 所示。

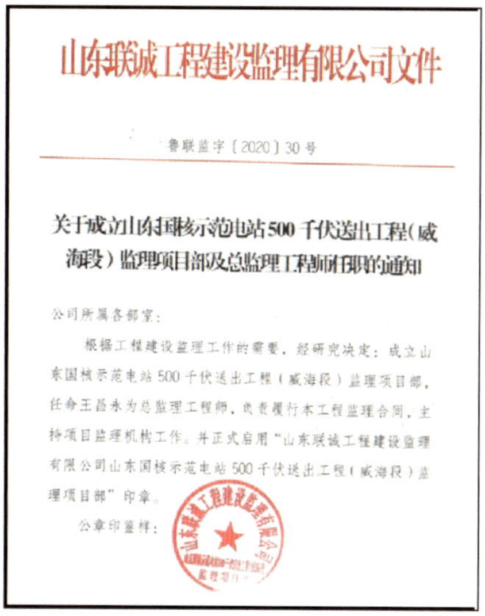

山东联诚工程建设监理有限公司文件

鲁联监字〔2020〕30号

关于成立山东国核示范电站500千伏送出工程（威海段）监理项目部及总监理工程师任职的通知

公司所属各部室：

根据工程建设监理工作的需要，经研究决定：成立山东国核示范电站500千伏送出工程（威海段）监理项目部，任命王昌永为总监理工程师，代表履行本工程监理合同，主持项目监理机构工作。并正式启用“山东联诚工程建设监理有限公司山东国核示范电站500千伏送出工程（威海段）监理项目部”印章。

公章印鉴样：

图 6－50　监理项目部成立文件

二是做实做细绿色施工监理策划。开工前，严格审查施工项目部报审的《绿色施工方案》，认真分析工程环境敏感点和薄弱点，制定切实可行的预控措施，监督施工项目部做好绿色施工交底工作，确保国核示范、文登抽水蓄能工程成为推行绿色施工成效显著的工程，实现争创绿色施工示范工程目标。特别是针对工程所处山东半岛地区，应根据现场实际情况保证针对半岛地区气候和环境条件的绿色施工工艺现场落实，形成有效的绿色施工管理措施。文登抽水蓄能监理绿色施工工作策划如图 6－51 所示，国核示范绿色施工方案如图 6－52 所示，国核示范绿色施工环保实施检查如图 6－53 所示，绿色施工策划会议如图 6－54 所示。

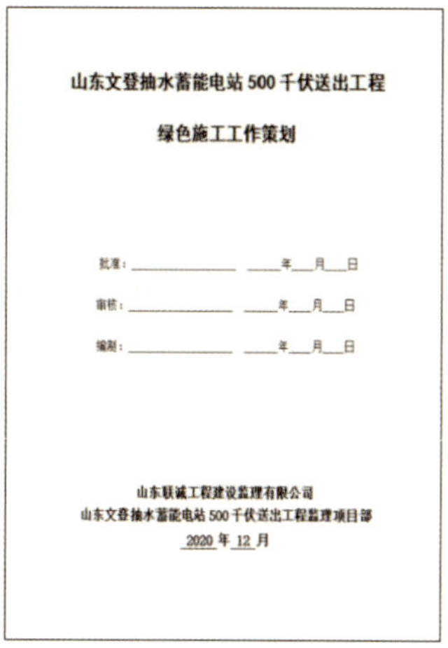

山东文登抽水蓄能电站500千伏送出工程

绿色施工工作策划

批准：__________ ____年__月__日

审核：__________ ____年__月__日

编制：__________ ____年__月__日

山东联诚工程建设监理有限公司

山东文登抽水蓄能电站500千伏送出工程监理项目部

2020年12月

图 6－51　文登抽水蓄能监理绿色施工工作策划

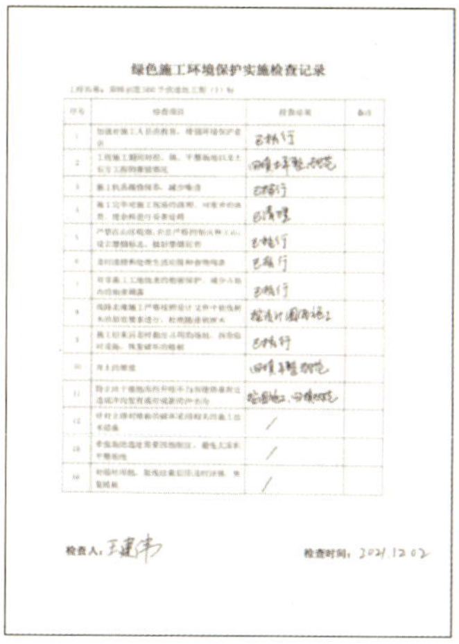

绿色施工环境保护实施检查记录

检查人：

检查时间：

图 6－52　国核示范绿色施工方案

国核示范500千伏送出工程

（3标）

绿色施工方案

图 6－53　国核示范绿色施工环保实施检查

图 6－54 绿色施工策划会议

三是创新绿色施工监理管理手段。利用无人机＋3D 精准建模技术辅助民事赔偿。通过无人机拍摄输电线路路径原貌，对施工前－中－后的现场进行全周期视频图像智能分析，评估施工通道内树木数量与高度、房屋面积等信息。实现民事赔偿辅助决策和工程投资的精确控制，降低工程施工给周围环境带来的负面影响。国核示范、文登抽水蓄能线路无人机勘测分别如图 6－55、图 6－56 所示。

图 6－55 国核示范线路无人机勘测

图 6－56 文登抽水蓄能线路无人机勘测

四是掌握绿色施工监理工作方法。通过文件审查、巡视、旁站、见证、走访调查、签发监理指令及协调等监理工作方法，对电网建设工程绿色施工进行标准化管理。监理项目部及时留存绿色施工过程控制数码照片影像资料，及时填写监理日志等过程记录。标杆塔组立前监理初检如图 6－57 所示，导线压接试件见证取样如图 6－58 所示，材料厂检查如图 6－59 所示，平衡挂线安全旁站如图 6－60 所示。

五是采取多种形式开展绿色施工专项培训。针对绿色施工监理控制要点，制作“微视频”下发各工程项目部开展专项培训，提升工程现场监理人员业务技能和专业水平。防火应急演练如图 6－61 所示。

图 6－57　标杆塔组立前监理初检

图 6－58　导线压接试件见证取样

图 6－59　材料厂检查

图 6－60　平衡挂线安全旁站

六是积极配合绿色施工专项验收与评价。项目总监理工程师为绿色施工监理第一责任人，由项目总监组织各专业监理工程师积极配合环水保专项验收与绿色施工专项评价，并做好验收评价问题的整改闭环。绿色施工监理控制要点录制如图 6－62、图 6－63 所示。

图 6－61　防火应急演练培训

图 6－62　绿色施工监理控制要点录制

图 6-63　绿色施工专项检查

四、结果评析

通过在国核 500kV 送出工程（威海段）、文登抽水蓄能电站送出工程开展电网建设工程绿色施工监理全过程标准化管理，形成典型工程绿色施工监理工作方案、绿色施工方案审查要点、无人机在监理工作中的应用技术报告，指导监理人员规范开展工程绿色施工监理工作，助推电网建设项目绿色施工监理工作规范化、标准化、制度化，极大提升了电网建设项目绿色施工管理水平，该管理标准可在 110kV 及以上电压等级电网建设工程中推广应用，在电网建设工程监理领域具有广阔的推广应用前景。

面对“十四五”电网发展建设新挑战，电网承载着清洁能源送出、服务绿色发展的重大责任使命，开展电网建设工程绿色施工监理全过程标准化管理，有效地结合公司建设具有中国特色国际领先的能源互联网企业战略目标，提升电网建设工程绿色施工管理水平，确保工程不发生环境污染事件，实现工程绿色建设目标，积极承担对社会、环境及公众的责任和义务。

第五节　多维度构建新型绿色建造体系

沭河输变电工程典型经验案例

【摘　要】临沂沭河（莒南）500kV 输变电工程坚持以工程总体策划为引领，充分发挥建设单位（业主项目部）现场管理“核心枢纽”作用。沭河 500kV 变电站从绿色建造角度出发，自开工伊始在技术手段、工期计划、工艺创新等方面开展绿色建造，通过构建环境保护及绿色建造管理体系、资源节约与循环利用体系、科技创新与绿色可持续发展体系，节约用地，加强绿化，保障生态环境，降低环境噪声污染及现场空气污染，以新型标准化设计促进低碳排放、节能环保，通过自主研发软件提高设计效率和质量，同时为现场施工提供有效协助，真正实现“四节一环保”的目的，并且在过程中衍生了不同的工艺创新，在绿色施工的同时更加确保工程质量。

【关键词】输变电工程；绿色建造

一、背景描述

“十四五”是我国碳达峰的关键期、窗口期。据中国建筑节能协会所提供的数据，我国建筑全过程能耗占到全国能源消费总量的45%，碳排放量占到全国排放总量的50.6%，具有巨大的碳减排潜力和持续发展潜力。推进“双碳”目标落地，推动经济社会绿色低碳可持续发展，离不开输变电工程的节能降碳。临沂沭河（莒南）500kV 输变电工程是山东省近8年来一次性投运规模最大的500kV 输变电工程，是山东省政府2020年重点工程，同时也是国家“西电东送”的重要消纳通道。经过不断发展，变电站工程现场技术迭代加速，满足了现场安全文明施工要求，营造了健康有序的施工氛围，为绿色减碳开辟了新路径。

二、存在问题

一是临建、施工现场存在环境污染问题。

二是用能增长，施工现场能耗增加。

三是缺乏提质增效的科技创新。

三、问题分析

一是由于工程现场施工作业繁多、工序复杂，易出现破坏耕地面积、增大环境噪声、扬尘污染等问题。

二是由于新建建筑中少部分是零能耗建筑，仍然存在新增能耗，要想保障低碳减排，就必须对新建工程进行节能改造，降低能耗。

三是由于绿色建造目前还处于发展阶段，很多问题凸显，陈旧的工艺无法完美地解决问题，亟待科学技术创新，提升问题解决的效率与准确率。

四、改进措施和方法

（一）构建环境保护及绿色建造管理体系

（1）沭河变电站临建总体布置严格执行项目部标准化管理要求，结合施工现场及周边环境条件，精心策划临建施工。办公区采用打包箱形式，采光率高、装拆便捷、美观实用、节约用地、重复利用率高。院区取消混凝土硬化地面，改用铺花砖形式，减少耕地破坏面积，花砖也可重复利用。临建区域规划与周边环境有机结合，减少混凝土硬化面积，种植蔬菜，绿色环保；生活区域花园式布置，提高绿化种植率，地面采用花砖铺设，可循环利用。

（2）站内土方开挖过程中，采用移动式雾炮喷水，灵活解决现场零散区域扬尘污染。进站大门设置自动车辆冲洗装置，解决车辆运输时易产生扬尘、携带泥沙等问题，有效降低施工现场和周边环境扬尘污染。项目部在现场设置扬尘及 PM2.5 监测设备实时监测空气质量，沿围墙设置雾化除湿系统，抑制场地扬尘，营造健康有序的施工氛围。

（3）施工现场裸露地面部分使用生态环保抑尘剂与防尘网相结合的形式降低扬尘，保护周边环境。生态环保抑尘剂绿色环保，可生物降解，经济性好，生态环境安全。

（二）构建资源节约与循环利用体系

（1）沭河 500kV 变电站站内主变压器防火墙及油浸式电抗器防火墙共有 14 道，以设计标准化为基础，应用组合大钢模板及创新支护体系浇筑混凝土防火墙，提高了现场机械化施工程度及施工效率，加快了工程建设进度，从而进一步减少劳动力投入、降低现场安全风险，切实提高工程质量和墙身美观度。同时，与传统木模板相比，钢模板经久耐用，可多次周转使用，节约成本，做到了环境影响最小，实现低碳排放、节能环保要求。

（2）施工过程中根据工程特点，结合施工工序，利用永久性构筑物及绿色环保创新成果，形成一套站内雨水收集施工技术。优先施工站内主变压器挡油池、排油管道及事故油池，在现场制作三级沉淀池，雨水经挡油池收集排至事故油池，将事故油池内的雨水抽入三级沉淀池内沉淀之后可用于砂浆搅拌、洗车降尘机、混凝土养护、项目部厕所用水，有效地节约了施工用水及其他用水，符合绿色环保趋势。

（3）站内检查井采用单元化预制，并在现场进行机械化快速组装，大大降低了人工成本，因施工面积小，后期维护方便，维护费用少，一定程度降低了维护成本。成品检查井操作便捷，闭水性能较好，能有效防止污水渗漏；在生产和使用过程中，均不会对环境造成污染，防止污染地下水，实现低碳绿色环保建造目标。

（4）站内道路按照设计图纸中的要求由基层及面层组成，开工伊始首先对站内道路基层进行施工，将其作为临时施工道路，待工程投运前将道路面层施工完成，永临结合方式省去了施工道路的施工过程。

（三）构建科技创新与绿色可持续发展体系

（1）沭河变电站采用智慧型 GIS 安装充气式防尘棚，保证 GIS 对接环境洁净度的百万级要求，省去传统防尘棚基础制作的工序，不仅节约资源，而且施工便捷。智慧型充气式防尘棚配备视频监控系统、数据采集系统、自动报警系统、环境控制系统，实现对 GIS 设备安装全过程的智能监测，对安装环境因素、关键参数进行监测、传输、汇集，辅以智慧识别及报警功能，并将采集到的数据实时传输到基建全过程综合数字化管理平台。

（2）继电保护调试采用便携式继电保护无线测试仪，设备功能更加精简且全面，能输出 3 路正弦交流电压及 6 路正弦交流电流，且相位可调，保护调试人员使用更加简便；锂电池供电，充满电可供最多一天调试使用，且设备的运行不受施工电源限制；无线平板控制，调试人员可远程控制交流输出与输出量的大小，无需在设备与试验点之间频繁走动，有效提高了工作效率。

（3）自主研发便携式太阳能交直流 UPS 可输出 220V 500W 直流电，同时设置中性点，模拟直流系统输出 ±110V 直流电。设备自带大容量锂电池供电，可独立为设备供电。设备带有 UPS 系统，当 220V 交流作为输入，直流输出时，若交流断电，UPS 模块可在 10ms 内切换为锂电池供电，保证直流输出不断电。同时设备可支持太阳能板充电，可为继保试验及现场继保设备提供更便利的电源。

（4）自主研发体感遥控高空机械手臂，操作人员通过穿戴动作感知外骨骼，佩戴沉浸式 VR 眼镜，远程操作机械手臂在高空进行作业，机械臂会完全复制操作人员的动作，操作人员佩戴 VR 眼镜就犹如自己在高空中一样。设备即穿即用，无需复杂的操作，同时也避免了人员操作不当对设备造成损坏。该机械臂的使用，极大地提高了高空作业的安全性，消除了人员进入高空尤其是高空带电作业的安全隐患。

（5）自主研发腕戴式互感器无线极性测试仪，创新采用腕戴手表与电流表融合的设计思路，实现试验人员在互感器二次侧同时加量、同步测量、同时读数。在输出设备中，设计斩波电路实现大电流高电压的输出，使互感器一次侧加入的电流电压更大，从而在二次侧观察和测量示数更精准。

五、结果评析

（一）评价结果

通过构建环境保护及绿色建造管理体系、资源节约与循环利用体系、科技创新与绿色可持续发展体系，各项关键业务工作内容进一步明晰，工作制度标准进一步优化完善，各项工作衔接得到进一步的保证，该体系在山东电网超高压工程管理实践中取得了良好的效果，具有推广价值。沭河输变电工程各项工程安全优质高效推进，工程获国网山东省电力公司绿色建造示范工程称号，同时被推荐参评 2023 年国家优质工程评选。

（二）活动亮点和经验

通过构建环境保护及绿色建造管理体系、资源节约与循环利用体系、科技创新与绿色可持续发展体系，从安全环保、资源再利用、科技创新等多个维度，为输变电工程绿色建造管理打造了一种标准化、模块化的管理模式，在此模式基础上，其他工程可根据自己的工作特点，具体制定自己工程的管理体系，值得推广。

随着绿色建造要求不断细化，环境保护及安全管理体系、资源节约与循环利用体系、科技创新与绿色可持续发展体系可随着社会发展、施工技术进度、管理措施提升逐步细化优化，不断完善，以更好地指导后续工程建设。

第六节 “4+N+X”党建融合生态建设创新实践

党建工作典型经验案例

【摘　要】面对电网建设工程重任和新冠肺炎疫情防控的双重挑战，国网山东建设公司坚持抓党建从业务出发、抓业务从党建入手，在电网建设“安全、质量、效率、成本”核心业务领域，工程建设各阶段，深化应用“党建+”工具，结合工程沿线红色精神，打造“4+N+X”党建融合生态。聚焦“党建+”工作，从培养“党建+”意识、强化“党建+”思维、深化“党建+”实践、完善“党建+”机制等方面入手，深化“党建+”与工程建设全过程、基建专业全阶段的融合提升。

【关键词】输变电工程；“党建+”

一、背景描述

国有企业是贯彻党的路线方针政策、密切党同人民群众关系、不断加强党的阶级基础、扩大党的群众基础的重要阵地。2020年，国家电网有限公司立足长远，确定了建设具有中国特色国际领先的能源互联网企业的战略目标。公司始终坚持“电网战线延伸到哪里，党组织就跟进到哪里”，着力推进党建与基建深度融合，为电网建设注入了强大动力。但是迈入新发展阶段，公司面对工程建设重任和新冠肺炎疫情防控的双重挑战，电网建设现场党的建设工作面临的形势任务、承担的责任使命发生了深刻变化，对照党中央对国有企业党的建设要求，公司党建工作不平衡、不充分、融合不深等方面仍存在不同程度的问题。

二、存在问题

一是党建工作的创新性不足。

二是党建融合机制不够健全。

三是党建融合成效不够凸显。

三、问题分析

一是党建与业务融合应用场景较为单一，党建工作缺少基建特色。

二是基建与党建同谋划、同部署、同落实、同检查尚未有效落实，“党建+”向“+党建”转变的力度和深度不足。

三是党建促进业务量化评价机制不完善，抓党建促发展的全链条没有完全打通。

四、改进措施和方法

公司深入研究抓好“党建+”工作的客观规律，坚持“党建工作就是做人的工作”这一根本，从哲学“认识论、方法论、实践论”的角度出发，开展“4+N+X”党建融合生态建设。数字“4”有3重含义，分别代表“党建+”意识、思维、实践和机制四维度；基建管理安全、质量、效率、成本四专业；工程建设全过程中项目前期、工程前期、工程建设、总结评价四阶段。字母“N”意为normal，代表的是工程建设中各项常规工作；字母“X”意为x-factor，是不确定因素，一般指体育比赛中运动员潜力爆发带来的制胜因子，在工程中用来指代现场重难点工作。

“4+N+X”即将“党建+”四维度与基建管理四专业、工程建设全过程四阶段分别进行融合，围绕工程建设全过程，在N项固定任务中，制定“党建+”工具应用清单，为工程现场开展“党建+”工作提供指导；在X项急难险重任务中，挖掘先进典型事例，形成电网建设“党建+”融合场景库，提升党建价值创造力。“4+N+X”党建融合生态逻辑架构图如图6-64所示。

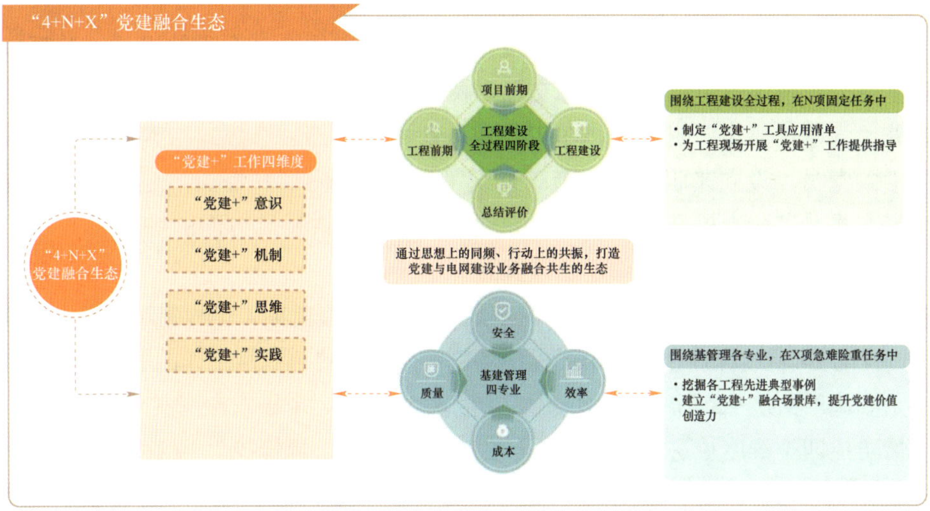

图6-64 “4+N+X”党建融合生态逻辑架构图

（一）“两坚持、两结合”培养“党建+”意识

一是坚持目标导向与问题导向相结合。坚持旗帜领航，自觉把党的建设放在新发展阶段中去研究、思考和谋划，深入推动党的建设提质登高。重点任务落实方案围绕国网“六精”专业管理（精益求精抓安全、精雕细刻提质量、精耕细作抓技术、精准管控保进度、精打细算控造价、精心培育强队伍），对照公司加快建设国网系统领先的建设公司的发展目标，制定了推进党建与业务相融共进，实现安全管理“零事故”、质量管理“零缺陷”、技术应用“零障碍”、工程进度“零延误”、工程结算“零差错”、队伍建设全方位

提升的“五零一全”党建与业务融合攻坚目标。

二是坚持理论教育与文化建设相结合。坚持把党性教育和理想信念教育贯穿始终，围绕“党员三进”开展集中培训，即进党校，充分运用党校教育培训资源，分级开展党员集中培训；进基地，依托省内外红色教育基地、优秀传统文化教育基地等，组织党员干部开展现场实景党课；进讲堂，创新举办工地夜校、讲习所等工程特色教育活动，拓展党员教育传播方式。

（二）“三个推进”强化“党建＋”思维

一是推进“党建＋”亮旗赋能工程。围绕业务工作需要抓党建，聚焦安全生产、电网建设、科技创新等业务领域实施九项亮旗赋能工程，抓实重点项目，创新机制方法，强化双向互动，构建纵横交织、协同贯通的立体网格化融合体系。

二是推进“党支部书记在工程现场”专项行动。坚持把促进中心工作、党员群众满意作为重要标尺，强化党支部书记“带头人”作用。公司开展“党支部书记在工程现场”专项行动，通过理论武装在现场、融入融合在现场、典型培育在现场、联系群众在现场、文化引领在现场、担当示范在现场“六个在现场”，推动基层党建工作阵地前移、重心下移。

三是推进临时党组织建设。公司以业主项目部为主体，全面吸纳设计、监理、施工等参建单位工程现场党员组建临时党支部，覆盖山东境内全部500kV输变电在建工程。注重培养“党建＋基建”明白人，在工程现场业主项目部，选拔政治素质与业务素质双过硬的中共党员，设立兼职党建专责。组织“党建＋”内训师培训，通过专家辅导、实战演练等方式，进一步提升理论研究、专业素养、课程讲授等方面的综合能力。

（三）“双链融合”深化“党建＋”实践

一是通过实施“党建＋N”融合，严抓项目前期、工程前期、工程建设等关键阶段的党建工作，找准24项过程融合点，为工程现场扎实做好党建与日常工作的融合提供指导。

二是实施“党建＋X”融合，围绕“三跨”作业风险、现场安全管控、隐患违章治理、现场疫情防控四个维度推进“党建＋安全生产”“党建＋质量管控”“党建＋效率提升”“党建＋成本管理”等工作，并在基建专业融合过程中，将各工程现场先进经验做法进行总结，选取4个专业场景共12项典型案例，编制电网建设典型场景库。组织工程现场选取适合场景进行应用。定期总结工程现场“党建＋”实践中形成的优秀案例先进做法，结合应用成效优化原有案例，对典型场景库进行再更新、再补充，形成动态更新的专业融合场景案例库。

（四）“三个聚焦”完善“党建＋”机制

一是聚焦责任落实，深化履责强保障。围绕“干什么”“怎么干”“干得怎么样”，构建党委抓统筹、班子成员抓督导、业务部门抓融合、党建部门抓协调、组织部门抓考核、基层支部抓落实、广大党员当先锋的履责体系。

二是聚焦过程管控，齐抓共管聚合力。公司各级党组织定期开展“党建＋”融合工作调研指导，掌握各工程现场“党建+”工具落地应用情况，交流观摩“4+N+X”实践成果，协助工程现场加强先进典型、感人事迹挖掘选树，加强特点亮点、典型做法总结宣传推广。

三是聚焦评价激励，体系建设强担当。聚焦“党建+”意识强化、思维应用、组织实施、工具使用、过程管控、融合成效、影响力等维度，修订建设公司党群工作绩效考核办法，建立以正向激励为主的党群工作考评体系，提升“党建+”工程质量。

五、结果评析

（一）激发组织活力，党的建设全面加强

公司党委坚持国企姓党、为党工作，通过开展“4+N+X”融合生态建设，提升了党组织的政治意识与党员的身份意识，明确了企业抓党建工作的出发点和落脚点，实现了基建与党建同谋划、同部署、同落实、同检查。

（二）强化融合发展，企业竞争力显著增强

通过党建工作与基建专业、工程全过程融合，丰富了党建与业务融合应用场景，体现了基建特色。公司 2021 年以来重点领域关键指标在国网系统同类企业中处于领先地位。现场安全有效管控，减少二级风险作业 12 处，工程现场始终保持党员“零违章”、现场防疫保持“双零”，基建违章“电子眼”项目获国网第五届青创赛金奖。质量管理精益求精，2021 年以来投产工程全部实现“零缺陷移交”，达标投产率保持 100%，聊城南形成精品工程示范样板，枣庄特高压站获评鲁班奖，观龙站获评省公司精品工程。

（三）筑牢服务意识，实现发展与社会效益相统一

公司党委立足施工现场，2021 年以来累计成立 13 个临时党支部，在重点难点工程现场成立 9 支党员突击队；在重大风险现场，建立 18 个党员责任区，设立 18 个党员示范岗，在服务地方经济社会发展中谋实策、干实事、见实效，进一步打通了抓党建促发展的链条。

第七节　特高压工程项目环保全过程管理

潍坊—临沂—枣庄—菏泽—石家庄 1000kV 特高压交流输变电工程典型经验案例

【摘　要】潍坊—临沂—枣庄—菏泽—石家庄 1000kV 特高压交流输变电工程建设过程中，结合政策监管要求和特高压工程项目建设特点，系统分析各阶段环保管理内容，以制度建设为抓手，以特高压工程项目全过程管理为主线，明确各环节管理内容、目标及规范，打造包含管理监督和技术监督在内的全过程环保监督体系。

【关键词】特高压工程；环境保护；水土保持

一、背景描述

当前，能源、环境等制约因素日益凸显，公众环保意识的提高，特高压工程项目环保工作越来越受到各方重视和广泛关注。同时，特高压工程项目环保工作贯穿于特高压工程项目规划、可研、设计、施工、验收以及运行、退役等全过程，发挥环保工作对电网发展的保障和促进作用，潍坊—临沂—枣庄—菏泽—石家庄 1000kV 特高压交流输变电工程不断深化全过程精益化管理。各个环节的环保监管力度空前加大，创新环保管理方式方法，贯彻创新、协调、绿色、开放、共享五大发展理念，按照规划、可研、设计、施工、验收、运行、退役等阶段，提出有针对性的管理机制，实现环保管理全方位、全覆盖，将环境风险降至最低，进一步保障和促进电网发展。

二、创新亮点

结合政策监管要求和特高压工程项目建设特点，系统分析各阶段环保管理内容，以制度建设为抓手，以特高压工程项目全过程管理为主线，明确各环节管理内容、目标及规范，打造包含管理监督和技术监督在内的全过程环保监督体系。通过介入规划设计阶段环保管理，严格施工阶段环保管理，深化验收及运行阶段环保管理，实现环保设施与主体工程的同时设计、同时施工、同时运行，并着力推进废弃物处置及循环利用，打造全过程环保监督体系，通过加强监督管理、加强环保宣传、加强技术创新，实现特高压建设项目环保管理水平的全面提升。建立环保宣传与对外沟通机制，推进环保科技创新与成果转化，并形成制度体系固化已有做法，实现环保领域协同联动的全过程精益化管理。通过推广实践和完善，保障和促进电网持续健康绿色发展。

三、主要做法

（一）全流程保证环保管理，环保设施、措施与主体工程“同时设计”

1. 试点规划环评，充实技术储备

结合有关环保行政主管部门的部署，为规避规划阶段的环境风险、简化项目环评审批流程提供了经验和方案。强化源头控制，开展环评报告和水保方案内审。环评报告、水保方案一经审批即具有法律效力，环评报告、水保方案的质量直接关系到后续设计与建设实施能否达到环保、水保要求。现阶段已逐步形成了科学高效的内审机制：会前统筹安排、重视前期预审，会中紧扣要点、力求务实高效，会后跟踪修改、确保报告质量，同时加强外部沟通，结合最新外部监管要求及时沟通达成共识并更新审评要求。完善环评编报流程，加强可研、初步设计与环评的衔接配合。2016 年 9 月，新修订的《中华人民共和国环境影响评价法》发布实施，环评报告由可研阶段报批改为初设阶段报批，环评批复由核准前置改为开工前置，这样将有利于提高环评的准确性，但同时也带来了可

研阶段环评介入不足、出现环保颠覆性因素风险增加等不利影响。为此，公司研究制定了环境影响报告书编报工作规范，规定了环评工作按照可研阶段启动、初设阶段报批的原则进行，并建立环评二次复核机制，确保环评与可研、设计全面衔接配合。

2. 深化过程监督，开展施工期环保水保专项检查

组织各参建单位（建设管理、设计、施工、工程监理、环境监理、水保监理、水保监测等单位）和环保、水保专家，开展施工期环保、水保现场检查。推进环境监理，充分发挥专业机构支持作用。通过充分发挥环境监理的专业职能，加强环保核查，及时发现施工过程中存在的环保问题，提请施工单位和建设单位整改落实，尽可能减少和避免出现工程重大变动，为顺利通过环保验收创造有利条件。

3. 提升验收质量，开展验收报告内审

公司参照环评报告、水保方案内审的管理模式，将验收文件也纳入内审机制，由国网经研院组织内审环保部、水利部审批的竣工环保验收调查报告、水保设施自验报告、水保监测总结报告，统一验收标准，将环保“三同时”落到实处。全面开展环境监测，大力推进超标治理。依托环保技术监督体系，公司组织建立了“三级”环境监测网络，在电科院设立环境监测中心站，地市公司设立环境监测基层站，各级环境监测站分工协作，开展定期监测和抽查抽验工作，重点监测在运变电站（换流站）噪声、外排废水和线路电磁环境影响因子。

（二）完善退役阶段环保管理，推进废弃物处置及循环利用

根据国家电网有限公司要求，全面推广六氟化硫气体循环再利用技术，按照“顶层设计、统一标准、分步实施”原则，创建了“分散回收、集中处理、统一检测、循环利用”的工作模式，实现了六氟化硫气体回收循环再利用工作的规范化管理，为加强和规范实现电网废弃物管理与处置，提升环境无害化处置及资源化利用水平奠定了基础。

（三）打造全过程环保监督体系，提升监督管理水平

建立制度体系，在探索积累、试点开展、反馈完善的基础上，印发管理制度，固化已有工作模式、机制，进一步规范和指导全过程的环保工作；培育专业支撑力量，依托省电科院、省经研院、环水保监理等专业机构，全面开展环保技术监督和特高压项目环保管理及政策咨询；强化人员培训，深化省公司、直属单位环保管理与监督人员培训，拓展培训内容的广度深度，对地市公司环保管理人员、技术监督和环境监测人员开展轮训，实现环保培训向基层延伸，巩固环保专业知识，提高现场监督监测水平；完善考核机制，定性考评与定量考核、日常管理与年终检查、单位自查与上级考核相结合，“比学帮赶超”，快速提升管理水平。

（四）加强环保宣传与对外沟通，优化外部环境

坚持主题宣传与日常宣传相结合，不断加大环保宣传力度，优化宣传策略，创新宣传方式，提升宣传效果。坚持开放、共享理念，加强与学校、社区、团体等联系交流，

广泛传播输变电环保科普知识；与属地政府开展联合宣传，通过地方主管部门、专家学者、研究机构、公益组织等多方力量，增强宣传的公信力和影响力。

（五）推进环保科技创新与成果转化，强化技术支撑

“以科研促管理、以科研促发展”，围绕创新驱动，公司积极组织开展电网环保科研，在输变电电磁环境、噪声控制、环保新材料、电网废弃物处置及循环利用等方面开展了丰富的研究工作。推动新技术推广应用力度，促进环保科技成果产业化和标准化，加强科研单位与输变电工程设计单位、环评单位、建设单位及设备生产厂家的交流与合作，制定科学、合理的科研成果转化制度，及时将研发的新技术、新产品及新方法应用到输变电工程规划、设计、建设和运行的各个环节，实现研究成果的高效利用及产业化。

四、结果评析

（一）特高压项目环评和环保验收成绩显著

通过本项目的研究和实践，公司通过合理安排计划，坚持定期督导，公司特高压项目环评率已实现 100%。

妥善处置环保验收遗留问题。公司组织梳理了近年来审批环评的特高压项目环保验收情况，配合制定遗留问题解决方案，分季度召开协调电话会，环保验收遗留问题处置取得重大进展，过往工程遗留问题绝大部分得到解决。

（二）规划设计阶段环保水平大幅提升

随着环评在规划设计阶段的逐步介入，显著提高了规划、可研、设计的环保意识，“管设计必须管环保”的理念深入人心，形成了环保与设计一体化协同配合的可喜局面。总体而言，经过一系列的探索实践，扭转了环保与设计“两张皮”的局面，环保设施、措施与主体工程“同时设计”已成常态化。

（三）施工阶段过程监督卓有成效

随着重点工程施工阶段环保水保专项检查机制的不断完善和检查内容的不断深入，各参建单位不同程度地提升了环保认识。“管施工必须管环保”，从现场环保管理制度体系建设、制定绿色施工方案、开展环保管理培训等方面不断强化环保管控，有效促进了环保设施、措施和主体工程“同时施工”。

（四）验收及运行阶段环保管控日臻完善

竣工环保、水保设施验收报告内审机制的实施，除了提升报告质量外，更多的是以内审为契机，协调解决了影响验收的重大遗留问题，给出了切实可行的技术方案。由行政验收审批改为企业自主验收后，技术审评工作也已显现出更为关键的作用，能够严把受理关、上会关，建设管理单位提前整改落实有关问题，确保在规定时限内完成验收工作。

第八节　工程建立环境保护与水土保持常态机制

枣庄 1000kV 变电站新建工程典型经验案例

【摘　要】为在枣庄 1000kV 变电站新建工程建设中有效控制输变电工程对环境和生态的影响，防止并有效治理环境污染和水土流失，落实环境保护和水土保持设施“同时设计、同时施工、同时投产使用”（即“三同时”）的要求，应规范枣庄 1000kV 变电站新建工程项目环境保护和水土保持管理工作，强化“以人为本，安全发展，保护环境”的管理理念，建设环境友好型绿色工程，按时完成竣工环境保护、水土保持设施竣工验收，争创环境保护、水土保持示范工程。

【关键词】输变电工程；环境保护；水土保持

一、背景描述

枣庄 1000kV 变电站位于山东省枣庄市东北 37km 的山亭区城头镇。变电站按最终规模一次征地，占地 14.06ha（围墙内占地 12.33ha）。本期装设 2 组 300 万 kVA 主变压器（终期 4 组）；1000kV 出线 4 回（至临沂、菏泽各 2 回，终期 8 回），一个半断路器接线，装设 11 台断路器，采用 GIS 设备；500kV 出线本期 4 回（不计列在工程中，终期 8 回），一个半断路器接线，本期按主变压器间隔 4 台断路器计列工程量，采用 GIS 设备。至菏泽出线装设 1 组 84 万 kvar 高抗及中性点小电抗，至临沂出线装设 1 组 84 万 kvar 高抗及中性点小电抗。变压器低压侧 110kV 单母线接线，每组主变压器装设 2 组 24 万 kvar 低压电抗器和 2 组 21 万 kvar 低压电容器。

二、创新亮点

（一）策划体系

枣庄 1000kV 变电站新建工程环境保护与水土保持工作分为三个层次管理与实施，一是业主项目部层面环境保护与水土保持管理，制定《枣庄 1000kV 变电站新建工程环境保护与水土保持管理策划》；二是工程项目监理实施工程建设项目环境保护与水土保持工作监督落实，制订《枣庄 1000kV 变电站新建工程现场环境保护与水土保持监理计划》；三是施工单位实施工程建设项目环境保护与水土保持策划具体落实，制订《枣庄 1000kV 变电站新建工程现场环境保护与水土保持施工方案》。环境保护与水土保持策划管理体系如图 6－65 所示。

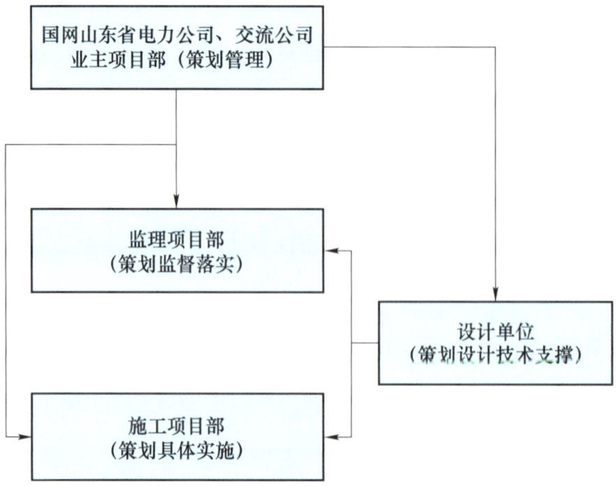

图 6-65　环境保护与水土保持策划管理体系

（二）组织机构

建立枣庄 1000kV 变电站新建工程环境保护与水土保持管理组织机构，成立以业主项目部项目经理为组长的工作小组，成员包括业主项目部成员、监理项目部总监、各设计单位设总、各施工单位项目经理。工作小组统一安排开展枣庄站工程现场环境保护与水土保持工作。环境保护与水土保持组织机构如图 6-66 所示。

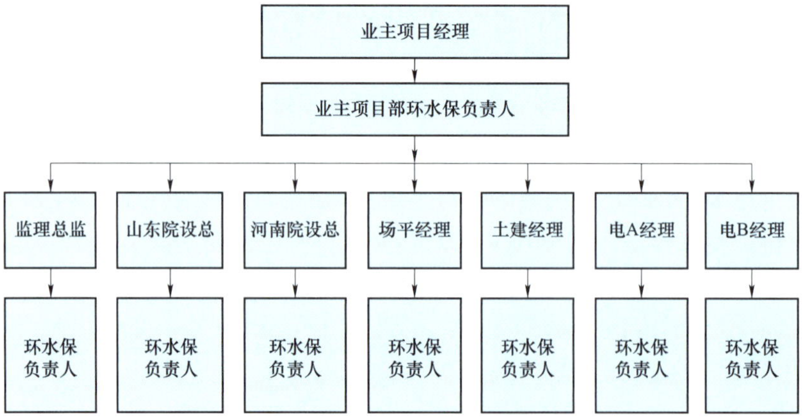

图 6-66　环境保护与水土保持组织机构

三、主要措施和做法

枣庄 1000kV 变电站新建工程各参建单位应树立建设环境友好型工程的理念，工程建设过程中应严格遵守国家环境保护与水土保持法律、法规，落实项目设计中有关环境保护与水土保持的设计和措施，减少施工对环境的影响，倡导绿色施工。对施工期产生的噪声、扬尘、废水、废弃物等环境不利影响以及运行期噪声、废水、废弃物、环境风险等采取一系列环境保护措施，将工程建设对区域生态系统的影响控制在可接受的水平。

按照环境保护与水土保持“三同时”要求，以及本策划提出环境保护的基本要求、实施要点，着重强调工程施工、策划实施、建设管理过程中完善和落实。

1. 基本要求

（1）在工程施工前应做好施工机构及施工人员的环保培训，了解并自觉遵守国家和行业有关环境保护和“三废”排放的规定与要求，明确要求施工过程中的建筑垃圾及生活垃圾应分别堆放，并安排专人专车及时清运或定期运至环卫部门制定的地点处置。

（2）在工程建设施工过程中或竣工后，应及时修整和恢复原有植被和土地利用功能；做到“工完、料尽、场地清”，做到“日清月洁”，形成常态机制。

2. 环境保护策划实施要点

防止大气污染：合理组织施工，尽量避免扬尘二次污染；施工弃土弃渣应集中、合理堆放，遇天气干燥时应进行人工控制定期洒水；加强材料运转与使用的管理，合理装卸，规范操作，以防扬尘对环境空气质量产生影响；对土、石料等可能产生扬尘的材料，在运输时用防水布覆盖；在施工现场周围建筑防护围墙，进出场地的车辆应限制车速。

防止水土污染：使用商品混凝土减少水泥污水污染；对施工场地和施工生活区的生产废水和生活污水分别设置临时污水处理装置，加强管理，防止无组织排放；在不影响主设备区施工进度的前提下，合理施工组织，先行修筑生活污水处理设施，对变电站施工生活污水进行处理，避免污染环境。

防止噪声污染：加强建设期的环境管理和环境监控工作，并接受环保部门的监督管理；加快施工场地周围围墙等遮挡措施施工，尽量减少工程建设期噪声对周围的影响；采用噪声水平满足国家相关标准的施工机械或采取带隔声、消声设备的机械，控制设备噪声源；依法限制夜间施工，站区施工均应安排在白天进行，如因工艺特殊情况要求，需在夜间施工而产生环境噪声污染时，应按《中华人民共和国环境噪声污染防治法》的规定，取得县级及以上人民政府或有关主管部门的证明，并公告附近居民，同时禁止高噪声设备作业；车辆进入施工现场禁止鸣笛，采取措施使机械设备的噪声在标准范围内；装卸材料做到轻拿轻放，相对强噪声设备做到布设在远离居民区、办公生活区一侧；工程各施工单位应定期组织相关噪声污染的测量。

3. 环境保护管理组织

工作小组：开工前，业主项目部负责组建工程项目环境保护工作小组，明确责任，并不定期地召开会议、组织检查活动，协调解决环境保护管理中的重大问题。

办公室：工作小组下设办公室（原则上设在监理部），人员由参建单位项目管理有关人员参加，负责组织制定管理措施、办法等，组织相关会议，形成或下发会议纪要。

专人负责：各参建单位选派的管理和作业人员，应符合合同或环境保护管理工作的要求，环境保护管理应指定专人。

4. 环境保护技术措施

（1）资料编制：在编制建设管理大纲、实施细则、管理及作业方案等文件时，要写入环境保护的相关内容；业主项目部负责组织监理、施工单位分别编制环境保护控制实施方案。

（2）环境因素识别：业主项目部负责组织监理、施工单位在单位工程开工前，结合现场的实际情况进行环境因素识别，制定控制措施。

（3）环境保护措施：工程建设及管理中，所产生的污染气体、污染物、废渣、粉尘、放射性物质以及噪声、振动等可能对环境造成污染和危害时，应单独编制环境保护措施。

（4）图纸会检：根据工程建设进度，在图纸会检时检查环评报告在设计中的落实情况，会检纪要应有环境保护检查内容。

（5）培训交底：各参建单位应将环境保护教育纳入教育培训计划，在各层次技术交底中，要对环境保护措施交底。

（6）应急措施：参建单位对环境因素进行控制，制定应急措施，并保证信息通畅，预防可能出现非预期的损失。

四、结果评析

本工程环境保护手续齐全，落实了环境影响报告书及其批复文件要求，各项环境保护设施合格、措施有效，验收调查报告符合相关技术规范，顺利取得环境保护验收意见书（如图6－67所示）。

潍坊—临沂—枣庄—菏泽—石家庄特高压
交流工程竣工环境保护验收意见

2021年3月26日，国家电网有限公司科技部在北京组织召开了潍坊—临沂—枣庄—菏泽—石家庄特高压交流工程竣工环境保护验收会。参加会议的有建设单位国家电网有限公司特高压事业部；建设管理单位国家电网有限公司交流建设分公司、国网山东省电力公司、国网河南省电力公司、国网河北省电力有限公司；技术审评单位国网经济技术研究院有限公司、设计单位山东电力工程咨询院有限公司、中国电力工程顾问集团东北电力设计院有限公司；国核电力规划设计研究院有限公司；施工单位山东送变电工程有限公司、河南送变电建设有限公司、河北省送变电有限公司；环评单位中国电力工程顾问集团华东电力设计院有限公司；环境监理单位中国电力工程顾问集团华东电力设计院有限公司、湖北博润雅环境安全工程咨询有限公司；验收调查单位北京百灵天地环保科技股份有限公司、北京中环格亿技术咨询有限公司；监测单位湖北博润雅检测科技有限公司、湖北安源安全环保科技有限公司等单位代表及特邀专家，会议成立了验收组（名单附后）。

会议听取了建设管理单位关于工程建设和环境保护设施实施情况、环境监理单位关于工程环境监理、验收调查单位关于工程竣工环境保护验收调查情况及技术审评单位关于报告审评和

图6－67　环境保护验收意见书（节选）

（1）本案例中，组织各参建单位的管理部门及相关中心、部室负责人具有全局统筹能力，管理人员必须具备超前谋划、统筹布局、严审把关、执行监督等方面的管理才能。加强技术监督，对施工期、运营期的水土流失量、水土保持措施、对项目周边区域环境和植被的影响等要进行长期监测，分析水土保持措施的防治效果，对需补充水土保持措施的区域制定相应的治理方案。建设单位委托具有水土保持监测能力的单位按方案中的监测要求编制监测计划并实施。监测成果定期向水行政主管部门报告，水土保持设施竣工验收时提交监测专项报告。

（2）为防止水土保持方案流于形式，在工程实施过程中，建设单位与水行政主管部门积极配合，成立专门管理机构，负责对工程水土保持方案的实施进度、质量、资金落实等情况进行监督，保证水土保持方案高标准、高质量、按进度完成。强化责任，加强检查力度，杜绝施工过程中各种不规范、不文明的行为发生，严防对当地生态环境造成严重破坏。

第九节　创新技术手段打造绿色精品工程

沭河输变电工程绿色建造岗位问答

【摘　要】随着经济社会发展和生态文明建设逐步深入，特高压工程作为国家重大建设项目，其环境影响受到社会各界的高度关注，对工程环境保护管理精益化提出了更高要求。沭河输变电从四个方面采取措施，创新技术手段打造绿色精品工程，通过采用基于BIM技术的VR沉浸式交底及施工仿真模拟，研发应用GIS无尘化安装智慧防尘棚，施工临建采用打包式集装箱，分地点采用不同建设材料等措施，全面打造绿色低碳工程。最大限度降低工程对环境的影响，是推动建设绿色低碳工程的内在需求。

【关键词】输变电工程；沭河输变电工程；绿色建造

1. 问题：沭河输变电为了更好地响应绿色建造，主要采取了哪些措施？

回答：

采用基于BIM技术的VR沉浸式交底及施工仿真模拟，通过一定的技术手段，将BIM模型及相关信息与VR虚拟设备相连接，利用VR的沉浸式特点对工程BIM模型进行较为直观的体验、互动与分析；研发应用GIS无尘化安装智慧防尘棚，与以往靠防尘罩、酒精擦拭、喷水降尘、简易防尘棚等有限手段维持GIS现场安装环境不同，此次GIS安装施工中，公司在前期研发220kV GIS防尘棚的基础上，继续改良创新，率先将充气式防尘棚应用于500kV电压等级GIS设备安装；施工临建采用打包式集装箱，临建是要让项目工地能有一个安全舒适的工作环境，让建筑行业能有一个良好的生活居住环境；采用不同建筑材料降低全年综合热工能耗。

2. 问题：关于基于BIM技术的VR沉浸式交底及施工仿真模拟，有哪些具体技术和操作难点？

回答：

虚拟施工（Virtual Construction，VC），是实际施工过程在计算机上的虚拟实现。它采用虚拟现实和结构仿真等技术，在高性能计算机等设备的支持下群组协同工作。通过BIM技术建立建筑物的几何模型和施工过程模型，可以实现对施工方案进行实时、交互和逼真的模拟，进而对已有的施工方案进行验证、优化和完善，逐步替代传统的施工方案编制方式和方案操作流程。基于BIM的虚拟施工体系流程如图6-68所示。

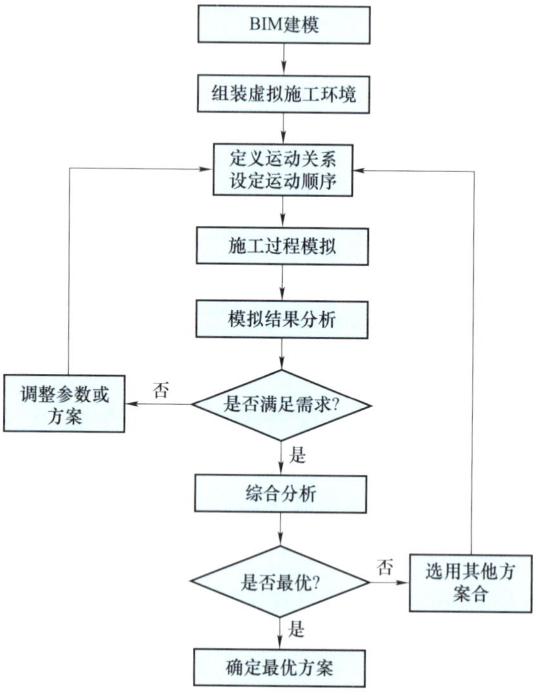

图6-68　基于BIM的虚拟施工体系流程

3. 问题：关于研发应用GIS无尘化安装智慧防尘棚，有哪些具体技术和操作难点？

回答：

为防止发生漏气、放电等故障，GIS设备的安装过程对环境的微尘度、微水度都有异常苛刻的要求，而现场安装过程中需要打开密封的壳体、露出内部机构，设备的内部结构极易被环境灰尘、潮气等杂物污染，因此其作业过程的防尘控制直接关系到GIS投运后的安全可靠性。特别是室外GIS安装时，其安装环境控制无法达到工厂化生产时的防尘程度，如何在现场实现无尘化作业的及时的环境控制，一直是现场安装过程探索的重点。

4. 问题：施工临建采用打包式集装箱有哪些好处，施工人员体验如何？

回答：

集装箱式临建房拥有防火等级高、防风抗震、水密性高、性价比高、节能环保和搭建有质量保障等多重优势。箱体部件在工厂进行标准化、模块化的流水线生产，水、电等设施在工厂已经进行集成，组成箱体的各个部件模块都是采用螺栓连接固定，运输过程可采用部件打包形式，极大地降低了运输成本，到现场只需要进行简单的拼装即可。

5. 问题：在沭河输变电工程当中，站内建筑物是典型的工业建筑，如何保证站内建筑物绿色发展的方向是低能耗绿色建筑？

回答：

规划和设计阶段是实现低能耗绿色建筑目标的关键。建筑物门窗采用双层中空玻璃，双层中空“LOW－E”玻璃又称低辐射玻璃，是在玻璃表面镀上多层金属或其他化合物组成的膜系产品，由双层玻璃、低辐射镀银膜组成，具有极强的隔音、保温、隔热、防紫外线等性能，属于绿色环保材料。与普通玻璃相比，双层 LOW－E 玻璃由于密封的中间空气层的导热系数比玻璃低得多，可以减少热量传播 40%以上，对装有空调的建筑物来说可大幅度降低其耗电。夏天可以隔热，冬天则保持室内暖气不易流失。

6. 问题：简述开展特高压工程生态环境保护的意义。

回答：

开展特高压工程生态环境保护是规贯彻新发展理念的总体要求，是构建新型电力系统的目标追求和建设绿色低碳工程的内在要求。

7. 问题：简述特高压工程建设期对生态环境的影响。

回答：

总体而言，主要会对土地资源、植被和植物资源、水资源、野生动物、生态环境敏感区和景观产生不同程度的影响。为控制工程建设过程中可能产生的不良影响，确保工程环境影响满足相关环境保护标准并处于环境可接受的范围内，需要在工程可研、设计、施工、运行等全过程采取相应的生态环境保护措施。

8. 问题：简述在特高压工程运行期对生态环境的影响。

回答：

变电站（换流站）和塔基区的占地改变土地类型，造成生态系统的非生物环境的变化，导致生态结构变化，进而影响生态功能。如果占用生态敏感区，可能会对生物多样性产生影响。输电导线对于线下超高的植被需要削尖或砍伐，限制了高大植被的生长，变电站（换流站）和杆塔也可能阻碍鸟类飞翔或造成攀爬动物摔伤。此外，变电站（换流站）和输电线路在运行过程中会产生噪声，通过采取消声、吸声和隔声等防治措施，可将其影响控制在有限的区域和标准限值范围之内。

9. 问题：在沭河输变电工程当中，站内建筑物屋外采用了岩棉保温板，与普通保温板有什么区别？

回答：

岩棉材料具有半硬和软材料的双重特性，也可用作小型设备或大直径管道的保温材料。既可弯曲又很平整，并且施工非常方便，大型管道可以用岩棉包裹进行绝缘，而小型管道可以由岩棉壳制成，在室内或管道排架等不便施工的场合，管壳施工非常方便。其他的，例如三通、阀门、弯头等，也可以由岩棉制成的预制隔热块制成。

10. 问题：在沭河输变电工程当中，站内建筑物屋内采用了硬质憎水岩棉板，与普通棉板有什么区别？

回答：

屋面采用硬质憎水岩棉板，憎水岩棉板是以玄武岩为主要原料，经过高温熔融成纤维板，加入适量的黏结剂、防尘油、憎水剂，固化加工而制成的新型装饰材料，被广泛应用于船舶、冶金、电力、建筑等行业，具有良好的绝热、隔音效果。憎水岩棉板具有高抗压、抗拉伸强度及耐久性特点，保证了产品性能的长期稳定性和可靠性。最重要的是岩棉板的保温隔热性能也很好，可以提高建筑围护结构的热阻值，降低建筑采暖和空调能耗，节能减排。

参 考 文 献

[1] 国家电网公司基建部组编. 国家电网公司输变电工程造价管理知识读本 [M]. 北京：中国电力出版社，2016.

[2] 宋继明，张智，杨怀伟，等. 特高压工程“一型四化”生态环境保护管理 [M]. 北京：中国电力出版社，2021.

[3] 国家电网公司交流建设分公司. 特高压交流工程现场建设管理[M]. 北京：中国电力出版社，2017.

[4] 孙昕，曾鸣，杨善林. 用户（业主）主导的特高压输电工程自主创新管理理论与实践 [M]. 北京：中国电力出版社，2019.

[5] 国网天津市电力公司组编. 输变电工程建设管理工作手册 [M]. 北京：中国电力出版社，2015.